钢结构施工图

（第二版）

主编 | 乐嘉龙 参编 | 彭君义 陈钢

中国电力出版社
CHINA ELECTRIC POWER PRESS

内 容 提 要

本书根据国家《建筑制图标准》《房屋建筑制图统一标准》《建筑结构制图标准》《钢结构设计制图深度和表示方法》等标准及资料编写，旨在帮助钢结构施工人员快速读懂钢结构施工图的设计意图。本书较全面地介绍了识读钢结构设计施工图所需的基本知识。

全书共分八章，分别介绍了钢结构施工图的概念，建筑工程施工图分类编排，钢结构图形表示方法及详图识读，钢结构的材料及性能，钢结构门式刚架，单层厂房钢结构，压型钢板、保温夹芯板，钢结构厂房结构识读实例。全书采用图文解读，可使读者对钢结构施工总体情况有较全面的理解，并深化对钢结构施工的形象认识，达到学以致用的目的。

图书在版编目（CIP）数据

学看钢结构施工图 / 乐嘉龙主编. —2 版 . —北京：中国电力出版社，2018. 3
（学看建筑工程施工图丛书）
ISBN 978-7-5198-1597-4

Ⅰ. ①学… Ⅱ. ①乐… Ⅲ. ①钢结构-工程施工-识图法 Ⅳ. ①TU391

中国版本图书馆 CIP 数据核字（2017）第 314779 号

出版发行：中国电力出版社
地　　址：北京市东城区北京站西街 19 号（邮政编码 100005）
网　　址：http://www.cepp.sgcc.com.cn
责任编辑：乐　苑
责任校对：王小鹏
装帧设计：王红柳
责任印制：杨晓东

印　　刷：三河市航远印刷有限公司
版　　次：2006 年 2 月第一版　2018 年 3 月第二版
印　　次：2018 年 3 月北京第 8 次印刷
开　　本：787 毫米×1092 毫米　16 开本
印　　张：13
字　　数：314 千字
定　　价：49.00 元

前言

图纸是工程技术人员共同的语言。了解施工图的基本知识和看懂施工图纸，是参加工程施工的技术人员应该掌握的基本技能。随着我国经济建设的快速发展，建筑工程的规模也日益扩大。刚参加工程建设施工的人员，尤其是新的从业建筑工人，迫切需要了解房屋的基本构造，看懂建筑施工图纸，为实施工程施工创造良好条件。

为了帮助工程技术人员和建筑工人系统地了解和掌握识图的方法，我们组织编写了《学看建筑工程施工图丛书》。本套丛书包括《学看建筑施工图》《学看建筑结构施工图》《学看钢结构施工图》《学看给水排水施工图》《学看暖通空调施工图》《学看建筑装饰施工图》《学看建筑电气施工图》。本套丛书系统介绍了工程图的组成、表示方法，施工图的组成、编排顺序和看图、识图要求等，同时也收录了有关规范和施工图实例，还适当地介绍了有关专业的基本概念和专业基础知识。

《学看建筑工程施工图丛书》第一版出版已经有十年，收到了广大读者的关注和好评。近年来各种专业的国家标准不断更新，设计制图也有了新的要求。为此，我们对这套书重新校核进行了修订，增加了对现行制图标准的注解以及新的知识和图解，以期更好地满足读者对于识图的需求。

限于时间和作者水平，疏漏和不妥之处在所难免，恳请广大读者批评指正。

编者

2018 年 2 月

第一版前言

建筑施工图纸是工程技术人员表达实际建筑的书面语言。了解施工图的基本知识，看懂施工图纸，是工程施工技术人员应掌握的基本技能，也是工程建设人员必须具有的基本功。

近年来，钢结构因具有强度高、抗震性强、施工周期短、边角料可回收等优点，在我国大中型工程建设中被大量采用，呈现出良好的发展前景。为帮助钢结构施工人员快速读懂钢结构施工图的设计意图，我们根据国家《建筑制图标准》《房屋建筑制图统一标准》《建筑结构制图标准》《钢结构设计制图深度和表示方法》等标准及资料，特意编写了此书。本书较全面地介绍了识读钢结构设计施工图所需的基本知识。

全书共分八章，分别介绍了钢结构施工图的概念，建筑工程施工图分类编排，钢结构图形表示方法及详图识读，钢结构的材料及性能，钢结构门式刚架，单层厂房钢结构，压型钢板、保温夹芯板，钢结构厂房结构识读实例。全书采用图文解读，可使读者对钢结构施工总体情况有较全面的理解，并深化对钢结构施工的形象认识，达到学以致用的目的。

本书在编写过程中，得到了有关施工与设计单位技术人员的指导和帮助。书中列举的看图实例与施工图，选自各设计单位的施工图及标准图集，致以诚挚的谢意。为了适合读者阅读，笔者对部分施工图做了一些修改。由于时间仓促，加上水平有限，书中的错误和不当之处，恳请广大读者批评指正。

编者

2005 年 4 月

目 录

钢结构施工图的概念

无论是城市里的高楼大厦，还是工业区里的车间厂房，建设者们在建造这些建筑物时，事先要由从事设计工作的工程技术人员进行设计，形成一套建筑物的建筑施工图纸。这些图纸外观为蓝色，被称为“蓝图”。

在图纸上，运用各种线条绘成各种形状的图样，施工时就根据这些图样，并按照图纸上所定尺寸的钢结构构件，结合一定的构造原理来进行建造。

钢结构施工图是施工时的主要依据，施工人员不得任意变更图纸或无规则施工。因此，作为建筑施工人员（包括施工技术人员和技术工人），必须看懂图纸，记住图纸的内容和要求，这是做好施工必须具备的先决条件。

为了进一步说明什么是钢结构施工图，本章将具体地介绍图纸的形成，图纸的种类及其内容图示符号的名称，施工图常用图例。

第一节　图纸的形成

钢结构施工图是按照一定原理和规律绘制而成的。为了给看图纸做一些技术准备，有必要先了解投影的概念以及视图是如何形成的。

一、投影的概念

在日常生活中，常常能看到在阳光照射下的房屋或景物的影子，如图 1-1 所示。物体产生影子需要两个条件：一要有光线；二要有承受影子的平面，两者缺一不可。影子一般只能大致反映出物体的形状，但要准确地反映出物体的形状和大小，就要对影子进行“科学的改造”，使光对物体的照射按一定的规律进行。照射光线互相平行，并且垂直照射到物体和投影平面，由此产生的该物体某一面的“影子”，就称为该物体在这一面的投影。图 1-2 是一块三角板的投影。图上的箭头表示投影方向，虚线为投影线。A-A 平面称为投影平面。三角板就是投影的物体。这种投影方法称为正投影。正投影是建筑图中常用的投影方法。

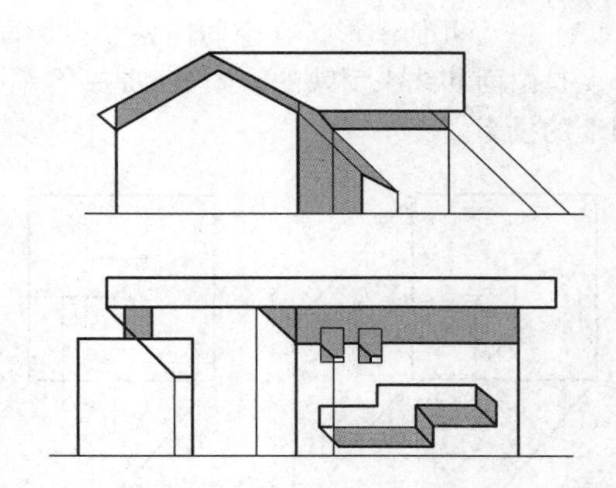

图 1-1　阳光照射下的房屋的投影

一个物体一般可以在空间六个竖直面上投影（以后讲投影时都指正投影），如一块砖，它可以在上、下、左、右、前、后的六个平面上投影，投影可以反映出它的大小和形状。由于砖也是一个平行六面体，它的对应两个面都是相同的，所以只要取它向下、后、右三个平面上的投影图形，就可以知道这块砖的形状和大小了。一块砖的大面、条面、顶面在下、后、右三个平面上的投影如图 1-3 所示。

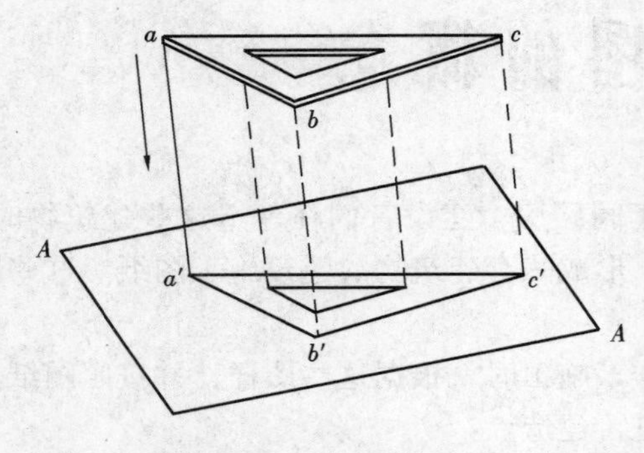

图 1-2　三角板的投影

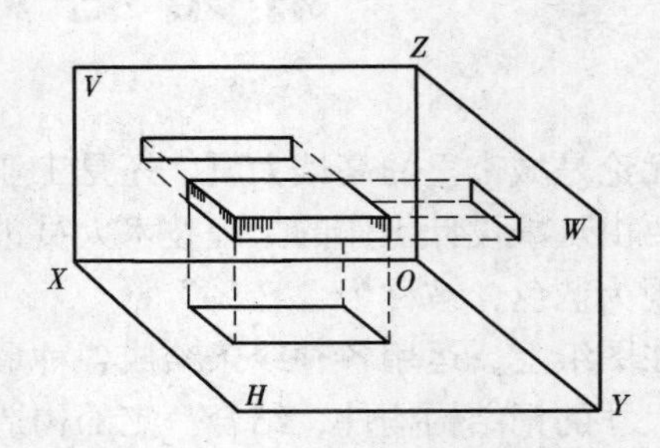

图 1-3　一块砖在三个面上的投影

建筑图纸的绘制，就是按照这种方法绘制出来的。只要能看懂这种图形，就可以在头脑中想象出物体的立体形象。

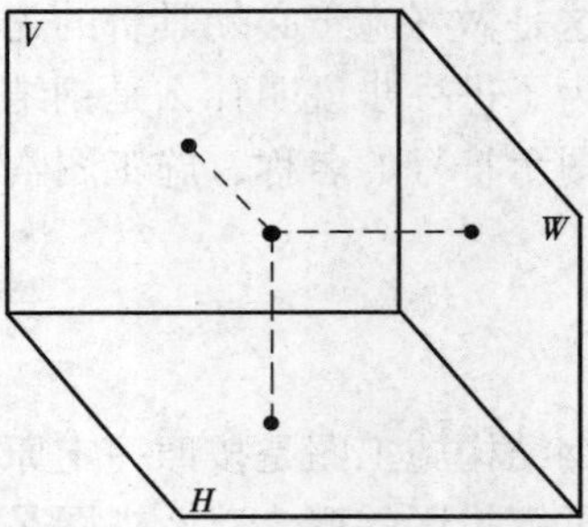

二、点、线、面的正投影

（1）一个点在空间各个投影面上的投影仍然是一个点，如图 1-4 所示。

图 1-4　点的投影

（2）一条线在空间时，它在各投影面上的正投影，是由点和线来反映的。图 1-5（a）、（b）分别是一条竖直线和一条水平线的正投影。

（3）一个几何图形，在空间向各个投影面上的正投影，是由面和线来反映的。图 1-6 是一个平行于底部投影面的平行四边形平面，在三个投影面上的投影。

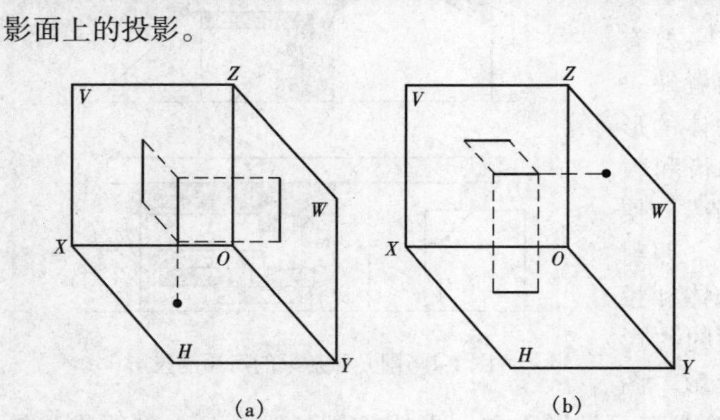

图 1-5　线的投影

（a）竖直线的正投影；（b）水平线的正投影

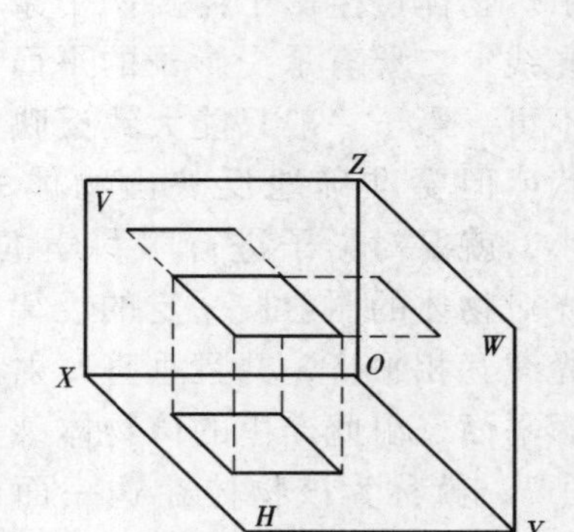

图 1-6　面的投影

三、物体的投影

物体的投影比较复杂，它在空间各投影面上的投影，都是以面的形式反映出来的。一个台阶外形的正投影如图 1-7 所示。

对于一个空心的物体，如一个关闭的木箱，仅从它外表的投影上是反映不出它的构造的，因此人们用一个平面在中间把它切开，让它的内部在这个面上投影，得到它内部的形状和大小，从而真实地反映这个物体。建筑物也类似这样的物体，仅外部的投影（在建筑图上叫立面图）不能完全反映建筑物的内部构造，所以要用平面图和剖面图等来反映内部的构造。一个箱子剖切后的内部投影图，如图 1-8 所示，水平切面的投影类似于建筑平面图，垂直切面的投影类似于建筑剖面图。

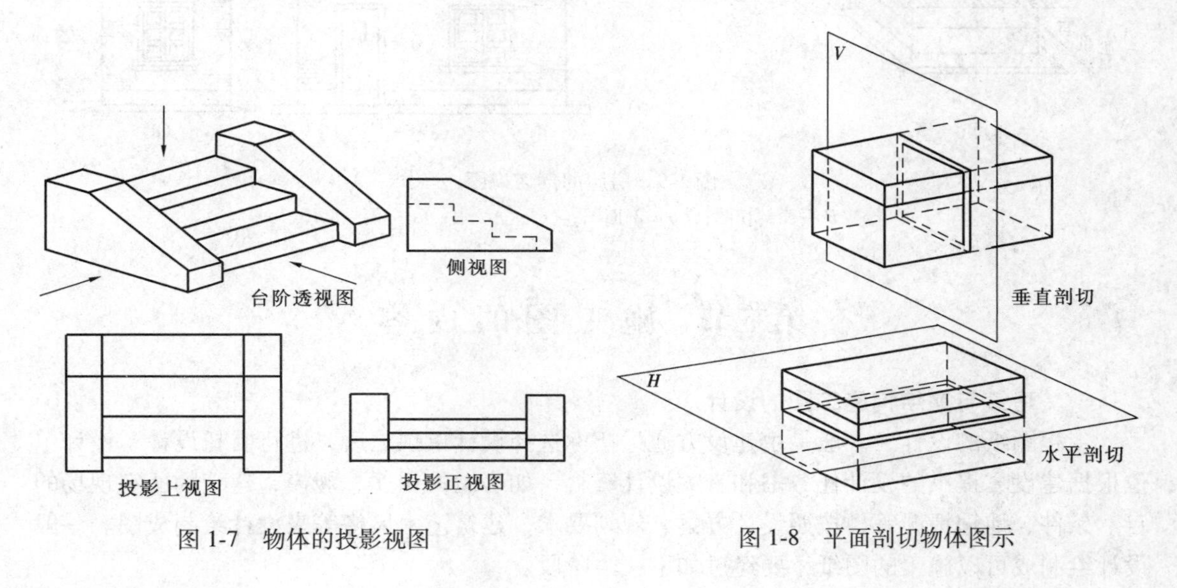

图 1-7　物体的投影视图　　　　图 1-8　平面剖切物体图示

四、视图

视图就是人从不同的位置所看到的物体在投影平面上投影后所绘成的图。一般分为上视图，前、后、侧视图和剖视图。

（1）上视图。人在这个物体的上部往下看，物体在下面投影平面上所投影出的形象。

（2）前、后、侧视图。人在物体的前、后、侧面看到的这个物体的形象。

（3）剖视图。这是人们假想用一个平面把物体某处剖切开后，移走一部分，人站在未移走的那部分物体剖切面前，所看到的物体在剖切平面上的投影的形象。

图 1-9 中（a）即为用水平面 H 剖切后，移走上部，从上往下看的上视图。为了符合建筑图纸的习惯叫法，这种上视图称为平面图（实际是水平剖视图）。另外，图 1-9（b）、（c）、（d）分别称为剖面图（实际是竖向剖视图）、立面图（实际是前视图）、侧立面图（实际是侧视图）。

（4）仰视图。这是人在物体下部向上观看所见到的形象。一般是在室内人仰头观看到的顶棚构造或吊顶平面的布置图形。当顶棚无各种装饰时，一般不绘制仰视图。

从视图的形成可以看出，物体都可以通过投影平面的形式来表达，这些平面图形代表了物体的某个部分。施工图纸就是采用这个办法，利用投影和视图的原理，把构想建筑的房屋绘制成立面图、平面图、剖面图等，使人们想象出该房屋的形象，并按照图纸进行施工，使之变成实物。

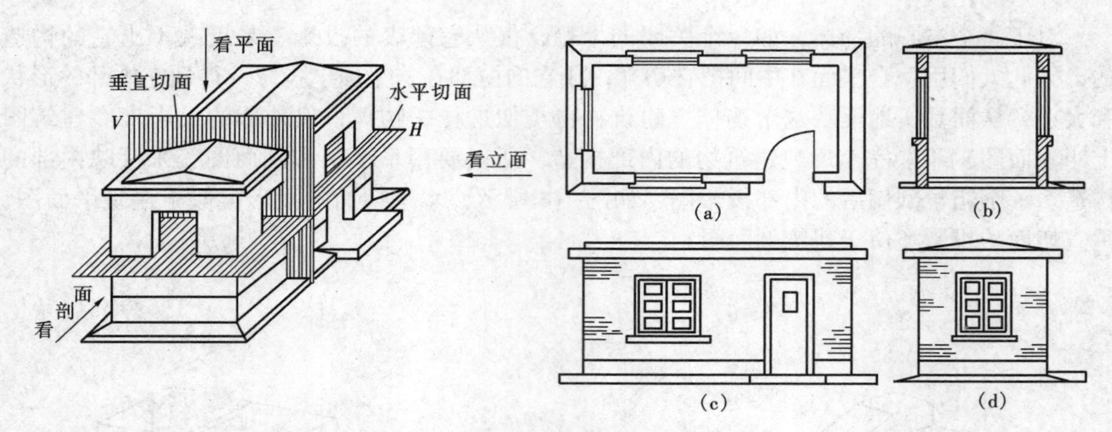

图 1-9　房屋的剖切视图

（a）*H* 平面剖切图；（b）剖面图；（c）立面图；（d）侧立面图

第二节　施工图的内容

一、建筑与钢结构施工图的设计

工程图纸的设计，一般是由建设方通过招标选择设计单位之后，进行委托设计。设计单位根据建设方提供的设计任务书和有关设计资料，如房屋的用途、规模，建筑物所定现场的自然条件、地理情况等，按照设计方案、规划要求、建筑艺术风格等来设计绘制成图。一般设计绘制成可以施工的图纸，要经过如下三个阶段。

（1）初步设计阶段。这个阶段主要是根据选定的设计方案进行更具体、更深入的设计。在论证技术可行性、经济合理性的基础上，提出设计标准、基础形式、结构方案以及水、电、暖通等各专业的设计方案。初步设计的图纸和有关文件只能作为提供研究和审批使用，不能作为施工的依据。

（2）技术设计阶段。这个阶段是针对技术上复杂或有特殊要求且又缺乏设计经验的建设项目而增加的一个阶段。它用于进一步解决初步设计阶段一时无法解决的一些重大问题，例如：初步设计中采用的特殊工艺流程需经试验研究，新设备需经试制及确定，大型建筑物、构筑物的关键部位或特殊结构需经试验研究落实，建筑规模及重要的技术经济指标需经进一步论证等。技术设计是根据批准的初步设计进行的，其具体内容根据工程项目的具体情况、特点和要求确定，深度以能解决重大技术问题、指导施工图设计为原则。

（3）施工图设计阶段。这个阶段是在前面两个阶段的基础上进行详细的、具体的设计。主要是为满足工程施工中各项具体的技术要求，提供准确可靠的施工依据。因此要根据工程和设备各构成部分的尺寸、布置和主要施工做法等，绘制出正确、完整且详细的建筑与安装详图及必要的文字说明和工程概算。整套施工图纸是设计人员的最终成果，也是施工单位进行施工的主要依据。

二、建筑施工图的种类

1. 建筑总平面图

建筑总平面图也称为总图，是整套施工图中领先的图纸。它是说明建筑物所在的地理位置和周围环境的平面图。一般在图上标出新建筑的外形、层次、外围尺寸、相邻尺寸，建筑物周围的地貌、原有建筑、建成后的道路及水源、电源、下水道干线的位置，如在山区还要标出地形等高线等。有的总平面图上，设计人员还根据测量确定的坐标图，绘出需建房屋所在方格网的部位和水准标高；为了表示建筑物的朝向和方位，在总平面图中，还绘有指北针和表示风向的风玫瑰图等。

伴随总平面图的还有建筑的总说明，说明以文字形式表示，主要说明建筑面积、层次、规模、技术要求、结构形式、使用材料、绝对标高等应向施工者交代的一些内容。

2. 建筑部分的施工图

建筑部分的施工图主要说明房屋建筑构造的图纸，简称为建筑施工图，在图号中以“建施××图”为标志，以区别其他类图纸。建筑施工图主要将房屋的建筑造型、规模、外形尺寸、细部构造、建筑装饰和建筑艺术表示出来。它包括建筑平面图、建筑立面图、建筑剖面图和建筑构造的大样图（或称详图），同时还要注明采用的建筑材料和做法要求等。

3. 钢结构施工图

钢结构施工图是说明建筑物基础和主体部分结构构造与要求的图纸。它包括结构类型、结构尺寸、结构标高、使用材料与技术要求以及结构构件的详图和构造。这类图纸在图标上的图号区内常写为“结施××图”。它分为钢结构平面图、钢结构剖面图和钢结构详图，由于基础图归在结构图中，因此把地质勘察图也附在结构施工图中，一起交给施工单位。

4. 电气设备施工图

电气设备施工图是说明房屋内电气设备位置、线路走向、总需功率、用线规格和品种等的图纸，可分为平面图、系统图和详图。在这类图的前面还有技术要求和施工要求的设计说明文字。

5. 给水、排水施工图

给水、排水施工图主要表明房屋建筑中需用水点的布置和水用过后排出的装置，俗称卫生设备的布置，包括上、下水管线的走向，管径大小，排水坡度，使用的卫生设备品牌、规格、型号等。这类图也分为平面图、透视图（或称系统图）以及详图（尤其盥洗间），还有相应的设计说明。

6. 采暖和通风空调施工图

采暖施工图主要是指北方需供暖地区要装配的设备和线路的图纸。它有区域供热管线总图，表明管线走向、管径、膨胀节等；在进入一座房屋之后，要表示立管的位置（供热管和回水管）和水平管的走向，散热器装置的位置和数量、型号、规格、品牌等。图上还应表示出主要部位的阀门和必需的零件。这类图纸分为平面图、透视图（系统图）和详图，并对施工的技术要求等进行说明。

通风空调施工图是在房屋建筑功能日趋提高后出现的。图纸可分为管道走向的平面图和剖面图。图上要表示它与建筑的关系尺寸，管道的长度和断面尺寸，保温的做法和厚度。在建筑上还要表示出回风口的位置和尺寸，以及回风道的建筑尺寸和构造。通风空调图中同样也要有技术要求说明。

三、施工图的编排顺序

一套房屋建筑的施工图，按其建筑的复杂程度不同，可以由几张图或几十张图组成。大型复杂的建筑工程的图纸可以多到上百张，甚至几百张，因此设计人员应按照图纸内容的主次关系，系统地编排顺序。例如，按照基本图在前，详图在后；总体图在前，局部图在后；主要部分在前，次要部分在后；布置图在前，构件图在后等方式编排。

对于钢结构建筑来说，一般一套建筑施工图纸的排列顺序依次为：图纸目录、设计总说明、建筑总平面图、建筑施工图、钢结构施工图、电气工程施工图、给水排水施工图、采暖通风施工图等。有的地方还有煤气管道、弱电工程的施工图，这些图在大部分地区都是由专业公司设计和施工的。表 1-1 为某套图纸的目录，可供读者参考。

图纸目录主要是便于查图者查阅图纸，通常放在全套图纸的最前面。图纸目录上图号的编排程序应与图纸相一致。一般单张的图纸在图标内的图号用“建施×/××”或“结施×/××的方式来表示，其分子代表该类图的第几张，分母代表该类图总共有几张。相应的目录表中也应有该编号的图纸号，这样才能前后相一致。

表 1-1 **×××设计院图纸目录**

建设单位：××开发公司　　建筑造价：1190 元/m^2

工程名称：商住楼　　设 计 号：96-×-×

建筑面积：10 790m^2　　设计日期：1996 年×月×日

序号	图号	图　名	备注	序号	图号	图　名	备注
1	总施 1	建筑设计总说明		22	电施 2/9	首层电气平面图	
2	总施 2	建筑总平面图				⋮	
3	建施 1/10	首层平面图					
4	建施 2/10	二层平面图		30	设施 1/10	给水透视图	
		⋮		31	设施 2/10	首层给水平面图	
13	结施 1/8	基础平面图				⋮	
14	结施 2/8	基础剖面大样图		35	设施 6/10	排水透视图	
		⋮		⋮			
21	电施 1/9	电气系统图					

第三节　钢结构施工图图示符号的名称

必须懂得图上的一些图形、符号，为看图做准备。下面从基本的线条开始介绍。

一、图线

在结构施工图中，为了表示不同的意思，并分清图形的主次，必须采用不同的线型和线宽来表示。

1. 线型的分类

线型分为实线、虚线、点划线、双点划线、折断线和波浪线等，见表 1-2。

表 1-2　　　　　　　　　　　　　　　　　　线型及线宽

名称		线型	线宽	一般用途
实线	粗	———	b	主要可见轮廓线
	中	———	$0.5b$	可见轮廓线
	细	———	$0.35b$	可见轮廓线、图例线等
虚线	粗	- - - - -	b	见有关专业制图标准
	中	- - - - -	$0.5b$	不可见轮廓线
	细	- - - - -	$0.35b$	不可见轮廓线、图例线等
点画线	粗	—·—·—	b	见有关专业制图标准
	中	—·—·—	$0.5b$	见有关专业制图标准
	细	—·—·—	$0.35b$	中心线、对称线等
双点画线	粗	—··—··—	b	见有关专业制图标准
	中	—··—··—	$0.5b$	见有关专业制图标准
	细	—··—··—	$0.35b$	假想轮廓线、成型前原始轮廓线
折断线		——\\/——	$0.25b$	断开界线
波浪线		～～～	$0.35b$	断开界线

前四类线型分为粗、中、细三种，后两种一般为细线。线的宽度用 b 作单位，b 的宽度可以从表 1-3 中取值。

表 1-3　　　　　　　　　　　　　　　　　　线宽取值　　　　　　　　　　　　　　　　　　mm

线宽比	线宽组					
b	2.0	1.4	1.0	0.7	0.5	0.35
$0.5b$	1.0	0.7	0.5	0.35	0.25	0.18
$0.35b$	0.7	0.5	0.35	0.25	0.18	

2. 线条的种类和用途

线条的种类有 10 种左右，现分别说明如下。

（1）定位轴线。采用细点画线表示。它用来表示建筑物的主要结构或墙体的位置，也可作为标志尺寸的基线。定位轴线一般应编号。在水平方向的编号，采用阿拉伯数字，由左向右依次注写；在竖直方向的编号，采用大写汉语拼音字母，按由下而上的顺序注写。轴线编号一般标志在图面的下方及左侧，如图 1-10 所示。

国标还规定轴线编号中不得采用 I、O、Z 这三个字母。此外，一个详图如适用于几根轴线时，应将各有关轴线的编号注明，注法如图 1-11 所示，其中左边的 1、3 轴图形是用于两根轴线时；中间的 1、3、6 等轴图形是用于三根或三根以上轴线时；右边的 1～18 轴图形是用于三根以上连续编号的轴线时。

通用详图的轴线号，只用“圆圈”，不注写编号，画法如图 1-12 所示。

两根轴线之间，如有附加轴线时，图线上的编号就采用分数表示，分母表示前一轴线的编号，分子表示附加的第几道轴线。一般分子用阿拉伯数字顺序注写。表示方法如图 1-13 所示。

（2）剖面的剖切线。一般采用粗实线。图上的剖切线是表示剖面的剖切位置和剖视方向。编号一般根据剖视方向注写于剖切线的端部，如图 1-14 所示，其中“2—2”剖切线就是表示人站在图右边向左方向（即向标志 2 的方向）的视图。

国标还规定剖面编号采用阿拉伯数字按顺序连续编排。此外，转折的剖切线（见图 1-14 中“3—3”剖切线）的转折次数一般以一次为限。当被剖切的图面与剖面图不在同一张图纸上时，在剖切线下有注明剖面图所在图纸的图号。

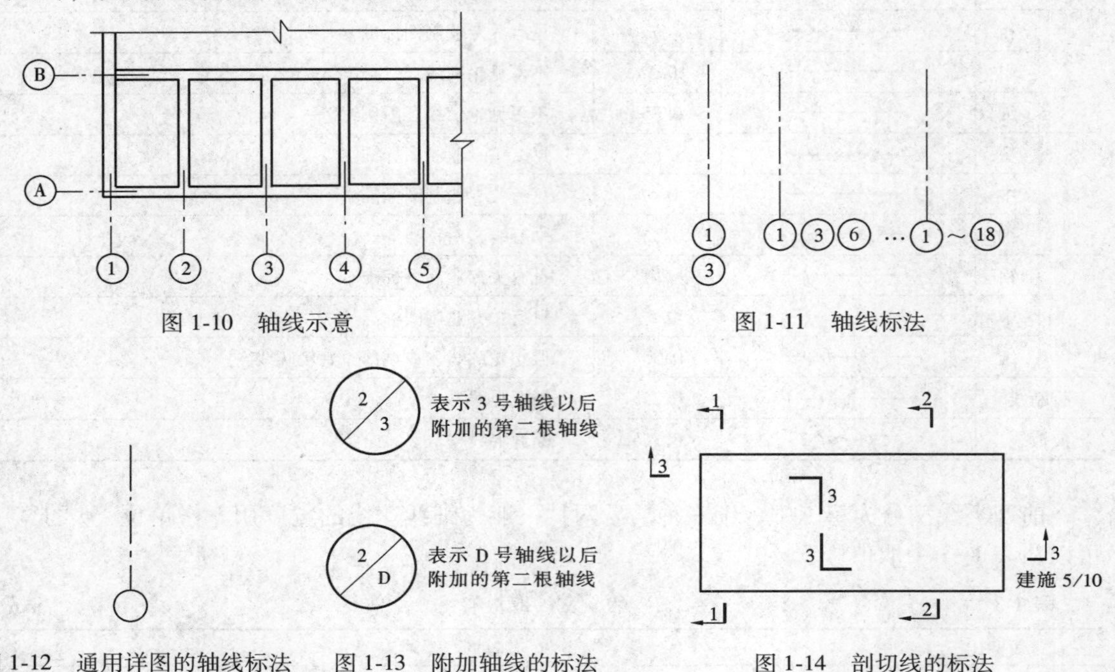

图 1-10　轴线示意　　图 1-11　轴线标法

图 1-12　通用详图的轴线标法　　图 1-13　附加轴线的标法　　图 1-14　剖切线的标法

另外，如构件的截面采用剖切线时，编号用阿拉伯数字，且编号应根据剖视方向注写于剖切线的一侧。例如：向左剖视的编号就写在左侧，向下剖视的写在剖切线下方，如图 1-15 所示。

（3）中心线。用细点画线或中粗点画线绘制，是表示建筑物或构件、墙身的中心位置。图 1-16 是一座屋架中心线的表示，在图上为了省略对称部分的图画，用点划线和两条平行线表示，这个符号绘在图上，称为对称符号。这个中心对称符号是表示该线的另一边的图面与已绘出的图面，相对位置是完全相同的。

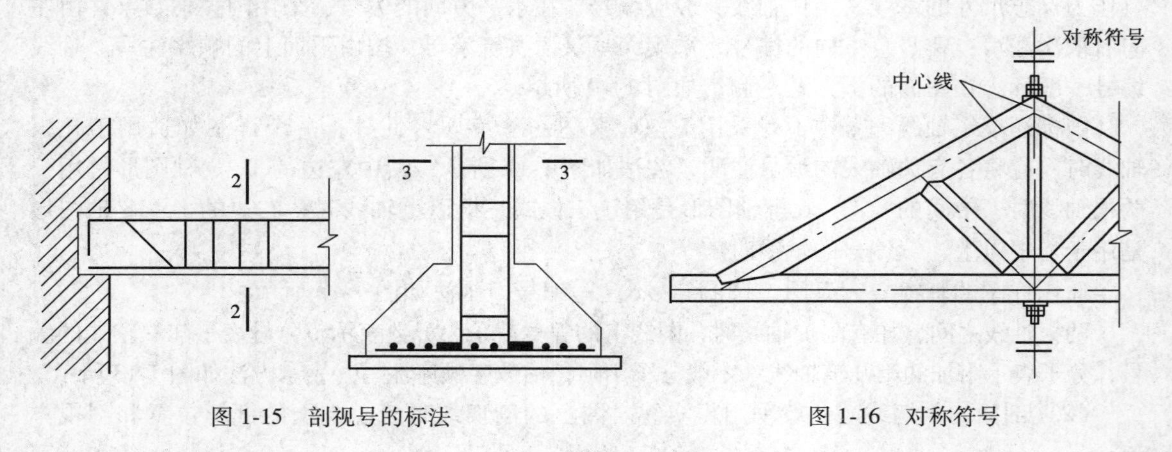

图 1-15　剖视号的标法　　图 1-16　对称符号

（4）尺寸线。多数用细实线绘出，在图上表示各部位的实际尺寸。尺寸线由尺寸界线、起止点的短斜线（或黑圆点）和尺寸线所组成。尺寸界线有时与房屋的轴线重合，用短竖线表示，起止点的斜线一般与尺寸线成 45°，尺寸线与界线相交，相交处应适当延长一些，便于绘短斜线后使人看得清晰，尺寸大小的数字应填写在尺寸线上方的中间位置。尺寸线的表示方法如图 1-17 所示。

此外，钢桁架结构类的单线图，其尺寸在图上都标在构件的一侧，如图 1-18 所示。单线一般用粗实线绘制。

标志半径、直径及坡度的尺寸，其标注方法如图 1-19 所示。半径以 R 表示，直径以 ϕ 表示，坡度用三角形或百分比表示。

（5）引出线。用细实线绘制。一般是为了对图纸上某一部分的标高、尺寸、做法等进行文字说明。因为图面上书写位置有限，而用引出线将文字引到适当部位加以注解。引出线的形式如图 1-20 所示。

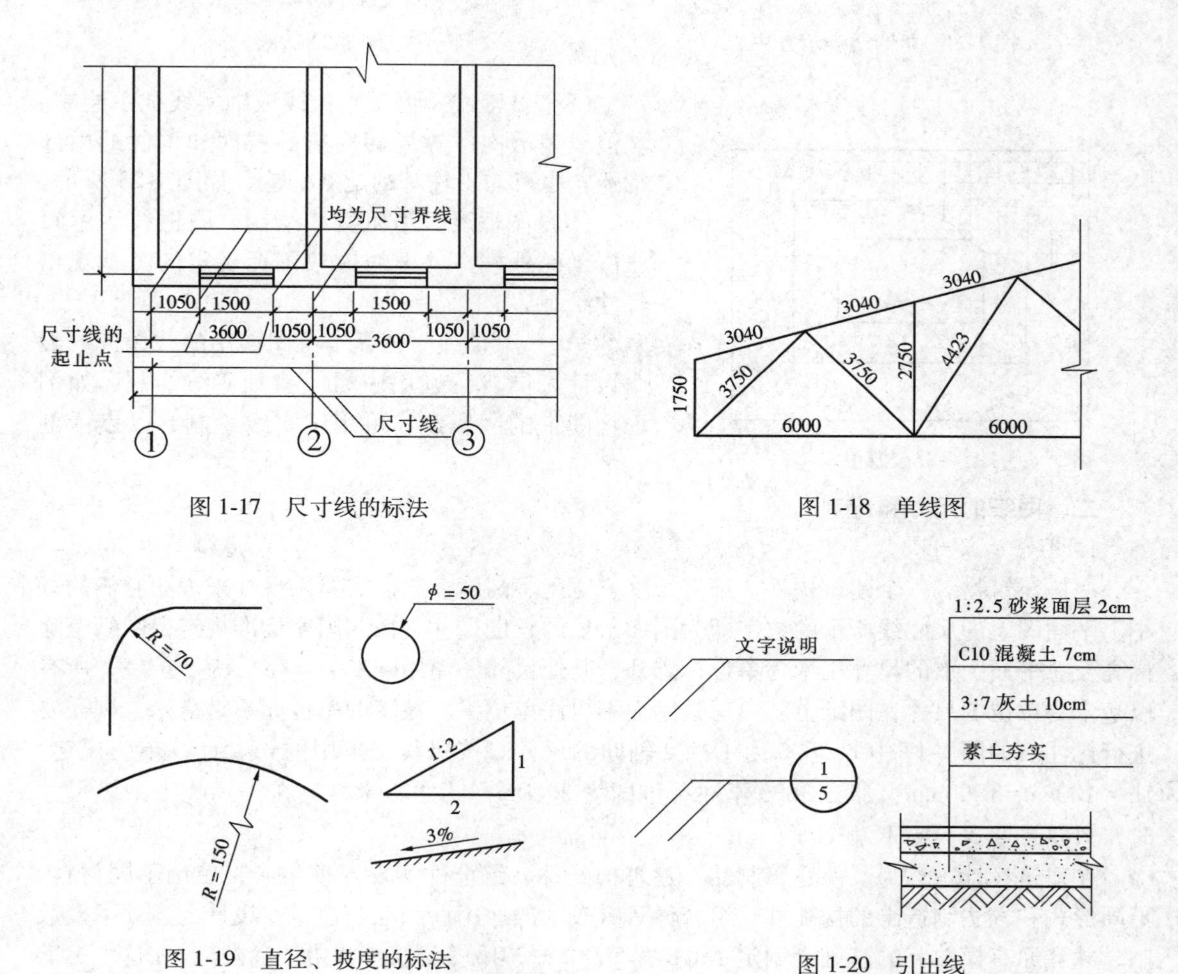

图 1-17　尺寸线的标法

图 1-18　单线图

图 1-19　直径、坡度的标法

图 1-20　引出线

（6）折断线。一般采用细实线绘制。折断线是绘图时为了少占图纸而把不必要的部分省略不画的表示，如图 1-21 所示。

（7）虚线。线段及间距应保持长短一致的断续短线，在图上有中粗线和细线两类。虚线表示：① 建筑物看不见的背面和内部的轮廓或界线；② 设备所在位置的轮廓。例如：一个基础杯口的位置和某房屋内锅炉安放的位置如图 1-22 所示。

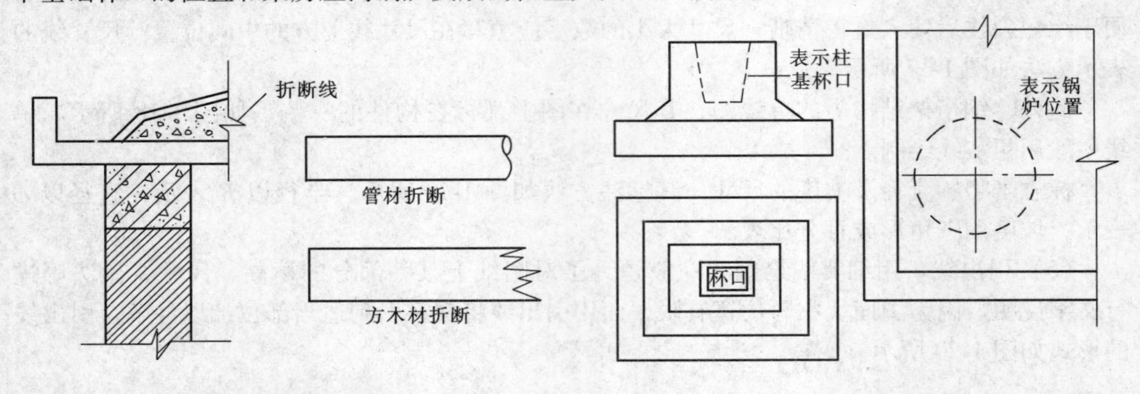

图 1-21　折断线表示方法

图 1-22　虚线

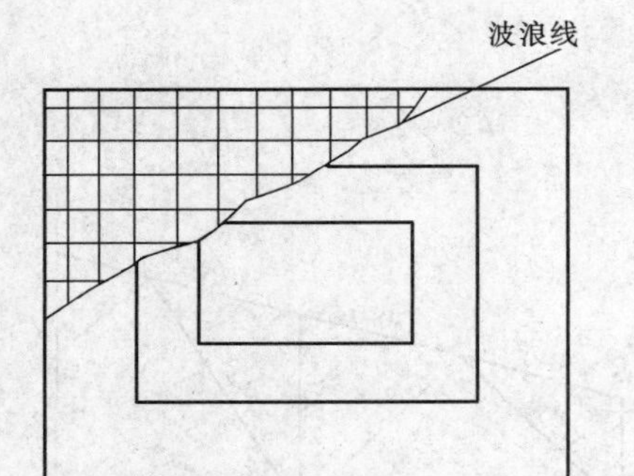

图 1-23　波浪线

（8）波浪线。可用中粗线或细实线徒手绘制。波浪线表示构件等局部构造的层次和构件的内部构造，也可勾出柱基的配筋构造，如图 1-23 所示。

（9）图框线。用粗实线绘制。图框线表示每张图纸的外框，外框线应按国标规定的图纸规格尺寸绘制。

（10）其他线。图纸本身图面用的线条，一般由设计人员自行选用中粗线或细实线绘制，如剖面详图上的阴影线，可用细实线绘制，以表示剖切的断面。

二、图纸的尺寸和比例

1. 图纸的尺寸

一栋建筑物、一个建筑构件，都有长度、宽度、高度，它们需要用尺寸来表明它们的大小。平面图上的尺寸线所示的数字即为图面某处的长度尺寸。按照国家标准规定，图纸上除标高及总平面图上的尺寸用米为单位标志外，其他尺寸一律用毫米为单位。为了统一，所有以毫米为单位的尺寸在图纸上就只写数字而不再注单位了。数字的单位如不是毫米，则需要进行标注。如图 1-17 中的 3600 为①～②轴间的尺寸。按照我国采用的长度计算单位规定，1m＝100cm＝1000mm，那么 3600 不注单位即为 3. 60m，读作三米六。在实际施工中量尺寸时，只要量取 3. 60m 长就对了。

在建筑设计中，为了使建筑制品、建筑构配件、组合件实现规模生产，使用不同材料、不同形式和方法制造出的构配件、组合件具有较大的通用性和互换性，在设计上建立了模数制，并在原有模数制的基础上制定了 GB/T 50002—2013《建筑模数协调标准》，在这个标准中重新规定了模数和模数协调原则。

建筑模数是设计上选定的尺寸单位，作为建筑空间、构件以及有关设施尺寸的协调中的增值单位。我国选定的基本模数（是模数协调中的基本尺寸）值为 100mm，而整个建筑物和建筑物的一部分以及建筑中组合件的模数化尺寸，应该是基本模数的倍数。

在基本模数这个单位值上，又引出了扩大模数和分模数的概念。扩大模数是指基本模数的整数倍的数值，如开间尺寸3600mm就是基本模数的36倍（整数倍）；分模数则是用整数去除基本模数后的数值，如木门窗框的厚度为50mm，就是用2去除100mm得到的分模数。国家对模数的扩大和分割有一定的规定：如扩大模数的扩大倍数一般为3、6、12、15、30、60；分模数的倍数一般为1/10、1/5、1/2。凡符合扩大模数的整数倍或分模数的倍数的尺寸，则称为符合国家统一模数的尺寸；否则称为非模数尺寸，亦为非标准尺寸。例如：房屋某平面的开间尺寸为3600mm，是100mm基本模数规定的扩大6倍的又一个6的整倍数，即（6×100）×6＝3600mm，符合标准尺寸。例如：有些设计的开间尺寸为3400mm，那么它就是非标准尺寸，如果要制造与开间相适应的构件尺寸，像空心楼板，其尺寸与3600mm开间的标准尺寸就不一样，需要生产厂家单独为其制作，而不能应用成批的标准构件。

国家在建筑设计中提出模数制，主要是为了提高设计速度，使建筑构件标准化，从而提高施工效率，降低造价，同时也为读者看图了解尺寸提供方便。

2. 图纸的比例

图纸上的建筑物，是通过把所要绘的建筑物缩小几十倍、几百倍甚至上千倍后绘成的。一般把这种缩小的倍数叫作“比例”。例如：在图纸上1cm的长度代表的实物长度为1m（也就是代表实物长度100cm），那么就称用这种缩小的尺寸绘出的图纸的比例为1∶100。了解了图纸的比例之后，只要量得图上的长度再乘上比例倍数，就可以知道该建筑物的实际大小了。

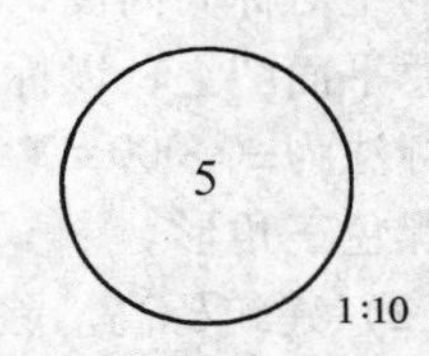

图1-24　详图比例的标法

国标还规定了比例必须采用阿拉伯数字表示，如1∶1，1∶50，1∶100等，不得用文字如“足尺”或“半足尺”等方法表示。

图名一般在图形下面写明，并在图名下绘一粗实线来显示，一般比例注写在图名的右侧，例如：平面图 1∶200。

当一张图纸上只用一种比例时，也可以只标在图标内图名的下面。标注详图的比例，一般都写在详图索引标志的右下角，如图1-24所示。一般图纸采用的比例见表1-4。

表1-4　图纸常用比例

图　名	常　用　比　例	必要时可增加的比例
总平面图	1∶500，1∶1000，1∶2000	1∶2500，1∶5000，1∶10000
总图，专业的断面图	1∶100，1∶200，1∶1000，1∶2000	1∶500，1∶5000
平面图、立面图、剖面图	1∶50，1∶100，1∶200	1∶150，1∶300
次要平面图	1∶300，1∶400	1∶500
详图	1∶1，1∶2，1∶5，1∶10，1∶20，1∶25，1∶50	1∶3，1∶4，1∶30，1∶40

三、标高及其他

1. 标高

标高是表示建筑物的地面或某一部位的高度。在图纸上，标高尺寸的注法都是以m为单位的，一般注写到小数点后三位，在总平面图上只要注写到小数点后两位就可以了。总平面图上的标高用全部漆黑的三角表示，如▼75.50。在其他图纸上都要用如图 1-25 所示的方法表示。

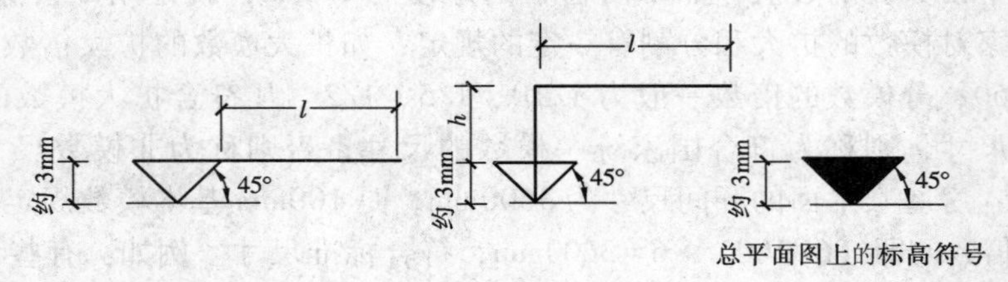

图 1-25　标高绘法

l—注写标高数字的长度；h—高度视需要而定

在建筑施工图纸上，用绝对标高和建筑标高这两种方法表示不同的相对高度。

（1）绝对标高。以海平面高度作为 0 点（我国以青岛黄海海平面为基准），图纸上某处所注的绝对标高高度，就是说明该图面上某处的高度比海平面高出的距离。绝对标高一般只用在总平面图上，以标志新建筑处地面的高度。有时在建筑施工图的首层平面上也有注写，例如标注为±0.000=▼50.00，表示该建筑的首层地面比黄海海面高出 50m。绝对标高的符号是黑色三角形。

（2）建筑标高。除总平面图外，其他施工图上用来表示建筑物各部位的高度，都是以该建筑物的首层（即底层）室内地面高度作为 0 点（写作±0.000）来计算的。比 0 点高的部位称为正标高，例如：比 0 点高出 3m 的地方，标成 3.000，数字前面不加“+”号；比 0 点低的地方，室外散水层低 45cm，标成 −0.450，在数字前面加上“−”号。建筑施工图上表示标高的方法见图 1-26，图中（6.000）、（9.000）为同一个详图上，有几个不同的标高时的标注方法。

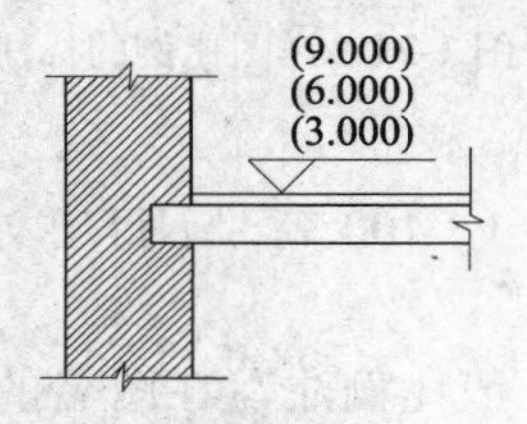

图 1-26　标高标法之一

2. 指北针与风玫瑰

在总平面图及首层的建筑平面图上，一般都绘有指北针，表示该建筑物的朝向。国标规定的指北针的形式如图 1-27 所示。其主要的画法是在尖头处注明“北”字。如为对外工程，或国外设计的图纸，则用“N”表示北字。

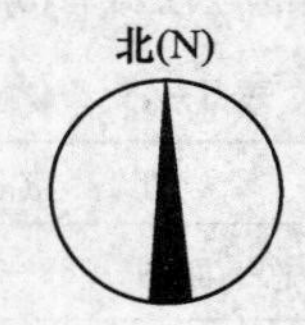

图 1-27　指北针

风玫瑰是总平面图上用来表示该地区每年风向频率的标志。它是以十字坐标定出东、南、西、北、东南、东北、西南、西北等 16 个方向后，根据该地区多年统计的各个方向平均吹风次数的百分数值绘成的折线图形。全称为风频率玫瑰图，简称风玫瑰图。图上所表示的风的吹向，是指从外面吹向地区中心的。风玫瑰图的形状如图 1-28 所示，此风玫瑰图说明该地区多年平均的最频风向是西北风，虚线表示夏季的主导风向。

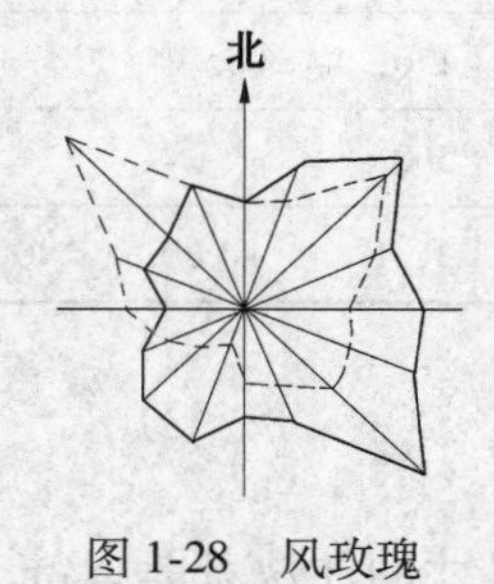

图 1-28　风玫瑰

3. 索引标志

索引是表示图上该部分另有详图的意思，一般用圆圈表示，圆圈的直径为 8～10mm。索引标志的表示方法有以下几种。

（1）所索引的详图，如在本张图纸上，其表示方法如图 1-29 所示。

（2）所索引的详图，如不在本张图纸上，其表示方法如图 1-30 所示。

（3）所索引的详图，如采用标准详图，则其表示方法如图 1-31 所示。

（4）局部剖面的详图索引标志，用图 1-32 的方法表示，所不同的是索引线边上有一根短粗直线，表示剖视方向。

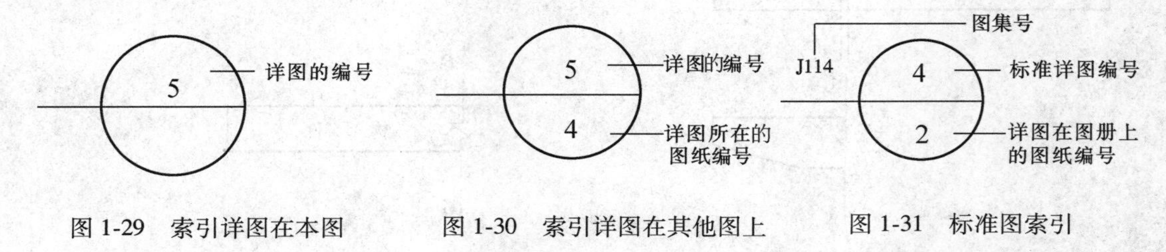

图 1-29　索引详图在本图　　图 1-30　索引详图在其他图上　　图 1-31　标准图索引

（5）零件、钢筋、构件等编号用圆圈表示，圆圈的直径为 6～8mm，其表示方法如图 1-33 所示。

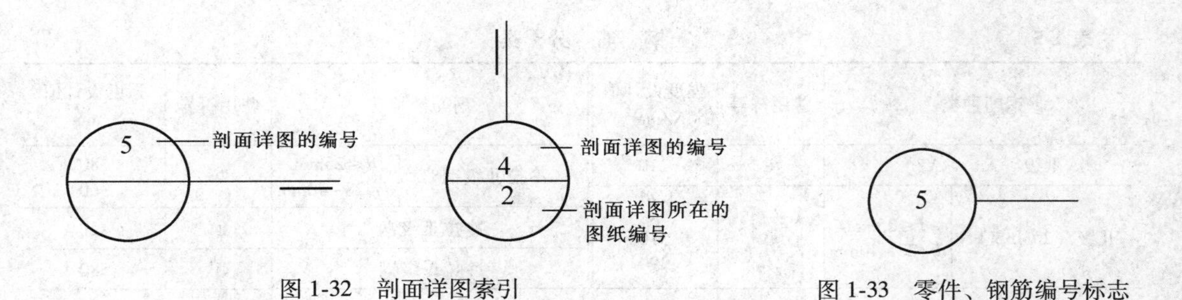

图 1-32　剖面详图索引　　图 1-33　零件、钢筋编号标志

4. 符号

图纸上的符号很多，有用图示标志的符号，有用文字标志的符号，还有用符号标志说明某种含意的符号等。

（1）对称符号。在前面提到中心线时，已讲述了对称符号。

（2）连接符号。它是用在连接切断的结构构件图形上的符号。当一个构件的某一部分和需要相接的另一部分连接时，就采用这个符号来表示。它有以下两种情形：① 所绘制的构件图形与另一构件的图形仅部分不相同时，可只画另一构件不同的部分，并用连接符号表示相连，两个连接符号应对准在同一条线上，如图 1-34 所示；② 当同一个构件在绘制时因图纸有限制，那么在图纸上就将它分为两部分绘制，在相连的地方再用连接符号表示，如图 1-35 所示。这个符号便于我们在看图时找到两个相连部分，从而了解该构件的全貌。

（3）各种单位的代号。在图纸上为了书写简便，如长度、面积、体积和质量等单位，往往采用计量单位符号标注。

1）长度单位：千米——km，米——m，厘米——cm，毫米——mm。

2）面积单位：平方千米——km^2，平方米——m^2，平方厘米——cm^2，平方毫米——mm^2。

3）体积单位：立方米——m^3，立方厘米——cm^3。

4）质量单位：克——g，千克——kg，吨——t。

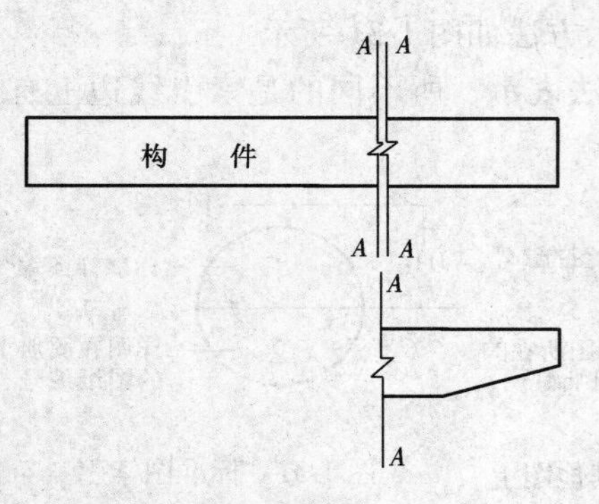

图 1-34　连接符号（一）

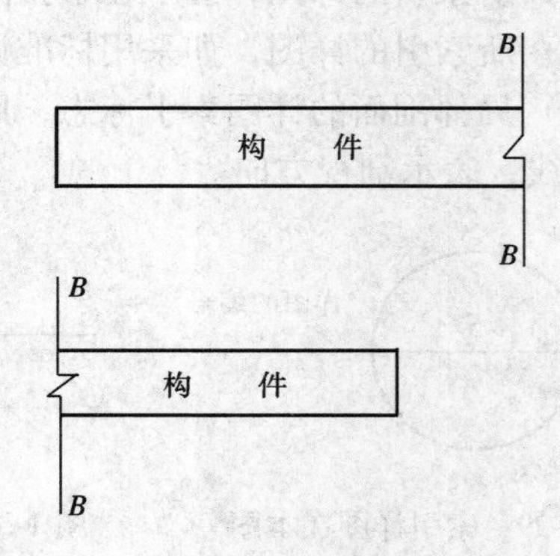

图 1-35　连接符号（二）

（4）钢筋符号。在施工图上，采用不同型号、不同等级的钢筋时，有不同的表示方法。这里我们列表说明，见表 1-5。

表 1-5　　　　　　　　**钢　筋　分　类**

<table>
<tr><th colspan="2">钢筋种类</th><th>曾用符号</th><th>强度设计值（N/mm²）</th></tr>
<tr><td colspan="2">Ⅰ级（A3、AY3）</td><td>Φ</td><td>210</td></tr>
<tr><td>Ⅱ级（20MnSi）</td><td>d≤25mm
d=28～40mm</td><td>Φ</td><td>310
290</td></tr>
<tr><td colspan="2">Ⅲ级（25MnSi）</td><td>Φ</td><td>340</td></tr>
<tr><td colspan="2">Ⅳ级（40MnSiV）</td><td>Φ</td><td>500</td></tr>
<tr><td colspan="2">冷拉Ⅰ级钢</td><td>Φˡ</td><td>250</td></tr>
</table>

<table>
<tr><th colspan="2">钢筋种类</th><th>曾用符号</th><th>强度设计值（N/mm²）</th></tr>
<tr><td>冷拉Ⅱ级钢</td><td>d≤25mm
d=28～40mm</td><td>Φˡ</td><td>380
360</td></tr>
<tr><td colspan="2">冷拉Ⅲ级钢</td><td>Φˡ</td><td>420</td></tr>
<tr><td colspan="2">冷拉Ⅳ级钢</td><td>Φˡ</td><td>580</td></tr>
<tr><td>钢 绞 线</td><td>d=9. 0mm
d=12. 0mm
d=15. 0mm</td><td>Φʲ</td><td>1130
1070
1000</td></tr>
</table>

（5）混凝土强度的标志方法。在图纸上，为了说明设计需要的混凝土强度，一般采用强度等级来表示。普通混凝土强度目前分为 C7. 5、C10、C15、C20、C25、C30、C35、C40、C45、C50、C55、C60、C65、C70、C75、C80 等 14 个等级。它表示混凝土立方体每平方毫米面积上可以承受多少牛顿的压力。例如 C20，则表示 $1mm^2$ 上可承受 20N 的压力，以此类推。

砂浆强度的标志方法和混凝土相似，但其标志符号不同，是用 M 表示的。它们的等级分为 M0. 4、M1、M2. 5、M5、M7. 5、M10、M15 等。它表示 70mm×70mm×70mm 砂浆试块立方体上每平方毫米面积可以承受多少牛顿的压力。

砖的强度则采用 MU 表示。强度等级分为 MU5、MU7. 5、MU10、MU15 等。

（6）型钢的符号。图纸上为了说明使用的型钢种类、型号，也可用符号表示，下面进行简单的介绍。

1）工字钢。用“I”表示，如果它的高度为30cm，那么就表示成：I30。

2）槽钢。用“[”表示，如果它的高度为36cm，那么就写成：[36。

3）角钢。分为等边和不等边两种。其表示方法分别为“∟”及“∟”，等边的书写时，若两边均为60mm长，写成∟60；不等边的，要将两边的长度都写上，如∟75×60。同时由于其翼缘厚度不同，还得标上厚度，如∟60×5，∟75×60×6等。

4）钢板和扁钢。钢板和扁钢用“—”符号表示。要说明尺寸时，在“—”符号后注明数字，比如15cm宽、6mm厚的钢板或扁钢，其表示方法是：—150×6。

（7）构件的符号。为了书写简便，结构施工图中，构件中的梁、柱、板等，一般用汉语拼音字母代表构件名称，常用的构件代号见表1-6。

表1-6　常用构件代号

序号	名　称	代号	序号	名　称	代号	序号	名　称	代号
1	板	B	15	吊车梁	DL	29	基　础	J
2	屋面板	WB	16	圈　梁	QL	30	设备基础	SJ
3	空心板	KB	17	过　梁	GL	31	桩	ZH
4	槽形板	CB	18	连系梁	LL	32	柱间支撑	ZC
5	折　板	ZB	19	基础梁	JL	33	垂直支撑	CC
6	密肋板	MB	20	楼梯梁	TL	34	水平支撑	SC
7	楼梯板	TB	21	檩　条	LT	35	梯	T
8	盖板或沟盖板	GB	22	屋　架	WJ	36	雨　篷	YP
9	挡雨板或檐口板	YB	23	托　架	TJ	37	阳　台	YT
10	吊车安全走道板	DB	24	天窗架	CJ	38	梁　垫	LD
11	墙　板	QB	25	框　架	KJ	39	预埋件	M
12	天沟板	TGB	26	刚　架	GJ	40	天窗端壁	TD
13	梁	L	27	支　架	ZJ	41	钢筋网	W
14	屋面梁	WL	28	柱	Z	42	钢筋骨架	G

注　1. 预制钢筋混凝土构件、现浇钢筋混凝土构件、钢构件和木构件，一般可直接采用本表中的构件代号。在设计中，当需要区别上述构件种类时，应在图纸中加以说明。

2. 预应力钢筋混凝土构件代号，应在构件代号前加注“Y-”，如Y-DL表示预应力钢筋混凝土吊车梁。

1）门窗的代号。建筑施工图上，门窗除了要在图上表示出其位置外，还要用符号表示门窗的型号。因为门窗的图纸基本上采用设计好的标准图集。门窗又可由钢质、木质等不同材料组成，因此表示木门时用“M××”符号，表示木窗时用“C××”符号，表示钢门用“GM××”符号，表示钢窗用“GC××”符号。为了具体说明这些符号的用法，用某设计院编制的木门代号作为说明，见表1-7。

表 1-7　　常用木门代号及类别

代号	门 类 别	代号	门 类 别	代号	门 类 别
M_1	纤维板面板门	M_7	壁橱门	M_{13}	机房门
M_2	玻璃门	M_8	平开木大门	M_{14}	浴、厕隔断门
M_3	玻璃门带纱	M_9	推拉木大门	M_{15}	围墙大门
M_4	弹簧门	M_{10}	变电室门	Y	表示阳台处门联窗符号
M_5	中小学专用镶板门	M_{11}	隔音门		
M_6	拼板门	M_{12}	冷藏门		

门的代号除右边用数字表明类别外，为了看图人便于了解它的尺寸，在 M 符号前面还标出数字，说明该门应留的洞口尺寸。其标法如下：

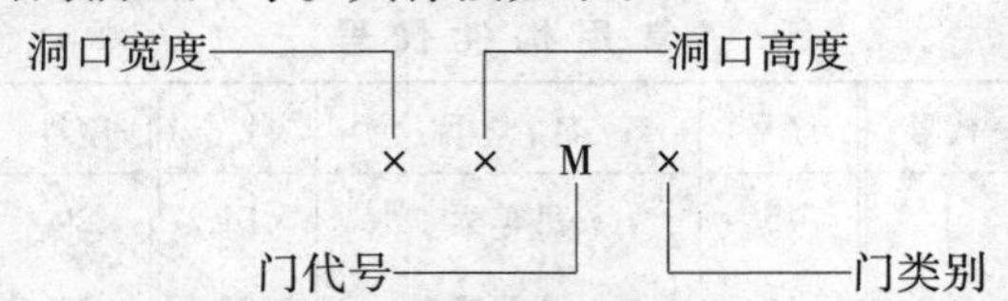

其洞口尺寸采用以 3 为模式的缩写数字表示，只要将该数字乘以 300，即为所选用的洞口宽或高的尺寸。例如 39M_2，即为宽 3×300mm＝900mm，高 9×300mm＝2700mm 的玻璃门。如果个别洞口不符合 3 的模式，则用其他数字作代号表示，而不乘以 300，这只要在标准图中加以说明即可。

由于各地区各设计部门不同，加之单位不同，木门采用的表示方法也不同，但在施工图上都用字母“M”表示门。

常用木窗的表示法见表 1-8。

表 1-8　　常用木窗代号及类型

代　号	窗 类 别	代　号	窗 类 别
C	代表外开窗，一玻一纱	C7	立体窗带纱窗
NC	代表内开窗一玻一纱	C8	推拉窗
C1	代表一玻无纱	C9	提升窗
C5	代表固定窗	C10	橱　窗
C6	代表立转窗		

窗的代号和门一样，在“C”代号前亦有数字表示尺寸（表示方法同门）。

门、窗的种类不只是表 1-7 和表 1-8 所能包括的，还有其他的特殊类型，如翻门、翻窗，在材质上还有钢门窗、玻璃钢门窗等，这只有在生产实践和不断看图学习中才能全面了解。

2）其他代号。螺栓用“M”表示，直径 25mm 的螺栓，图上用 M25 表示。在结构图上，梁、板的跨度往往用“*L*”表示。此外，用“*H*”表示层高或柱高，用“@”表示相等中心的距离，用 Φ 表示直径的物体，以上均是在结构图中常见的代号。

第四节　施工图常用图例

图例是施工图纸上用图形来表示一定含义的符号，具有一定的形象性，可向读图者表达所代表的内容。下面将一般建筑和结构施工图中的图例分类。

1. 建筑总平面图常用图例（见表 1-9）

表 1-9　　**总平面图常用图例**

名　称	图　例	说　明
新建的建筑物		（1）上图为不画出入口的图例，下图为画出入口的图例； （2）需要时，可在图形内右上角以点数或数字（高层宜用数字）表示层数； （3）用粗实线表示
原有的建筑物		（1）应注明拟利用者； （2）用细实线表示
计划扩建的预留地或建筑物		用中粗虚线表示
拆除的建筑物		用细实线表示
新建的地下建筑物或构筑物		用粗虚线表示
漏斗式贮仓		左、右图为底卸式，中图为侧卸式
散状材料露天堆场		需要时可注明材料名称
铺砌场地		
水塔、贮罐		左图为水塔或立式贮罐，右图为卧式贮罐

名　称	图　例	说　明
烟囱		实线为烟囱下部直径，虚线为基础。必要时可注写烟囱高度和上、下口直径
围墙及大门		上图为砖石、混凝土或金属材料的围墙； 下图为镀锌铁丝网、篱笆等围墙； 如仅表示围墙，则不画大门
坐标	X 110.00 Y 85.00 A 132.51 B 271.42	上图表示测量坐标，下图表示施工坐标
雨水井		
消火栓井		
室内标高	45.00	
室外标高	80.00	
原有道路		
计划扩建道路		
桥梁		（1）上图为公路桥，下图为铁路桥； （2）用于旱桥时应说明

2. 常用建筑材料的图例（见表 1-10）

表 1-10　　常用建筑材料的图例

名　称	图　例	说　明	名　称	图　例	说　明
自然土壤		包括各种自然土壤	金属		（1）包括各种金属；（2）图形小时，可涂黑
夯实土壤					
砂、灰土		靠近轮廓线处点较密的点	玻璃		包括平板玻璃、磨砂玻璃、夹丝玻璃、钢化玻璃等
天然石材		包括岩层、砌体、铺地、贴面等材料	防水材料		构造层次多或比例较大时，采用上面的图例
混凝土		（1）本图例仅适用于能承重的混凝土及钢筋混凝土；（2）包括各种强度等级、骨料、添加剂的混凝土；（3）在剖面图上画出钢筋时，不画图例线；（4）断面较窄，不易画出图例线时，可涂黑	粉刷		本图例中的点以较稀的点
钢筋混凝土			毛石		
			普通砖		（1）包括砌体、砌块；（2）断面较窄，不易画出图例线时，可涂红
多孔材料		包括水泥珍珠岩、沥青珍珠岩、泡沫混凝土、非承重加气混凝土、泡沫塑料、软木等	耐火砖		包括耐酸砖等
			空心砖		包括各种多孔砖
石膏板			饰面砖		包括铺地砖、马赛克、陶瓷锦砖、人造大理石等

3. 建筑构造及配件的图例（见表 1-11）

表 1-11　　建筑构造及配件的图例

名称	图　例	说　明	名称	图　例	说　明
土　墙		包括土筑墙、土坯墙、三合土墙等	栏　杆		上图为非金属扶手，下图为金属扶手
隔　断		（1）包括板条抹灰、木制板、石膏板、金属材料等隔断；（2）适用于到顶与不到顶隔断	检查孔		右图为可见检查孔，左图为不可见检查孔
			孔　洞		

续表

名称	图例	说明
楼梯	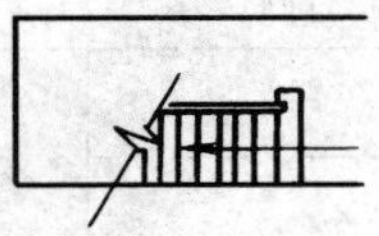 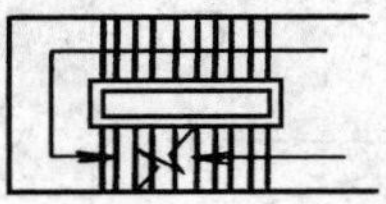 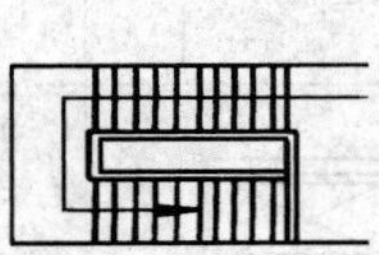	（1）上图为底层楼梯平面，中图为中间层楼梯平面，下图为顶层楼梯平面；（2）楼梯的形式及步数应按实际情况绘制
墙预留洞	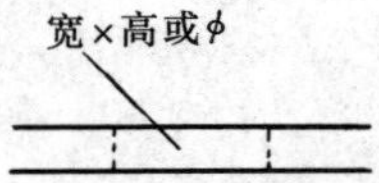 宽×高或ϕ	
墙预留槽	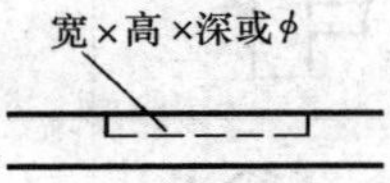 宽×高×深或ϕ	
空门洞	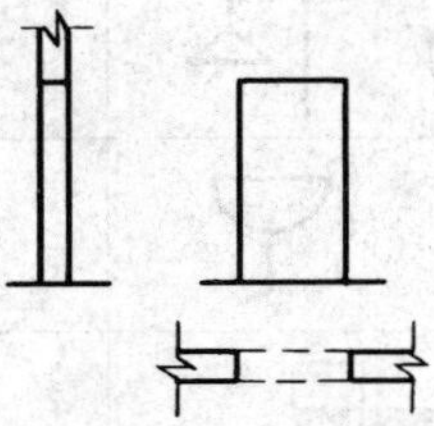	
烟道	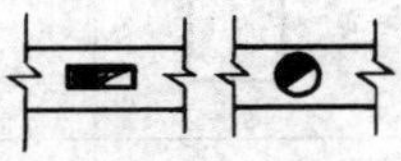	
通风道	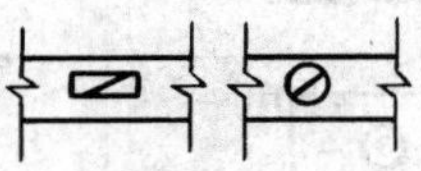	

名称	图例	说明
单扇门（包括平开或单面弹簧）	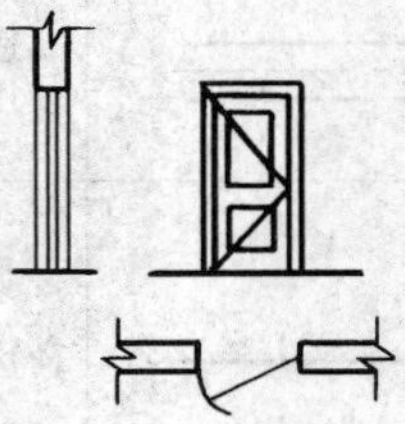	（1）门的名称代号用M表示；（2）剖面图中左为外、右为内，平面图中下为外、上为内；（3）立面图中开启方向线交角的一侧为安装合页的一侧，实线为外开，虚线为内开；（4）平面图中的开启弧线及立面图上的开启方向线，在一般设计图上无须表示，仅在制作图上表示；（5）立面形式应按实际情况绘制
双扇门（包括平开或单面弹簧）	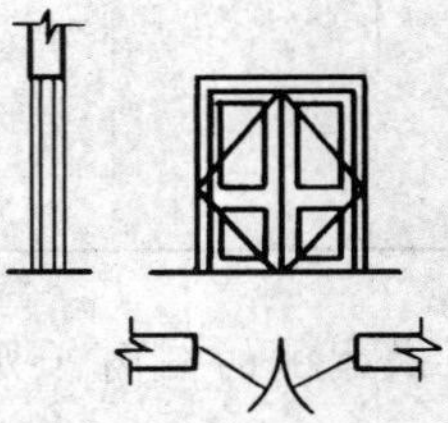	
单层固定窗	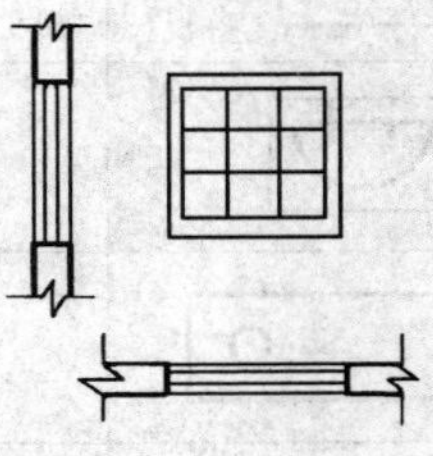	（1）窗的名称代号用C表示；（2）立面图中的斜线表示图的开关方向，实线为外开，虚线为内开；（3）开启方向线交角的一侧为安装合页的一侧，一般设计图中可不表示；（4）剖面图中左为外、右为内，平面图中下为外，上为内；（5）平、剖面图中的虚线仅说明开关方式，在设计图中无须表示；（6）窗的立面形式应按实际情况绘制
单层外开平开窗	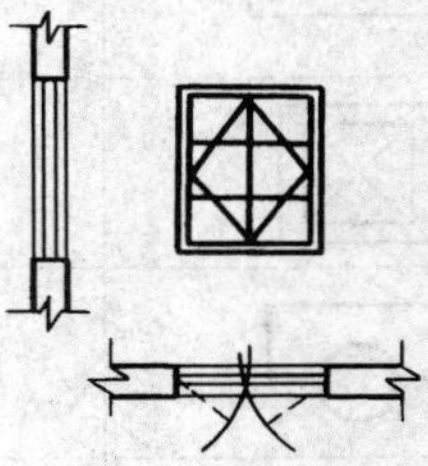	

4. 水平及垂直运输装置的图例（见表 1-12）

表 1-12　水平及垂直运输装置的图例

名称	图　例	说　明	名称	图　例	说　明
铁路		适用标准轨距，使用时注明轨距	起重机轨道		
电动葫芦	$G_n = t$	上图表示立面，下图表示平面，G_n 表示起重量	桥式起重机	$G_n = t$ $S = m$	S 表示跨度
			电梯		电梯应注明类型；门和平衡锤的位置应按实际情况绘制

5. 卫生器具及水池的图例（见表 1-13）

表 1-13　卫生器具及水池的图例

名称	图　例	说　明	名称	图　例	说　明
水盆水池		用于一张图内只有一种水盆或水池时	坐式大便器		
洗脸盆			小便槽		
浴盆			淋浴喷头		
化验盆洗涤盆			圆形地漏		
盥洗槽			雨水口		
污水池			阀门井、检查井		
立式小便器			水表井		
蹲式大便器			矩形化粪池	HC	HC 为化粪池代号

6. 钢筋的焊接接头图例（见表 1-14）

表 1-14　　钢筋焊接接头标注方法

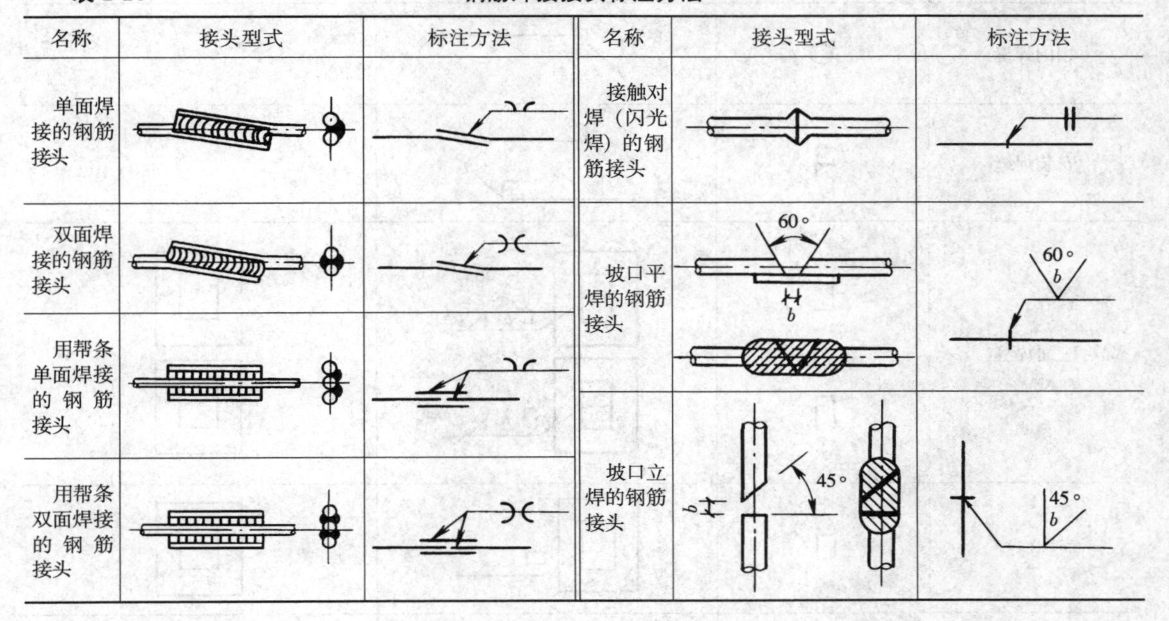

名称	接头型式	标注方法	名称	接头型式	标注方法
单面焊接的钢筋接头			接触对焊（闪光焊）的钢筋接头		
双面焊接的钢筋接头			坡口平焊的钢筋接头		
用帮条单面焊接的钢筋接头					
用帮条双面焊接的钢筋接头			坡口立焊的钢筋接头		

7. 钢结构中使用的有关图例（见表 1-15~表 1-18）

表 1-15　　孔、螺栓、铆钉图例

名称	图　例	说　明	名称	图　例	说　明
永久螺栓		（1）细"+"线表示定位线； （2）必须标注孔、螺栓、铆钉的直径	安装螺栓		（1）细"+"线表示定位线； （2）必须标注孔、螺栓、铆钉的直径
高强螺栓	ϕd		螺栓、铆钉的圆孔		

表 1-16　　钢结构焊缝图形符号

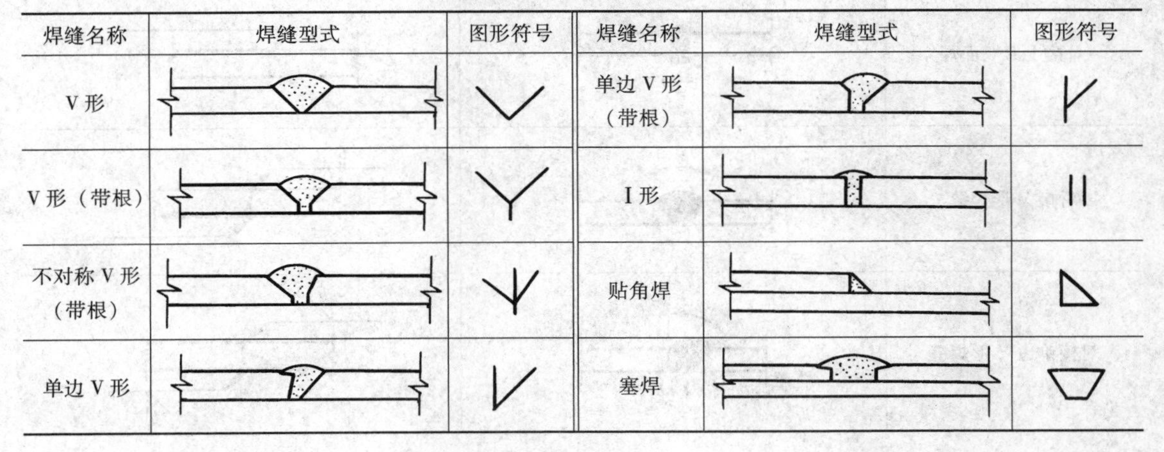

焊缝名称	焊缝型式	图形符号	焊缝名称	焊缝型式	图形符号
V 形			单边 V 形（带根）		
V 形（带根）			I 形		
不对称 V 形（带根）			贴角焊		
单边 V 形			塞焊		

表 1-17　　焊缝的辅助符号

符号名称	辅助符号	标志方法	焊缝形式
相同焊缝	○	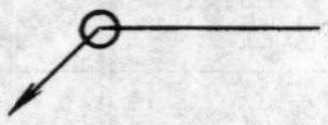	
安装焊缝	ᆿ	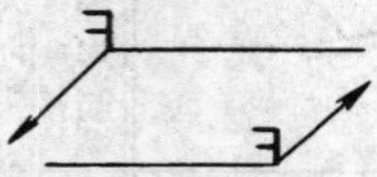	
三面焊缝	[⊓	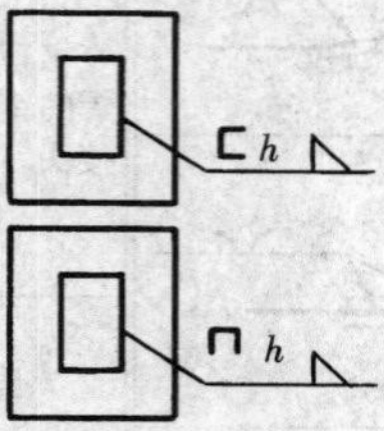 h h	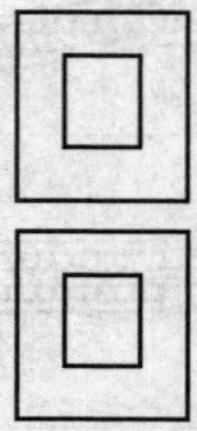
周围焊缝	□	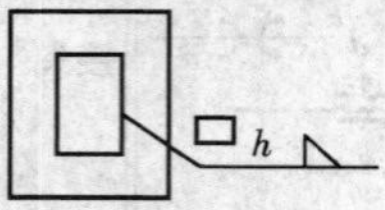 h	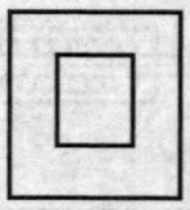
断续焊缝	I	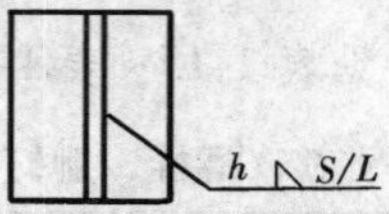 h S/L	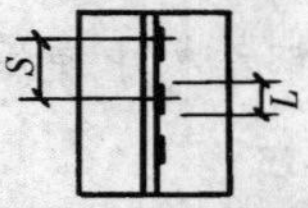 S L

表 1-18　　常用焊缝接头的焊缝代号标志方法

名称	焊缝形式	标志方法
对接 I 形焊缝	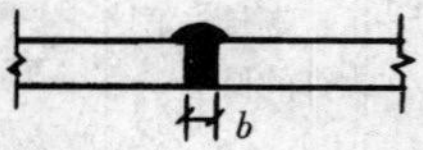 b	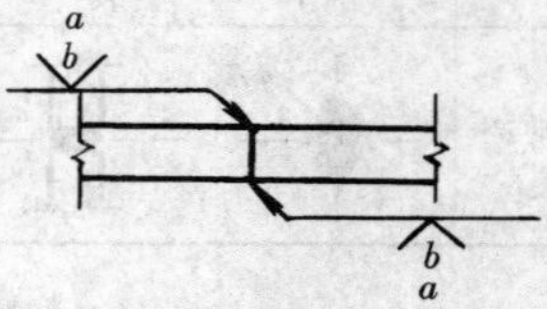 a b b a
对接 I 形双面焊	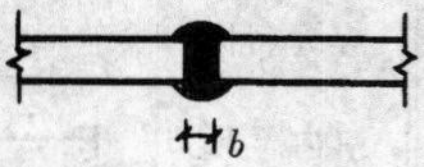 b	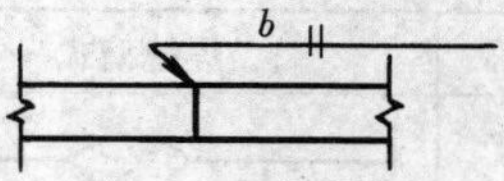 b
对接 V 形焊缝	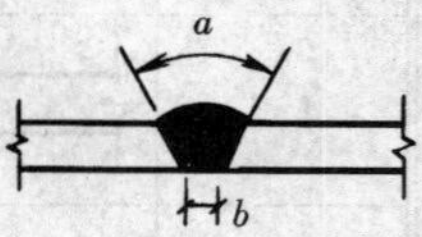 a b	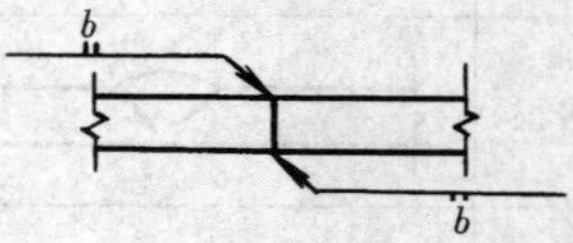 b b
对接单边 V 形焊缝	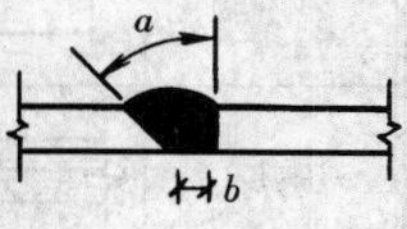 a b	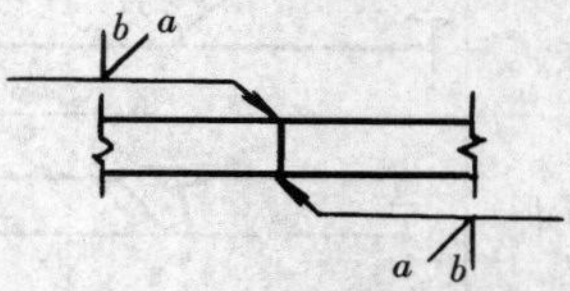 b a a b

续表

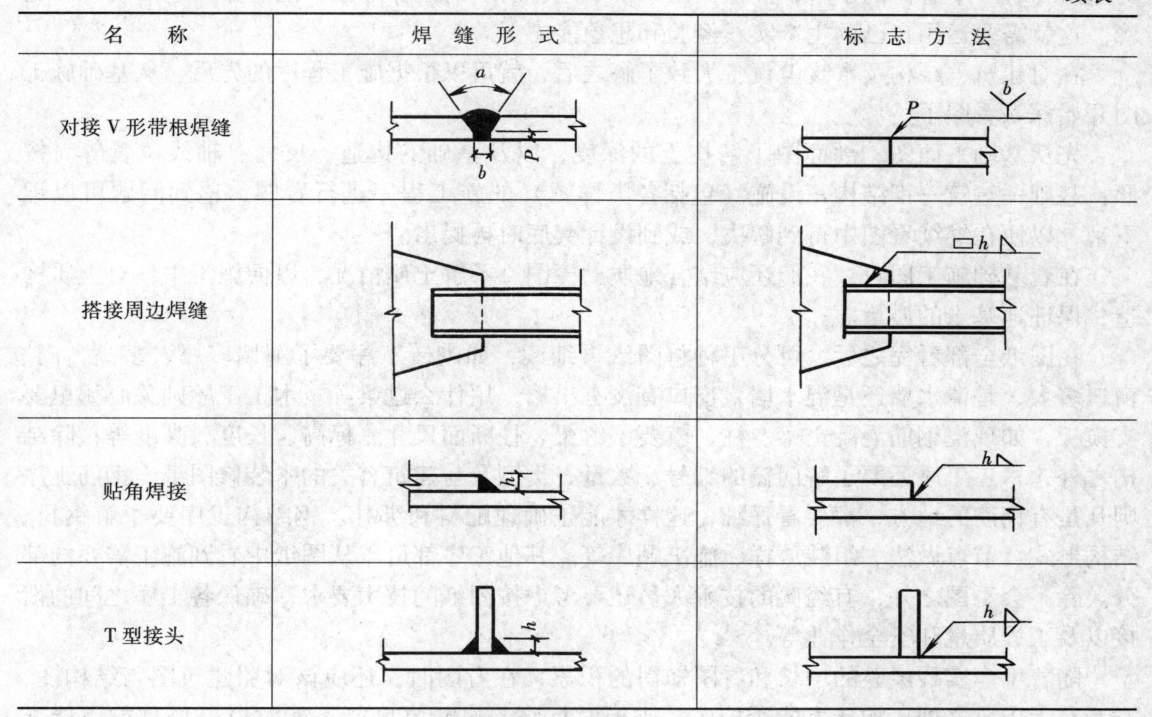

名　称	焊缝形式	标志方法
对接 V 形带根焊缝		
搭接周边焊缝		
贴角焊接		
T 型接头		

第五节　看图的方法和步骤

一、看图的方法

看图时，一般先要弄清是什么图纸，要根据图纸的特点来看。看图经验可以归纳看图顺序一般为：从上往下看、从左往右看、从外往里看、由大到小看、由粗到细看，图样与说明对照看，建施与结施图结合看。有必要时，还要把设备图拿来参照看。由于图面上的各种线条纵横交错，各种图例、符号繁多，对初学者来说，开始看图时必须要有耐心，认真细致，并要花费较长的时间，才能把图看明白。

二、看图的步骤

一般按以下步骤看图：先把目录看一遍，了解是什么类型的建筑，是工业厂房还是民用房屋，建筑面积有多大，是单层、多层还是高层，建设单位是哪个、设计单位是哪个，图纸共有多少张等。接下来按照图纸目录检查各类图纸是否齐全，图纸编号与图名是否符合。如果采用相配套的标准图，则要了解标准图是哪一类的，以及图集的编号和编制的单位。

看图程序是：先看设计总说明，以了解建筑概况、技术要求等；然后再看图。一般按目录的排列顺序逐张往下看，例如：先看建筑总平面图，了解建筑物的地理位置、高程、坐标、朝向以及与建筑物有关的一些情况。如果你是一个施工技术人员，看了建筑总平面图之后，就需要进一步考虑如何进行施工时的平面布置。

看完建筑总平面图之后，一般再看施工图中的平面图，从中了解房屋的长度、宽度、轴线间尺寸、开间大小、内部一般的布局等。看了平面图之后，可再看立面图和剖面图，这样对建筑物有一个总体的了解，能在头脑中形成这栋房屋的立体形象，能想象出它的规模和轮廓。这就需要运用自己的生产实践经验和想象能力了。

在对建筑、结构及水暖电设备大致了解之后，就可以根据施工程序的先后，从基础施工图开始深入看图了。

先从基础平面图、剖面图了解挖土的深度，以及基础的构造、尺寸、轴线位置等。按照：基础—建筑—钢结构—设施（包括各类详图）的施工程序进行看图，遇到问题可以记下来，以便在继续看图中得到解决，或到设计交底时再提出。

在看基础施工图时，我们还应结合地质勘探图，了解土质情况，以便施工中核对土质构造，保证地基土的质量。

在图纸全部看完之后，可分工种将图纸再细读，如砌砖工序要了解墙多厚、多高，门、窗口多大，是清水墙还是混水墙，窗口有没有出檐，用什么过梁等。木工工序则关心哪里要支模板，如现浇钢筋混凝土梁、柱，就要了解梁、柱断面尺寸、标高、长度、高度等；除结构之外，木工工序还要了解门窗的编号、数量、类型及与建筑有关的木装修图纸。钢筋工序则凡是有钢筋的地方，都要看仔细，这样才能正确地配料和绑扎。钢结构工序要了解钢材、结构形式、节点做法、组装放样、施工顺序等。其他工序都可以从图纸中看到施工需要的部分。除了会看图之外，有经验的技术人员还要考虑按图纸的技术要求，确保各工序之间的衔接以及工程质量和安全作业等。

随着生产实践经验的增长和看图知识的积累，在看图时，还应该对照建筑图与结构图，查看有无矛盾之处，构造上能否施工，支模时标高与砌砖高度能不能对口（俗称能不能交圈），等等。

通过看图纸，详细了解要施工的建筑物，必要时边看图边做笔记，记下关键内容，用以在忘记时备查。关键的内容有轴线尺寸，开间尺寸，层高，楼高，主要梁、柱截面尺寸、长度、高度；混凝土强度等级，砂浆强度等级等。当然，在施工中不可能看一次图就能将建筑物全部记住，还要结合每道工序，仔细看与施工有关的部分图纸。要做到按图施工、无差错，才算把图纸看懂了。

在看图中，如能把一张平面图，看成一栋带有立体感的建筑形象，那就具有一定的看图水平了。当然，这不是一朝一夕所能具备的能力，要通过不断地实践和总结，才能做到。

第二章

建筑工程施工图分类编排

第一节 施工图的产生

设计工作是建筑工程施工图产生的关键，其过程包括以下几个步骤：

（1）进行初步设计。经过多方案比较，确定设计的初步方案；画出比较简略的主要图纸，附文字说明及工程概算；经讨论审查后，送交上级主管机关审批。

（2）进行技术设计。在已审定的设计方案的基础上，进一步解决各种使用和技术问题，解决各工种之间的矛盾，进行深入的技术经济比较以及各种必要的计算等。

（3）绘制出全套施工图纸。

有些工程将初步设计和技术设计合并为扩大初步设计，因而全部设计过程即为扩大初步设计与绘制施工图两个阶段。

一套施工图是由建筑、结构、水、暖、电和预算等人员共同配合，经过上述设计程序编排而成的，是进行施工的依据。

第二节 施工图的分类和编排顺序

一、分类

施工图纸按专业分类，由建筑、结构、给水排水、采暖通风及空调和电气等图纸组成。各专业的图纸又分基本图和详图两部分。基本图表明全局性的内容，详图表明某一构件或某一局部的详细尺寸和材料、做法等。

二、编排顺序

一套工程施工图纸的编排顺序一般是：总平面图—建筑图—结构图—水、暖、电。各专业图纸的编排一般是全局性图纸在前，说明局部的图纸在后；先施工的在前，后施工的在后；重要图纸在前，次要图纸在后。在全套施工图前面还编有图纸目录和总说明。

第三节 施工图制图规定

为保证施工图图纸的质量，提高绘图效率，便于阅读，建设部制定了统一的 GB/T 50104—2010《建筑制图标准》。阅读施工图纸前，应熟悉标准中相关规定。以下是几项主要的规定和常用的表示方法及其说明。

一、图幅

根据 GB/T 50001《房屋建筑制图统一标准》的规定，图纸幅面的规格分为 0、1、2、3、4 号共五种。幅面的长宽尺寸、边框尺寸见表 2-1。尺寸代号、图标及会签栏位置见图 2-1。在一套施工图中，应尽可能使图纸整齐划一，在选用图纸幅面时，应以一种规格为主，避免大小幅面掺杂使用。在特殊情况下，允许加长 1～3 号图纸的长度和宽度。零号图纸只能加长长边，加长部分的尺寸应为边长的 1/8 及其倍数，见图 2-2 及表 2–2。4 号图纸不得加长。

表 2-1　　幅面的长宽尺寸、边框的尺寸　　mm

基本幅面代号	A0	A1	A2	A3	A4
$b \times l$	841×1189	594×841	420×594	297×420	210×297
c	10			5	
a	25				

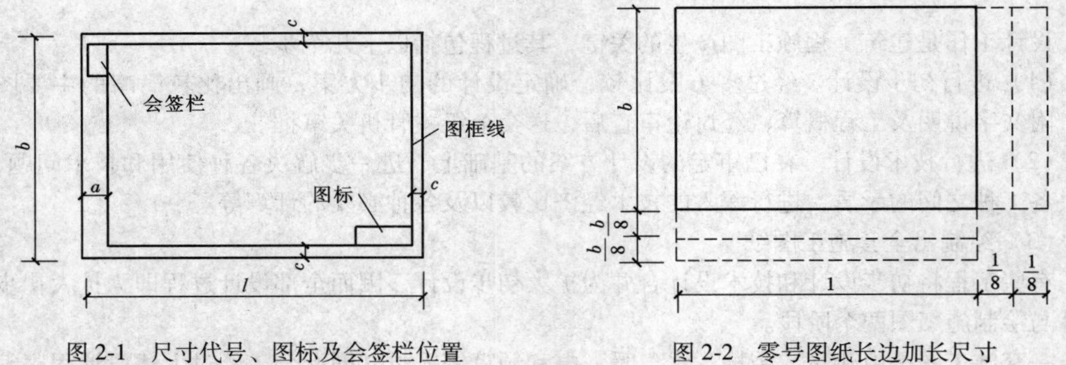

图 2-1　尺寸代号、图标及会签栏位置　　　图 2-2　零号图纸长边加长尺寸

表 2-2　　图纸长边加长尺寸　　mm

幅面代号	长边尺寸	长边加长后尺寸	幅面代号	长边尺寸	长边加长后尺寸
A0	1189	1338 1487 1635 1784 1932 2081 2230 2387	A2	594	743 892 1041 1189 1338 1487 1635 1784 1932 2081
A1	841	1051 1261 1472 1682 1892 2102	A3	420	631 841 1051 1261 1472 1682 1892

注　图纸的短边不得加长。

二、图标和会签栏

1. 图标

常见的图标格式、内容见图 2–3。当需要查阅某张图时，可从图纸目录中查到该图的工程图号，然后根据这个图号查对图标，即可找到所要的图纸。

图标格式及内容

<table>
<tr><td colspan="3" rowspan="2">（设计单位全称）</td><td>工程名称</td><td colspan="2"></td></tr>
<tr><td>项　目</td><td colspan="2"></td></tr>
<tr><td>审定</td><td></td><td></td><td rowspan="4">（图名）</td><td>设计号</td><td></td></tr>
<tr><td>审核</td><td></td><td></td><td>图　别</td><td></td></tr>
<tr><td>设计</td><td></td><td></td><td>图　号</td><td></td></tr>
<tr><td>制图</td><td></td><td></td><td>日　期</td><td></td></tr>
</table>

180　　40～50

图 2-3　图标格式

（1）图名。表明本张图纸的主要内容，如“剖面图”。

（2）设计号。表示设计部门对该工程的编号，有时也表示工程的代号。

（3）图别。表明本图所属的工种和设计阶段，如“建施（即建筑施工图）”。

（4）图号。表明本工种图纸的编号（一般用阿拉伯数字注写）。

2. 会签栏

会签栏是为各工种人员签字用的表格，其格式见图 2-4。

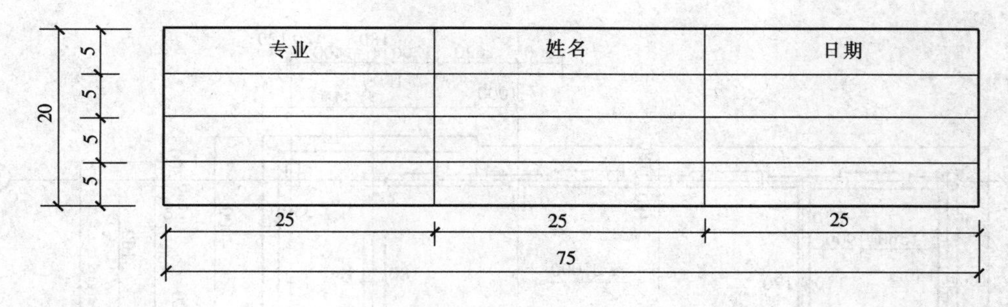

图 2-4　会签格式

三、比例尺

一套施工图既要说明建筑物的总体布置，又要说明一栋建筑物的全貌，还要把若干局部或构件的尺寸与构造做法交代清楚，所以采用一种比例尺不可能满足各种图的要求，必须根据图纸的内容选择恰当的比例尺。各种常用的比例尺见表 2–3。

表 2-3　常用比例尺

图　　名	常　用　比　例　尺	必要时可增加的比例
总平面图	1：500，1：1000，1：2000	1：2500，1：5000，1：10000
总平面专业断面图	1：100，1：200，1：1000，1：2000	1：500，1：5000
平面图，剖面图，立面图	1：50，1：100，1：200	1：150，1：300
次要平面图	1：300，1：400	1：500
详图	1：1，1：2，1：5，1：10，1：20，1：25，1：50	1：3，1：4，1：30，1：40

一般在一个图形中只采用一种比例尺。在钢结构图中，有时允许在一个图形上使用两种比例尺。例如在构件图中，为了清楚地表示预制钢筋混凝土梁的钢筋布置情况，在长度方向和高度方向可以用两种比例尺。施工时以所注尺寸为准。图 2-5 的长度比例尺采用 1：50，高度比例尺采用 1：25。其他如给排水、暖气工种的管道剖面图，水平和垂直两个方向也可采用两种比例尺。

比例注写在图名的右侧。当整张图纸只用一种比例时，也可以注写在图标内图名的下面。详图的比例应注写在详图索引标志的右下角。

四、轴线

施工图中的轴线是定位、放线的重要依据。凡承重墙、柱子、大梁或屋架等主要承重构件的位置，都应画上轴线并编上轴线号。非承重的隔断墙以及其他次要承重构件等，一般不

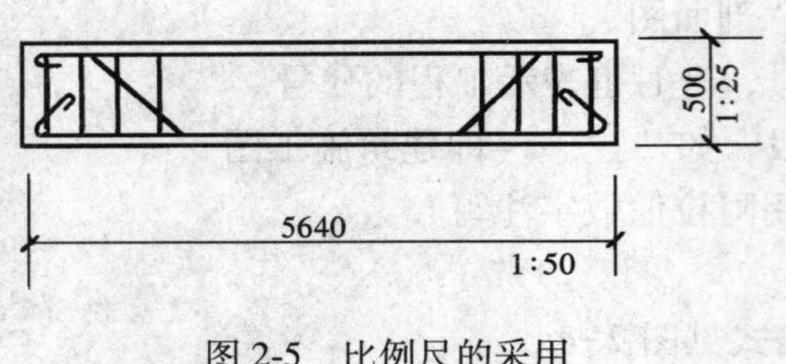

图 2-5　比例尺的采用

编轴线号。凡需确定位置的建筑局部或构件，都应注明它们与附近轴线的距离尺寸。

轴线用点划线表示，端部画圆圈（圆圈直径为 8～10mm），圆圈内注明编号。水平方向用阿拉伯数字由左至右依次编号；垂直方向用汉语拼音字母按由下往上的顺序编号，如图 2-6 所示。

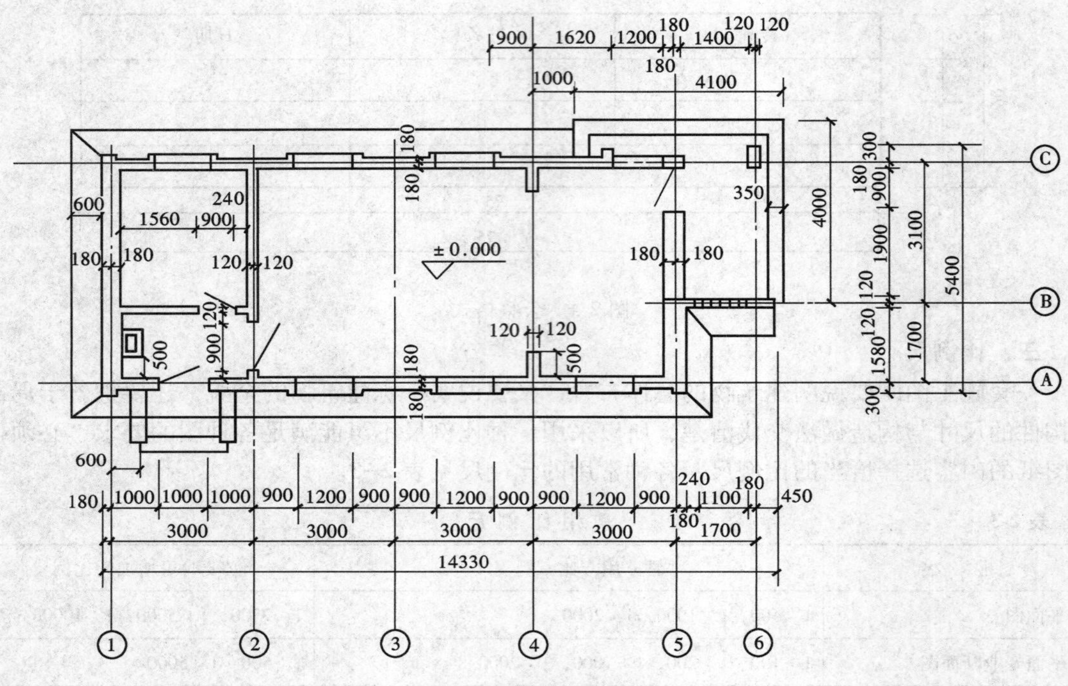

图 2-6　轴线标注示意

五、尺寸及单位

施工图中均注有详细尺寸，作为施工制作的主要依据。尺寸由数字及单位组成，如 100mm。根据国标规定，尺寸单位：总图以 m 为单位，其余均以 mm 为单位。为了图纸简明，在尺寸数字后不写尺寸单位。平面图尺寸的标注方法见图 2-7。

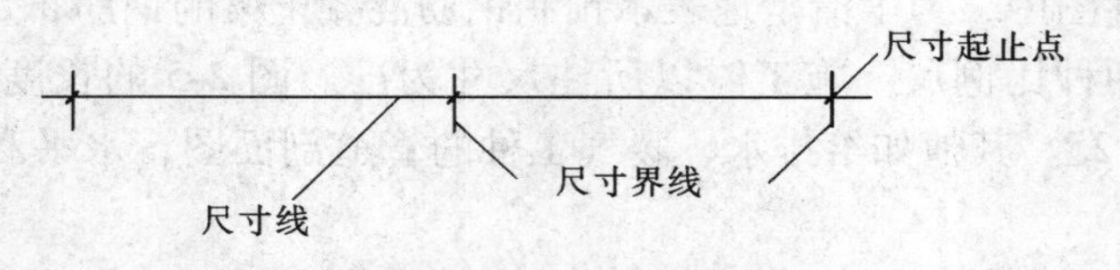

图 2-7　平面图尺寸的标注方法

六、标高

建筑物各部分的高度用标高表示，表示方法用符号“▽—”。下面的横线为某处高度的界线，上面的符号注明标高，但应注在小三角的外侧，小三角的高度约为 3mm。总平面图的室外整平标高采用符号“▼”表示，标高单位用m。国标规定，一般准确到mm，注到小数点后第三位。总平面图标高注至小数点后第二位。

标高分绝对标高和相对标高两种。

（1）绝对标高。我国把青岛的黄海平均海平面定为绝对标高的零点，其他各地标高都以它为基准。如北京市区绝对标高在40m上下。

（2）相对标高。一栋建筑的施工图需注明许多标高，如果都用绝对标高，数字很繁琐。所以一般都用相对标高，即把室内首层地面高度定为相对标高的零点，写为“±0.000”。高于它的为正，但一般不注“+”号，如 3.900；低于它的为负，必须注明符号“—”，例如，-0.540表示比首层室内标高低540mm。一般在总说明中说明相对标高与绝对标高的关系，例如，±0.000=43.520，即室内地面±0.000相当于绝对标高43.520m。这样就可以根据当地水准点（绝对标高）测定首层地面标高。

七、索引符号

索引符号的用途是便于看图时查找相互有关的图纸。索引符号可以反映基本图纸与详图、详图与详图之间，以及有关工种图纸之间的关系。

索引符号的表示方法：把图中需要另画详图的部位编上索引符号，并把另画的详图编注详图号，二者之间的关系要对应一致，以便查找。

索引号的注写方法如图2-6所示。

索引标志的圆圈直径一般为8～10mm。

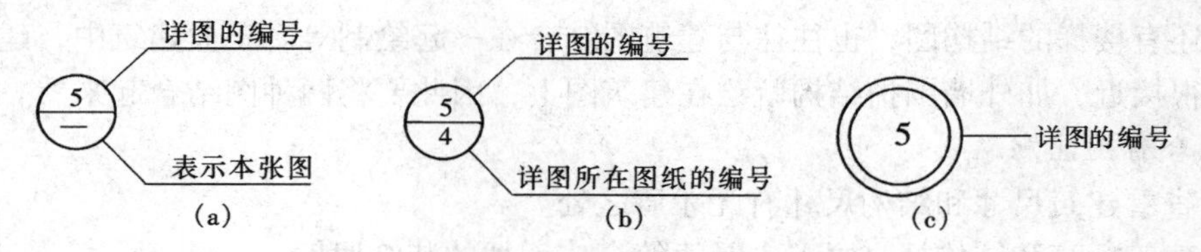

图2-8　索引号的注写方法

（a）所索引的详图在本张图上；（b）所索引的详图不在本张图上；

（c）详图的索引标志（其内外圆圈的直径分别为14、16mm）

第四节　读图的注意事项

读图时应注意的几个问题：

（1）施工图是根据投影原理绘制的，用图纸表明房屋建筑的设计及构造作法。要看懂施工图，应掌握投影原理，并熟悉房屋建筑的基本构造。

（2）施工图采用一些图例符号以及必要的文字说明，把设计内容表现在图纸上。因此要看懂施工图，必须记住常用的图例符号。

（3）读图应从粗到细，从大到小。先大概看一遍，了解工程的概貌，然后再细看。细看时应先看总说明和基本图纸，然后再深入看构件图和详图。

（4）一套施工图是由各专业的许多张图纸组成的，各图纸之间是互相配合、紧密联系的。图纸的绘制大致按照施工过程中不同的专业、施工顺序，分成一定的层次和部位进行，因此要有联系地、综合地看图。

（5）结合实际看图。根据实践、认识、再实践、再认识的规律，看图时联系实际，就能比较快地掌握图纸的内容。

第五节　建筑图与结构图综合识图方法

在实际施工中，我们经常要同时看建筑图和结构图。只有把两者结合起来看，把它们融合在一起，一栋建筑物才能进行施工。

1. 建筑图和结构图的关系

建筑图和结构图有相同点和不同点，也有相关联的地方。

（1）相同点。轴线位置、编号都相同；墙体厚度应相同；过梁位置与门窗洞口位置应相符合等。因此，凡是应相符合的地方都应相同；如果有不符合处，就说明有矛盾、有问题，在看图时应记下来，留在会审图纸时提出，或随时与设计人员联系，以便得到解决。使图纸对应才能施工。

（2）不同点。建筑标高，有时与结构标高是不同的；结构尺寸和建筑（做好装饰后的）尺寸是不相同的；承重的结构墙在结构平面图上有，非承重的隔断墙则在建筑图上才有，等等。积累了看图经验后，就能从图纸中获取有关建筑物全貌的信息。

（3）相关联点。民用建筑中，雨篷、阳台的结构图和建筑的装饰图必须结合起来看，如圈梁的结构布置图中，圈梁通过门、窗口处对门窗高度有无影响，这时也要把两种图结合起来看；还有楼梯的结构图，也往往与建筑图结合在一起绘制等。工业建筑中，建筑图纸与结构图纸很接近，如外墙围护结构就绘在建筑图上，因此要将两种图结合起来看。

2. 综合看图注意事项

（1）查看建筑尺寸和结构尺寸有无矛盾之处。

（2）建筑标高和结构标高之差，是否符合应增加的装饰厚度。

（3）建筑图上的一些构造，在做结构时是否需要先做上预埋件或木砖之类。

（4）结构施工中，应考虑建筑安装时尺寸上的放大或缩小。这在图上是没有具体标志的，但依据施工经验并看了两种图的配合后，应该预先想到要放大或缩小的尺寸。

以上几点只是应引起注意的一些方面，在看图时应全面考虑到施工，才能算真正领会和消化了图纸。

钢结构图形表示方法及详图识读

第一节　型钢与螺栓的表示方法

一、型钢的标注方法

常用型钢的标注方法见表 3-1。

表 3-1　　**常用型钢的标注方法**

名称	截　面	标　注	说　明
等边角钢		∟ $b \times t$	b 为肢宽，t 为肢厚。例如，∟80×6 表示等边角钢肢宽为 80mm，肢厚为 6mm
不等边角钢	B	∟ $B \times b \times t$	B 为长肢宽，b 为短肢宽，t 为肢厚。例如，∟80×60×5 表示不等边角钢肢宽分别为 80mm 和 60mm，肢厚为 5mm
工字钢		I N　Q I N	轻型工字钢加注 Q 字，N 为工字钢的型号。例如，I 20a 表示截面高度为 200mm 的 a 类厚板工字钢
槽钢		[NQ [N	轻型槽钢加注 Q 字，N 为槽钢的型号。例如，Q25b 表示截面高度为 250mm 的 b 类轻型槽钢
方钢	b	□ b	例如，□900 表示边长为 900mm 的方钢
扁钢	b	—$b \times t$	例如，—150×4 表示宽度为 150mm，厚度为 4mm 的扁钢

续表

名称	截面	标注	说明
钢板		$\frac{—b\times t}{l}$	宽×厚 / 板长 例如，$\frac{100\times 6}{1500}$ 表示钢板的宽度为100mm，厚度为6mm，长度为1500mm
圆钢		ϕd	例如，ϕ30表示圆钢的直径为30mm
钢管		$\phi d\times t$	例如，ϕ90×8表示钢管的外径为90mm，壁厚为8mm
薄壁方钢管		B□ $b\times t$	薄壁型钢加注B字。例如，B□50×2表示边长为50mm，壁厚为2mm的薄壁方钢管
薄壁等肢角钢		B∟ $b\times t$	例如，B∟50×2表示薄壁等边角钢肢宽为50mm、壁厚为2mm
薄壁等肢卷边角钢	a	B $b\times a\times t$	例如，B 60×20×2表示薄壁等胶卷边角钢的肢宽为60mm，卷边宽度为20mm，壁厚为2mm
薄壁槽钢	h	B[$h\times a\times t$	例如，B[60×20×2表示薄壁槽钢截面高度为60mm，宽度为20mm，壁厚为2mm
薄壁卷边槽钢	a	B $h\times b\times a\times t$	例如，B 180×60×20×2表示薄壁卷边槽钢截面高度为180mm，宽度为60mm，卷边宽度为20mm，壁厚为20mm
薄壁卷边Z型钢	h a	B $h\times b\times a\times t$	例如，B 120×60×30×2表示薄壁卷边Z型钢截面高度为120mm，宽度为60mm，卷边宽度为30mm，壁厚为2mm
T型钢	b h	TW$h\times b$ TM$h\times b$ TN$h\times b$	热轧T型钢：TW为宽翼缘，TM为中翼缘，TN为窄翼缘。 例如，TW200×400表示截面高度为200mm，宽度为400mm的宽翼缘T型钢

续表

名称	截　面	标　注	说　明
热轧 H 型钢	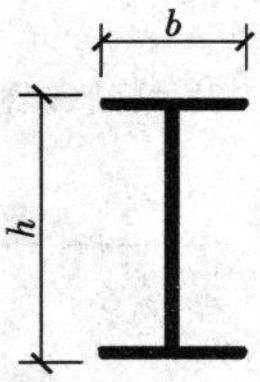	HW $h \times b$ HM $h \times b$ HN $h \times b$	热轧 H 型钢：HW 为宽翼缘，HM 为中翼缘，HN 为窄翼缘。 例如，HM400×300 表示截面高度为 400mm，宽度为 300mm 的中翼缘热轧 H 型钢
焊接 H 型钢	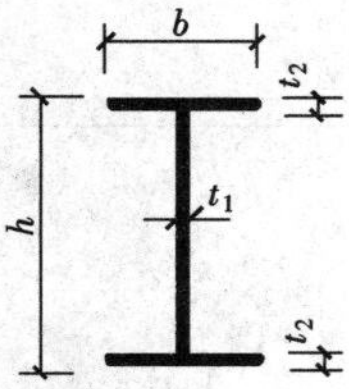	H$h \times b \times t_1 \times t_2$	焊接 H 型钢，例如，H200×100×3.5×4.5 表示截面高度为 200mm，宽度为 100mm，腹板厚度为 3.5mm，翼缘厚度为 4.5mm 的焊接 H 型钢
起重机钢轨		 QU××	××为起重机轨道型号
轻轨及钢轨		××kg/m钢轨	××为轻轨或钢轨型号

二、螺栓、孔、电焊铆钉的表示方法

螺栓、孔、电焊铆钉的表示方法见表 3-2。

表 3-2　　螺栓、孔、电焊铆钉的表示方法

名称	图　例	说　明
永久螺栓	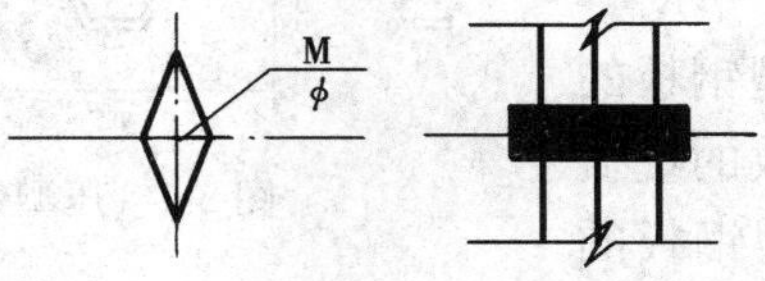 M ϕ	（1）细“+”表示定位线； （2）M 表示螺栓型号； （3）ϕ 表示螺栓孔直径； （4）采用引出线表示螺栓时，横线上方标注螺栓规格，横线下方标注螺栓孔直径
高强螺栓	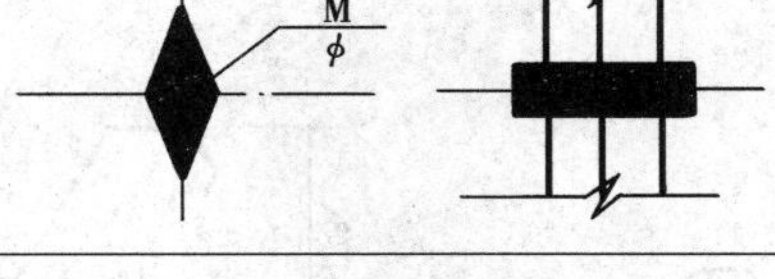 M ϕ	
安装螺栓	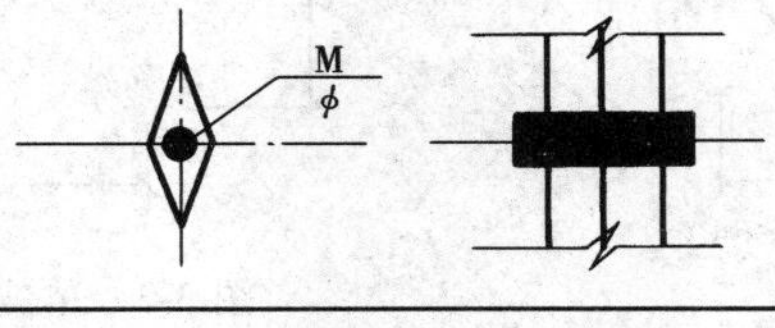 M ϕ	

续表

名称	图　例	说　明
胀锚螺栓	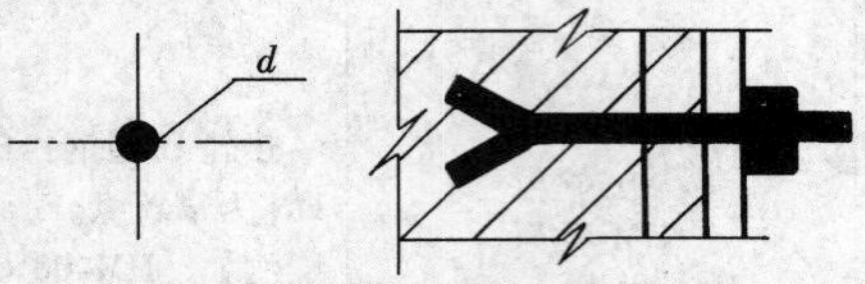 d	d 表示膨胀螺栓、电焊铆钉的直径
圆形螺栓孔	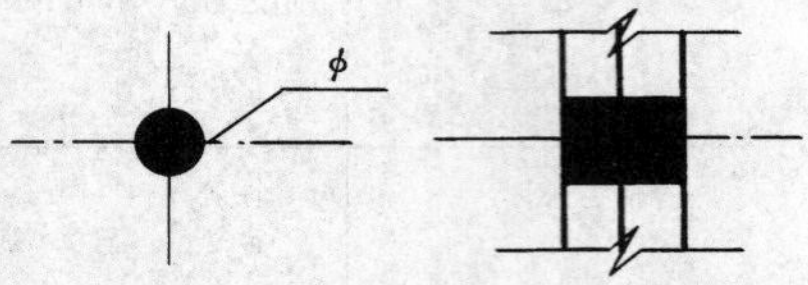 ϕ	
长圆形螺栓孔	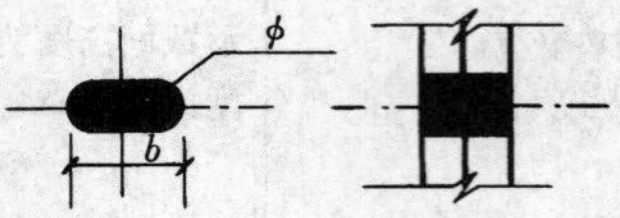 ϕ b	
电焊铆钉	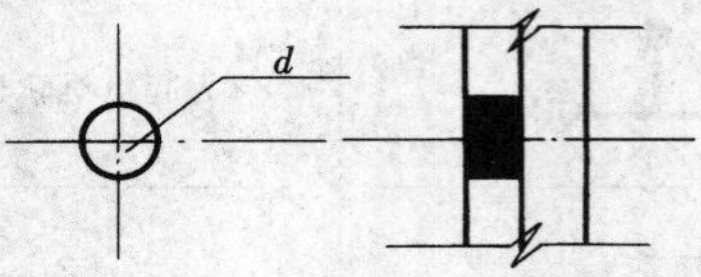 d	

三、压型钢板的表示方法

压型钢板用 YX H-S-B-t 表示，其中：

YX——“压型”的汉语拼音首字母；

H——压型钢板波高；

S——压型钢板的波距；

B——压型钢板的有效覆盖宽度；

t——压型钢板的厚度，如图 3-1 所示。

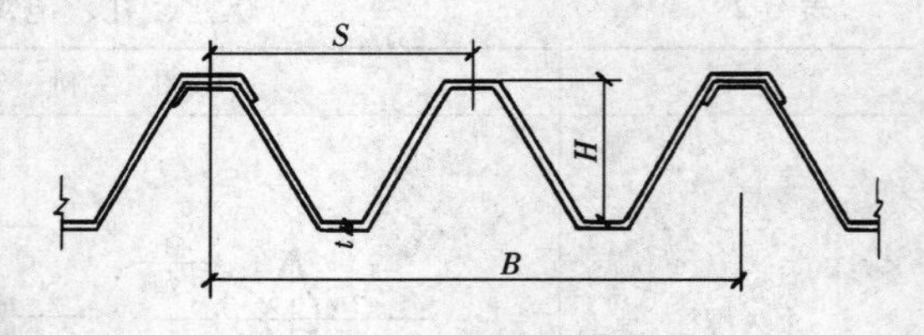

图 3-1　压型钢板截面形状

例如：YX130-300-600 表示压型钢板的波高为 130mm，波距为 300mm，有效的覆盖宽度为 600mm，如图 3-2 所示。压型钢板的厚度通常是在说明材料性能时一并说明。

又如：YX173-300-300，表示压型钢板的波高为 173mm，波距为 300mm，有效的覆盖宽度为 300mm，如图 3-3 所示。

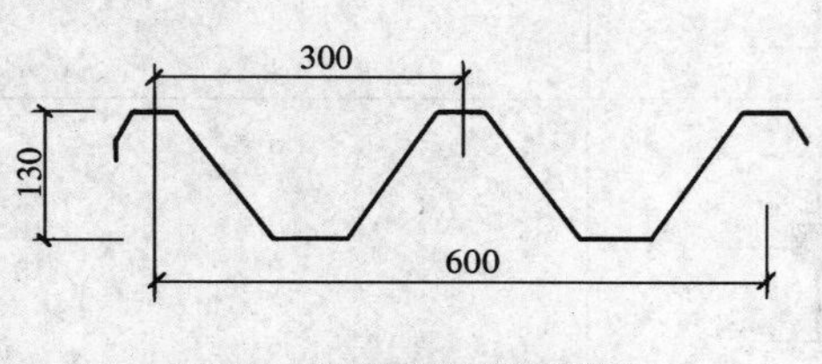

图 3-2　双波压型钢板截面

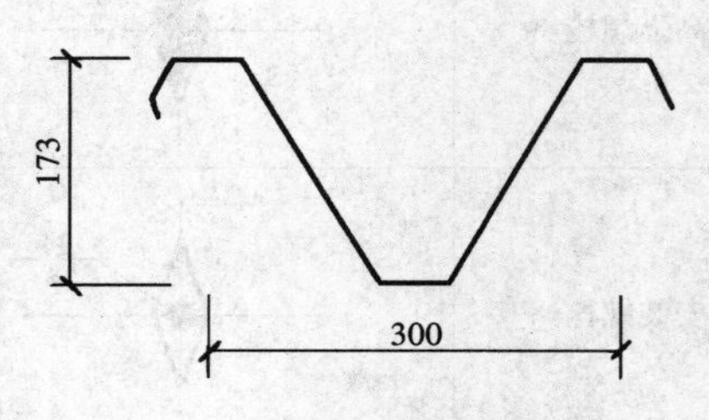

图 3-3　单波压型钢板截面

第二节　焊缝的符号及其标注方法

一、焊缝符号的表示

焊缝符号的表示方法及有关规定如下：

（1）焊缝的引出线由箭头和两条基准线组成，其中一条为实线，另一条为虚线。线型均为细线，如图 3-4 所示。

（2）基准线的虚线可以画在基准线实线的上侧，也可画在下侧。基准线一般应与图样的标题栏平行，仅在特殊条件下才与标题栏垂直。

（3）若焊缝处在接头的箭头侧，则基本符号标注在基准线的实线侧；若焊缝处在接头的非箭头侧，则基本符号标注在基准线的虚线侧，如图 3-5 所示。

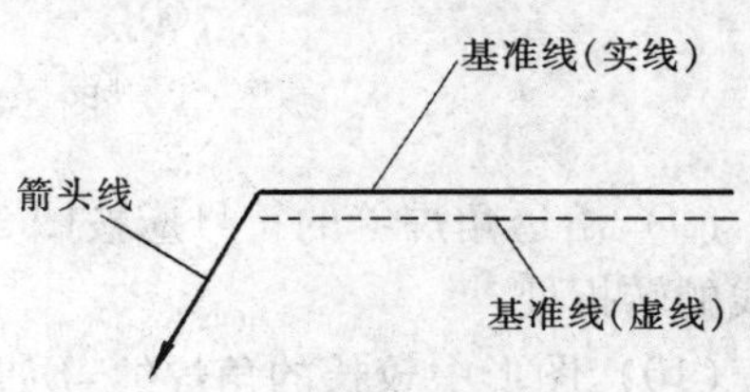

图 3-4　焊缝的引出线

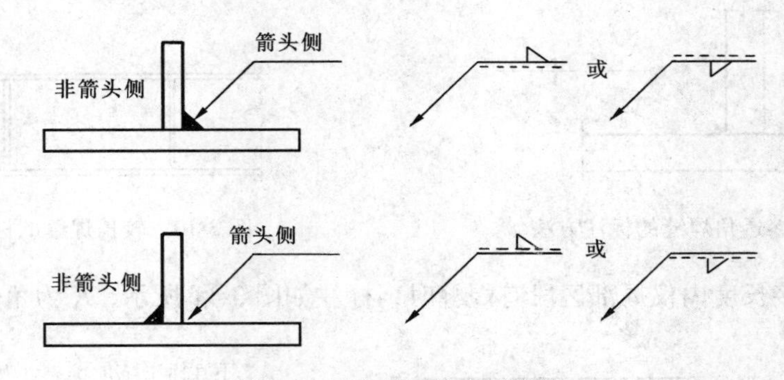

图 3-5　基本符号的表示位置

（4）当为双面对称焊缝时，基准线可不加虚线，如图 3-6 所示。

（5）箭头线相对焊缝的位置一般无特殊要求，但在标注单边型焊缝时，箭头线要指向带有坡口一侧的工件，如图 3-7 所示。

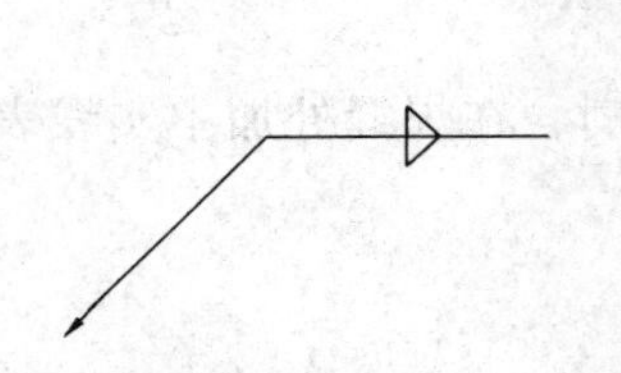
图 3-6　双面对称焊缝的引出线及符号

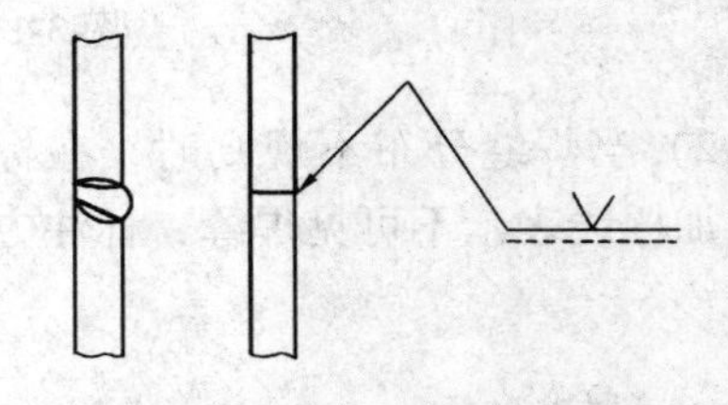
图 3-7　单边型焊缝的引出线

（6）基本符号、补充符号与基准线相交或相切，与基准线重合的线段，用粗实线表示。

（7）焊缝的基本符号、辅助符号和补充符号（尾部符号除外）一律为粗实线，尺寸数字原则上也为粗实线，尾部符号为细实线。尾部符号主要是标注焊接工艺、方法等内容。

（8）在同一图形上，当焊缝形式、断面尺寸和辅助要求均相同时，可只选择一处标注焊缝的符号和尺寸，并加注“相同焊缝”符号。相同焊缝符号为 3/4 圆弧，画在引出线的转折处，如图 3-8（a）所示。

在同一图形上，有数种相同焊缝时，可将焊缝分类编号标注在尾部符号内。分类编号采用 A、B、C……在同一类焊缝中可选择一处标注代号，如图 3-8（b）所示。

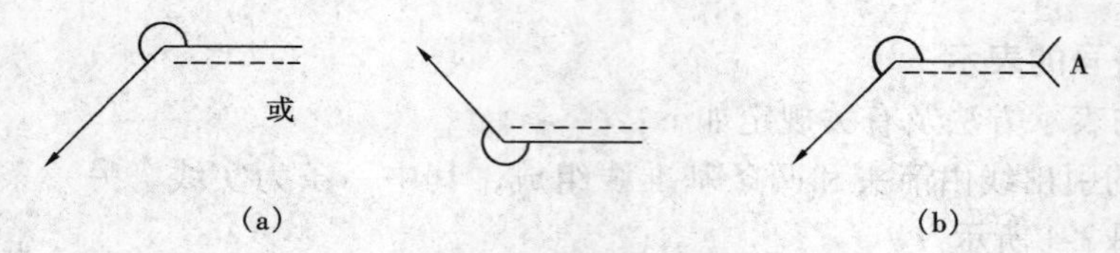

图 3-8 相同焊缝的引出线及符号

（9）熔透角焊缝的符号应按图 3-9 方式标注。熔透角焊缝的符号为涂黑的圆圈，画在引出线的转折处。

（10）图形中较长的角焊缝（如焊接实腹钢梁的翼缘焊缝），可不用引出线标注，而直接在角焊缝旁标注焊缝尺寸值 K，如图 3-10 所示。

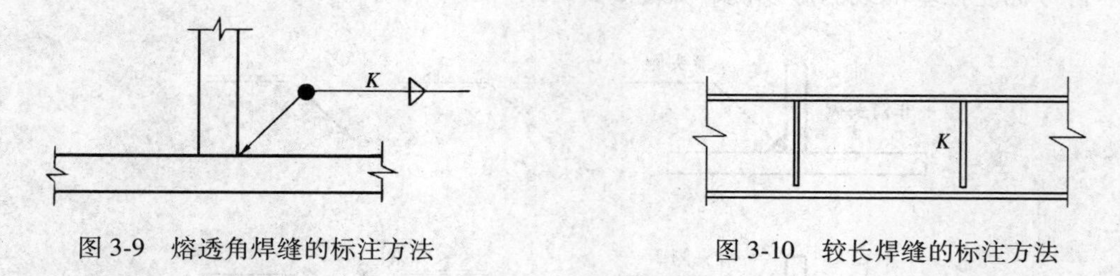

图 3-9 熔透角焊缝的标注方法　　图 3-10 较长焊缝的标注方法

（11）在连接长度内仅局部区段有焊缝时，标注如图 3-11 所示，K 为角焊缝焊脚尺寸。

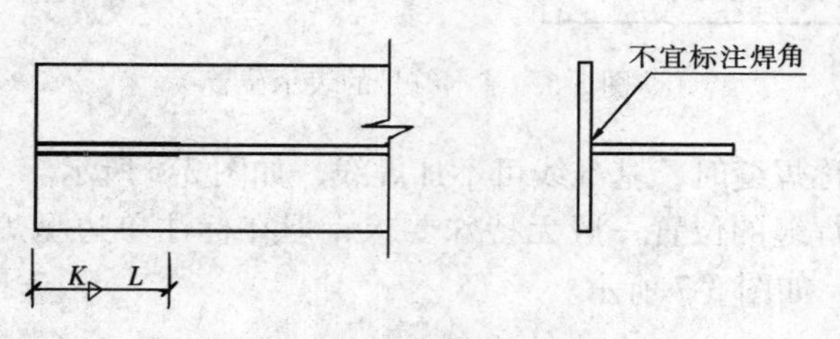

图 3-11 局部焊缝的标注方法

（12）当焊缝分布不规则时，在标注焊缝符号的同时，在焊缝处加中实线表示可见焊缝，或加栅线表示不可见焊缝，标注方法如图 3-12 所示。

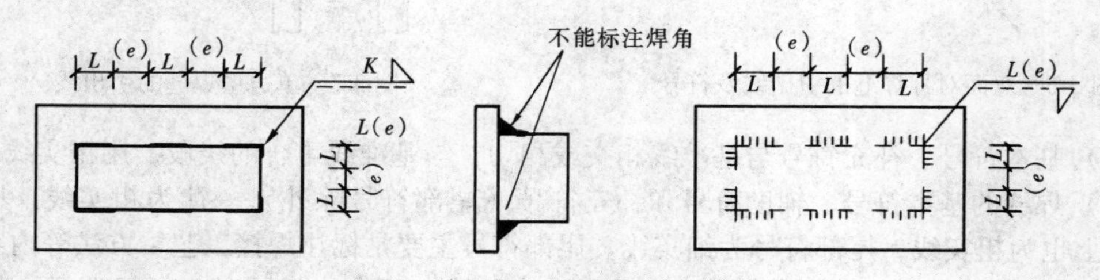

图 3-12 不规则焊缝的标注方法

（13）相互焊接的两个焊件，当为单面带双边不对称坡口焊缝时，引出线箭头指向较大坡口的焊件，如图 3-13 所示。

（14）环绕工件周围的围焊缝符号用圆圈表示，画在引出线的转折处，并标注其焊角尺寸 K，如图 3-14 所示。

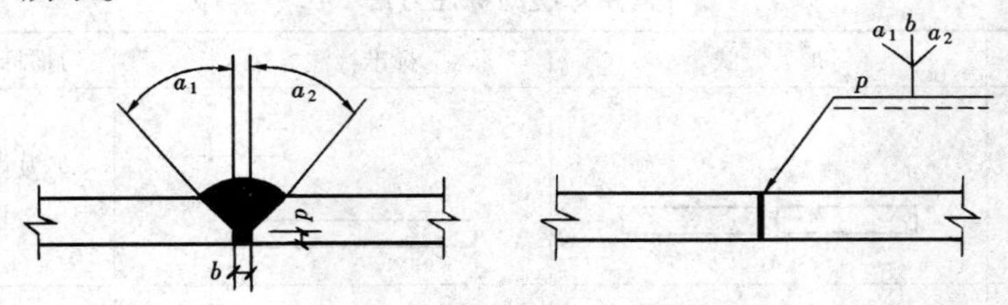

图 3-13　单面不对称坡口焊缝的标注方法

（15）三个或三个以上的焊件相互焊接时，其焊缝不能作为双面焊缝标注，焊缝符号和尺寸应分别标注，如图 3-15 所示。

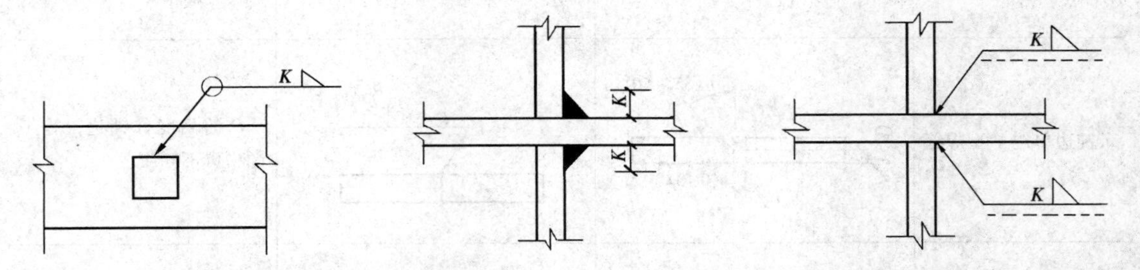

图 3-14　围焊缝符号的标注方法　　　　图 3-15　三个或三个以上焊件的焊缝标注方法

（16）在施工现场进行焊接的焊件，其焊缝需标注“现场焊缝”符号。现场焊缝符号为涂黑的三角形旗号，绘在引出线的转折处，如图 3-16 所示。

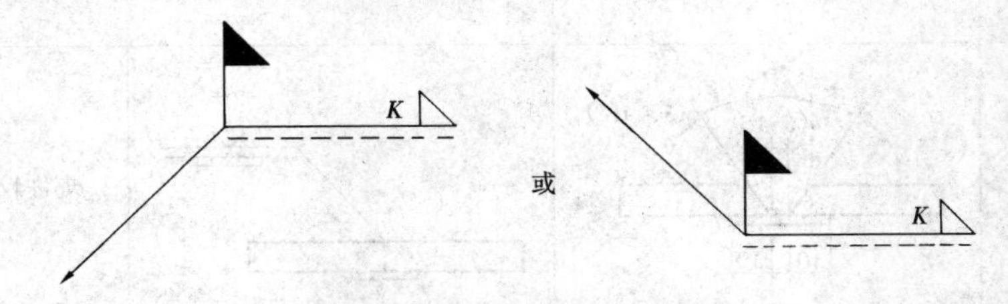

图 3-16　现场焊缝的表示方法

（17）相互焊接的两个焊件中，当只有一个焊件带坡口时（如单面 V 型），引出线箭头指向带坡口的焊件，如图 3-17 所示。

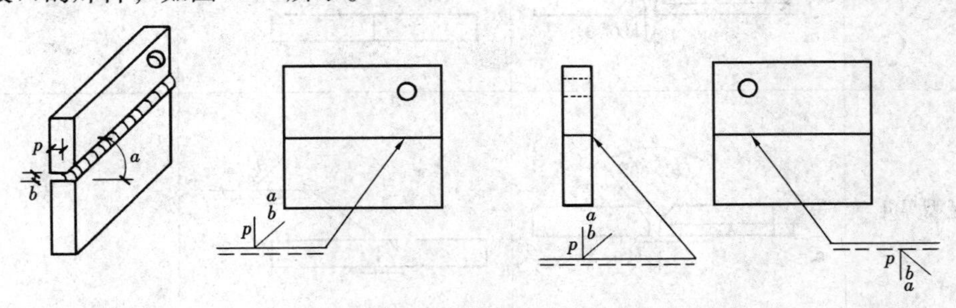

图 3-17　一个焊件带坡口的焊缝标注方法

二、常用焊缝的标注方法

常用焊缝的标注方法见表 3-3。

表 3-3 **常用焊缝的标注方法**

焊缝名称	形式	标准标注方法	习惯标注方法（或说明）
I 型焊缝	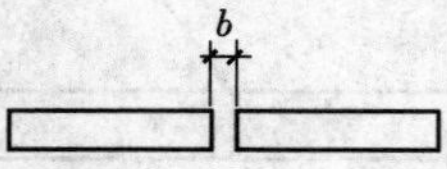 b	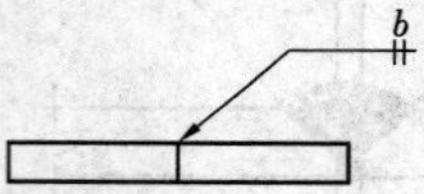 b	b 为焊件间隙（施工图中可不标注）
单边 V 型焊缝	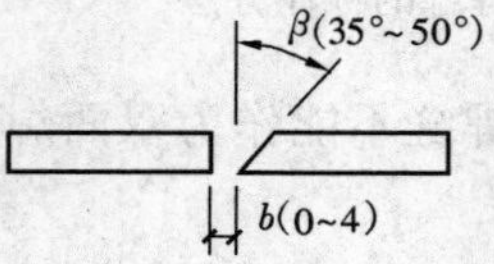 β(35°~50°) b(0~4)	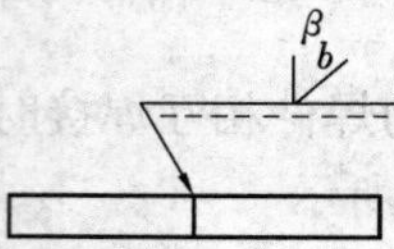 β b	β 在施工图中可不标注
带钝边单边 V 型焊缝	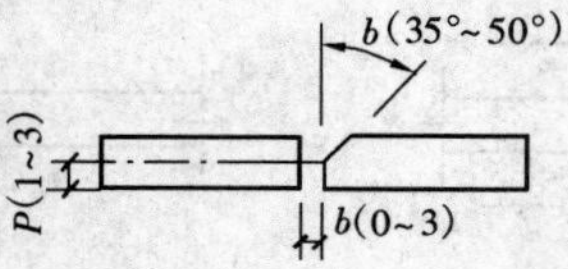 b(35°~50°) P(1~3) b(0~3)	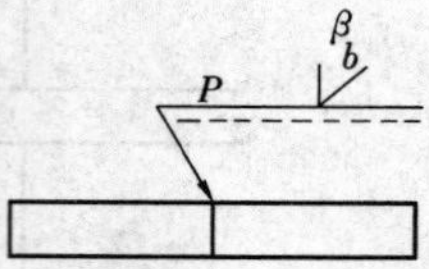 β b P	P 的高度称钝边，施工图中可不标注
带垫板 V 型焊缝	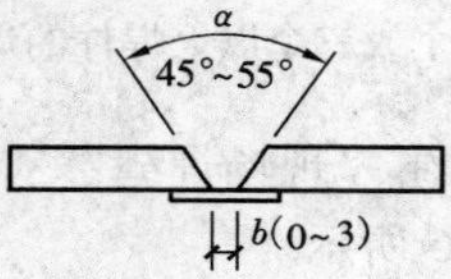 α 45°~55° b(0~3)	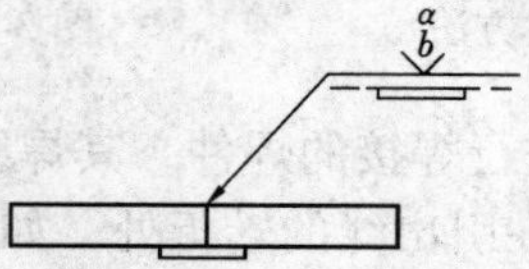 α b	α 在施工图中可不标注
	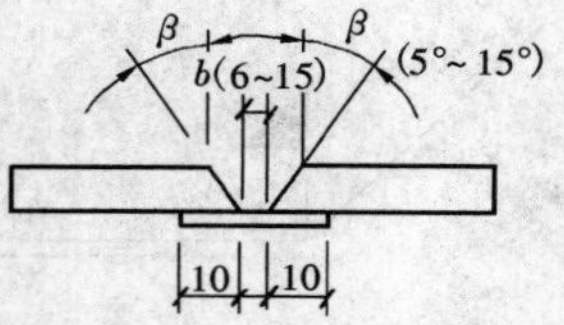 β β (5°~15°) b(6~15) 10 10	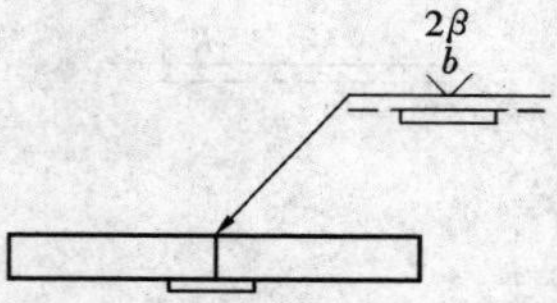 2β b	焊件较厚时
Y 型焊缝	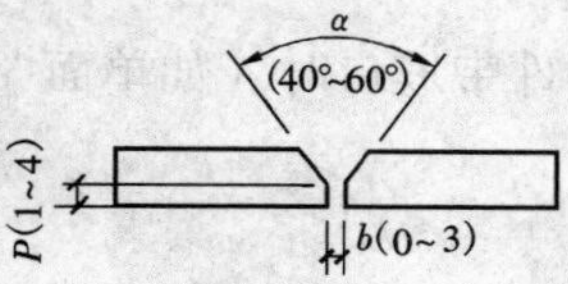 α (40°~60°) P(1~4) b(0~3)	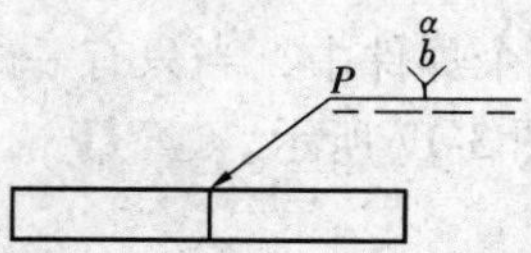 α b P	
带垫板 Y 型焊缝	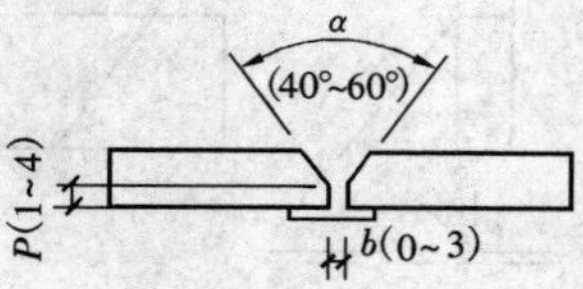 α (40°~60°) P(1~4) b(0~3)	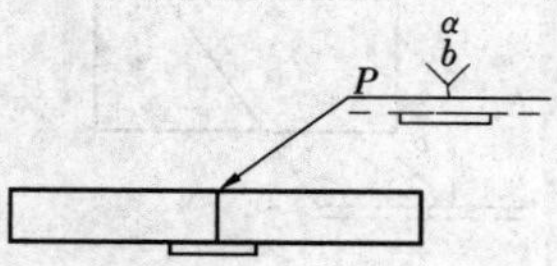 α b P	

续表

焊缝名称	形　式	标准标注方法	习惯标注方法（或说明）
双单边 V 型焊缝	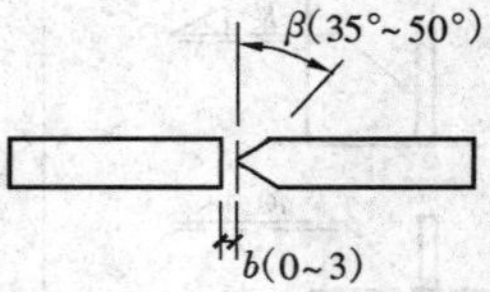 β(35°~50°) b(0~3)	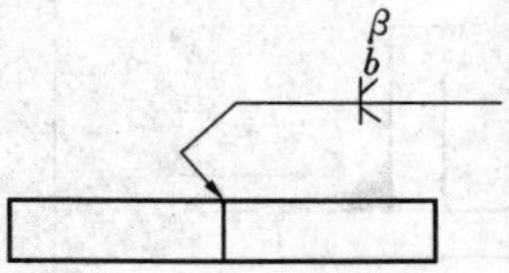 β b	
双 V 型焊缝	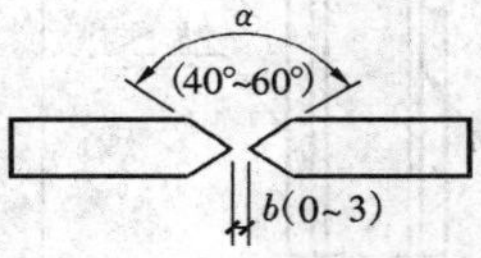 α (40°~60°) b(0~3)	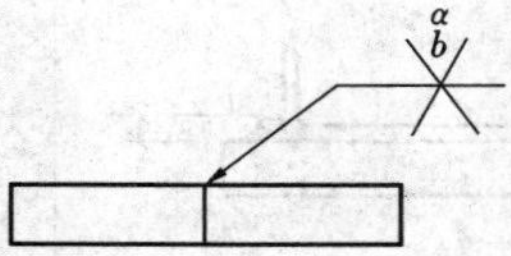 α b	
T 型接头双面焊缝	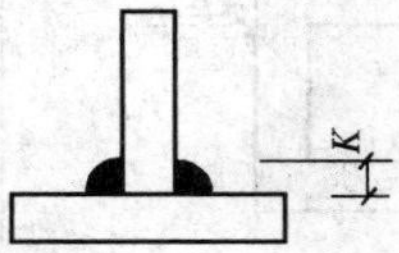 K	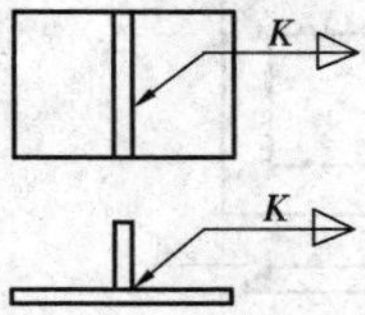 K K	
T 型接头带钝边双单边 V 型焊缝（不焊透）	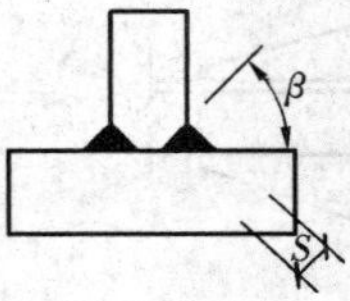 β S	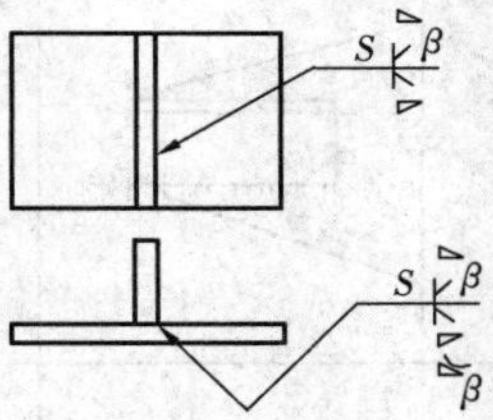 S β S β β	
T 型接头带钝边双单边 V 型焊缝（焊透）	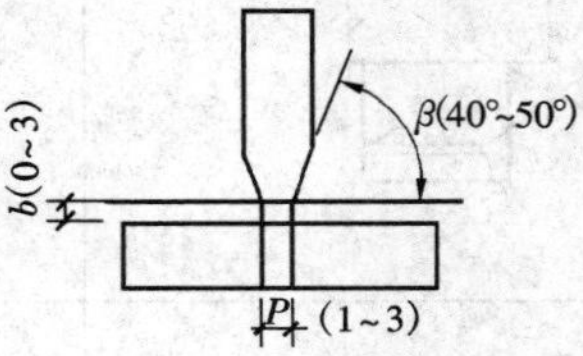 β(40°~50°) b(0~3) P (1~3)	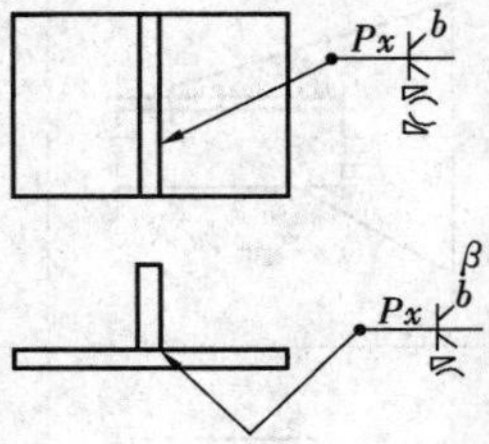 Px b β Px b	
双面角焊缝	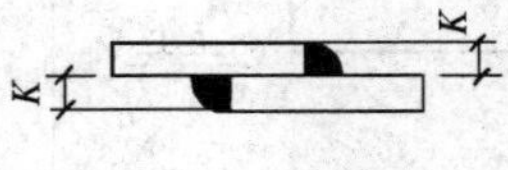 K K	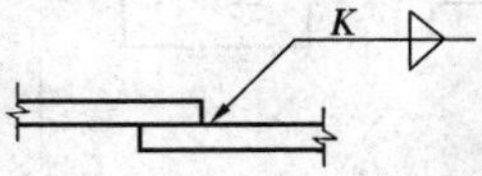 K	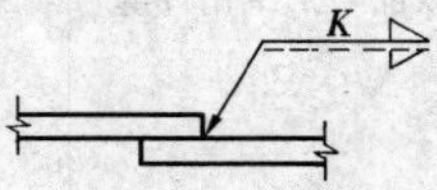 K
双面角焊缝	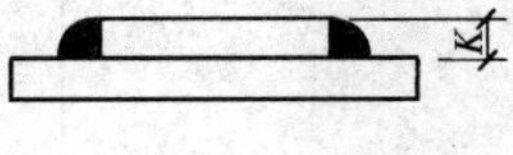 K	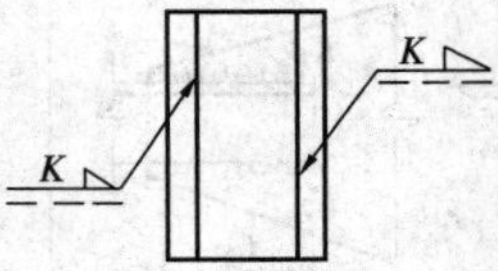 K K	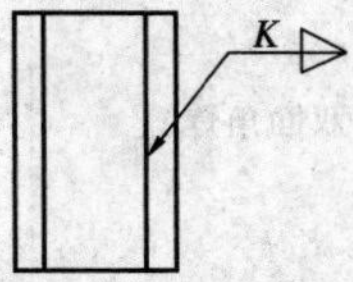 K

续表

焊缝名称	形　式	标准标注方法	习惯标注方法（或说明）
T型接头角焊缝	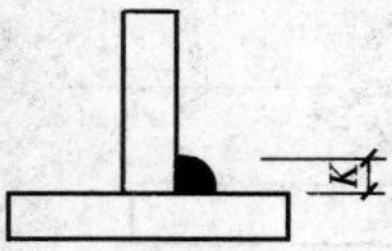 K	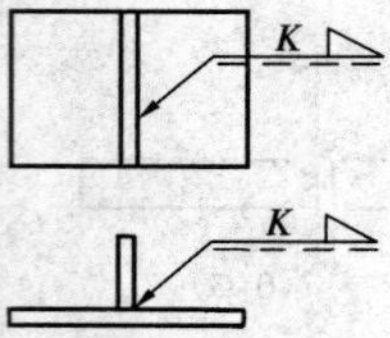 K K	
双面角焊缝	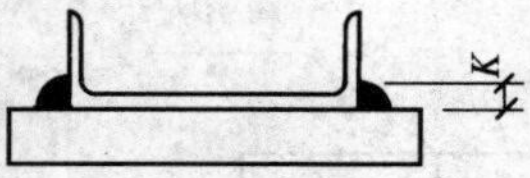 K	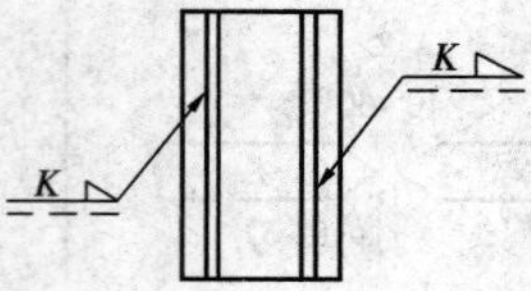 K K	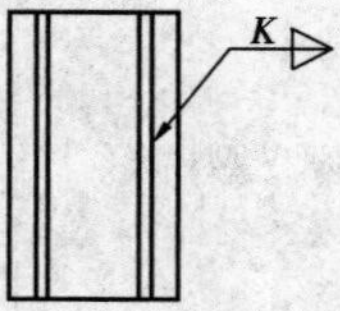 K
周围角焊缝	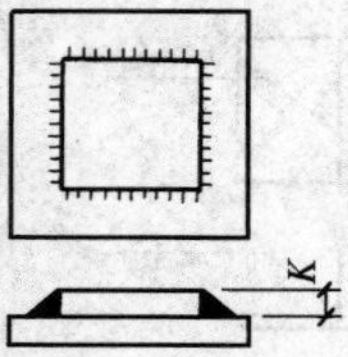 K	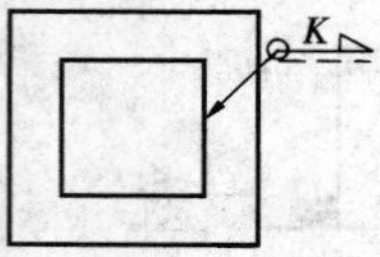 K	
三面围角焊缝	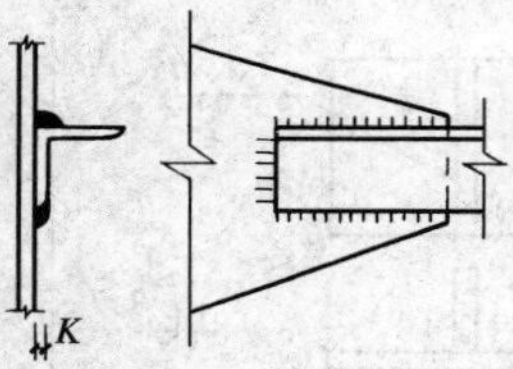 K	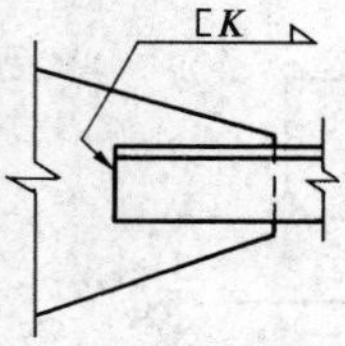 [K	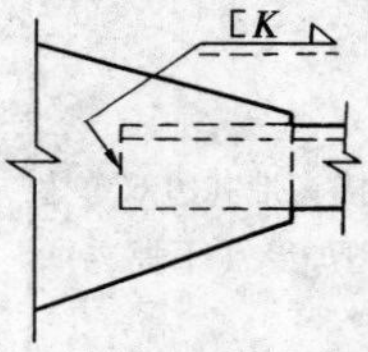 [K
L形围角焊缝	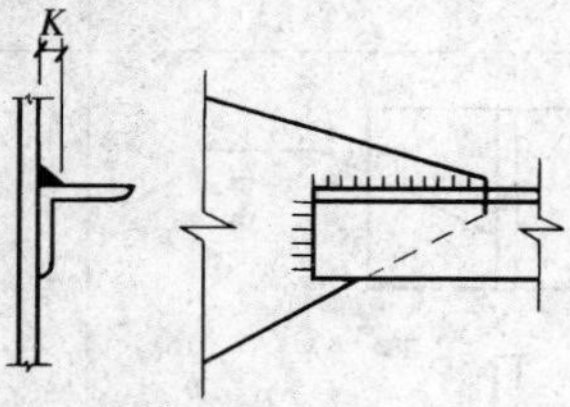 K	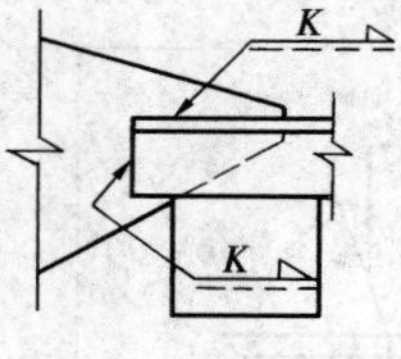 K K	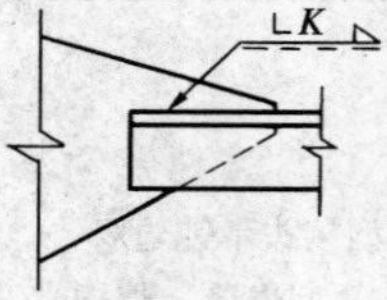 ∟K
双面L形围角焊缝	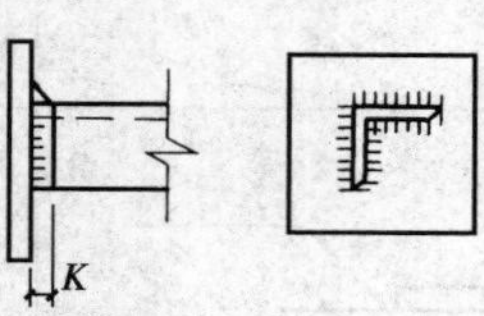 K	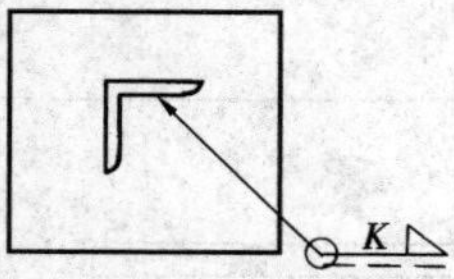 K	
双面角焊缝	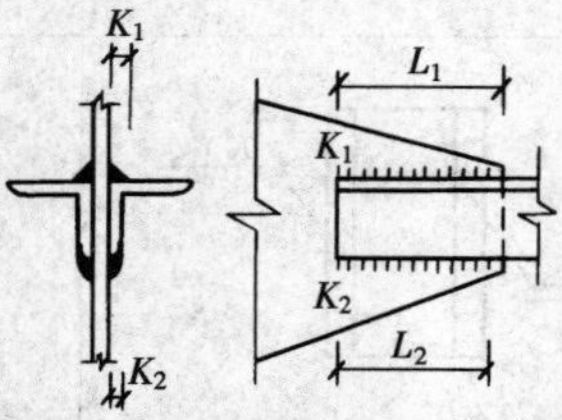 K_1 K_2 L_1 K_1 K_2 L_2		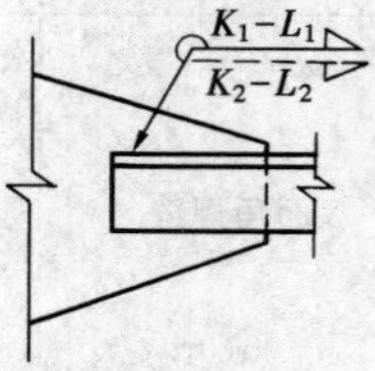 K_1-L_1 K_2-L_2

续表

焊缝名称	形　式	标准标注方法	习惯标注方法（或说明）
双面角焊缝	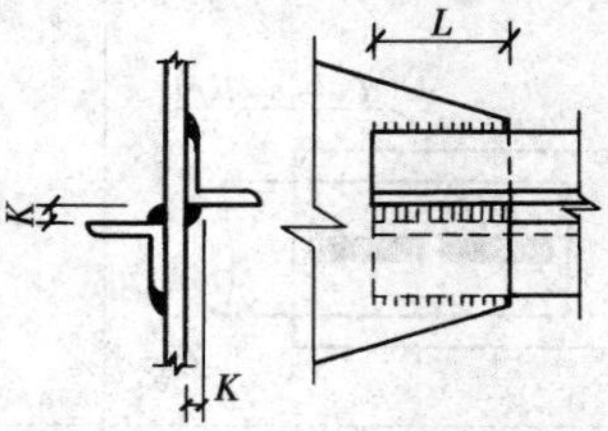		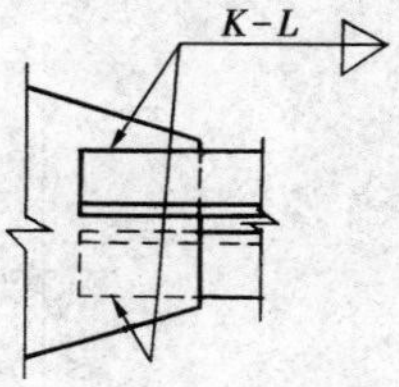
槽焊缝	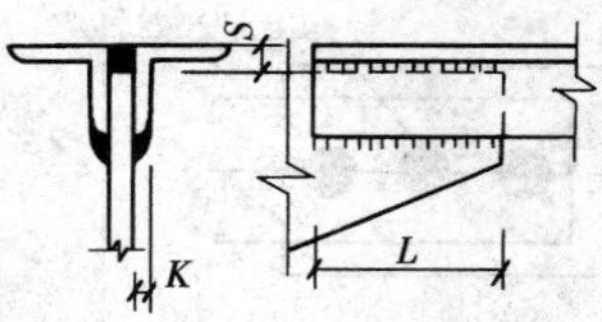	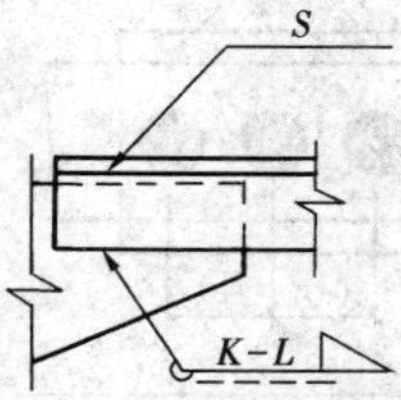	
喇叭形焊缝	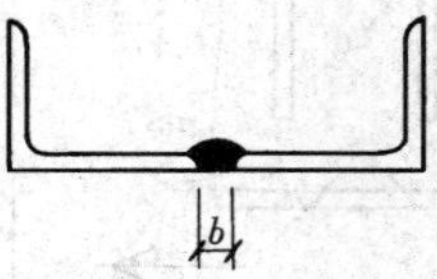	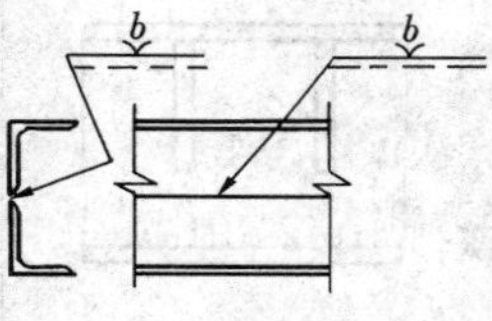	
双面喇叭形焊缝	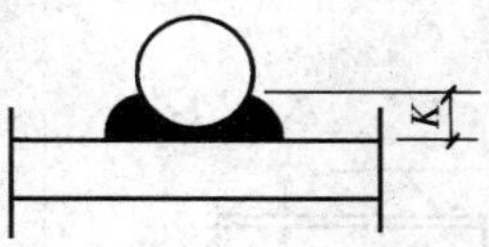	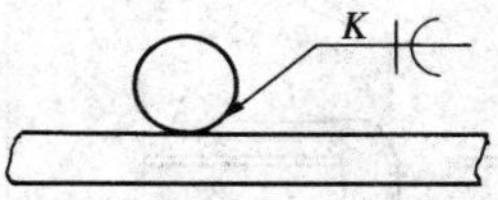	
不对称 Y 形焊缝	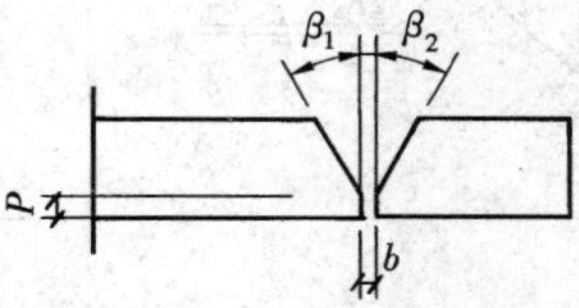	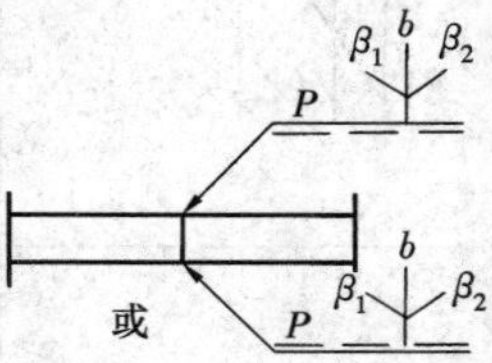 或	
断续角焊缝	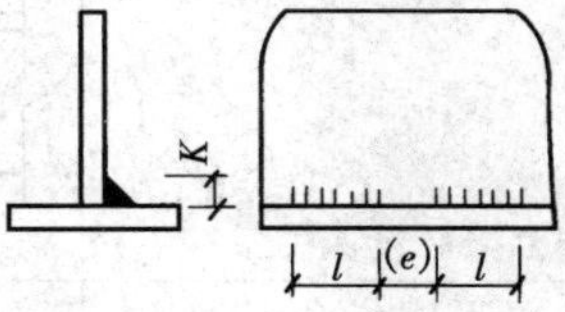	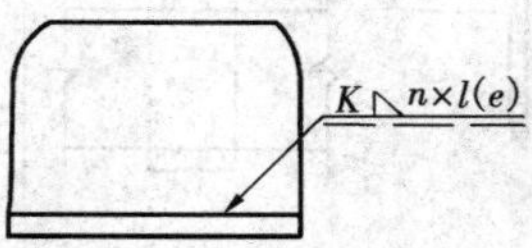	
交错断续角焊缝	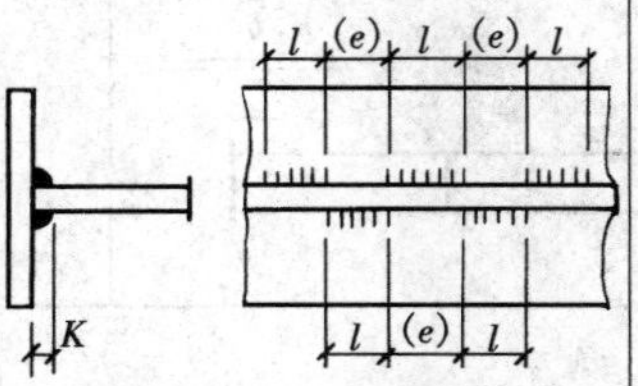	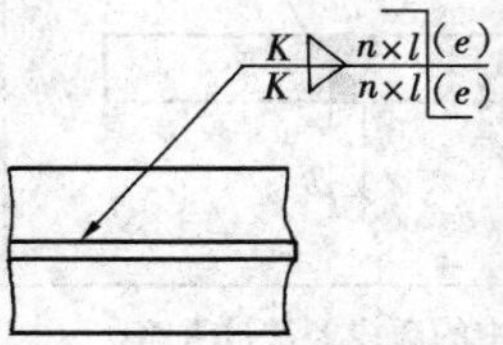	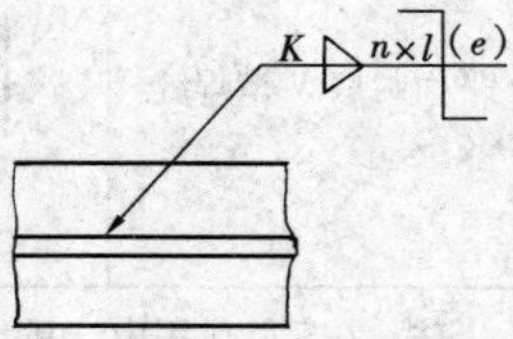

续表

焊缝名称	形　式	标准标注方法	习惯标注方法（或说明）
塞焊缝	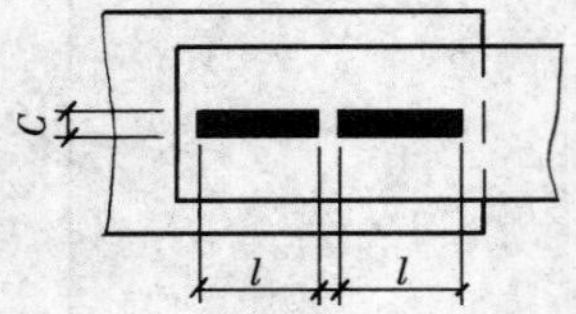	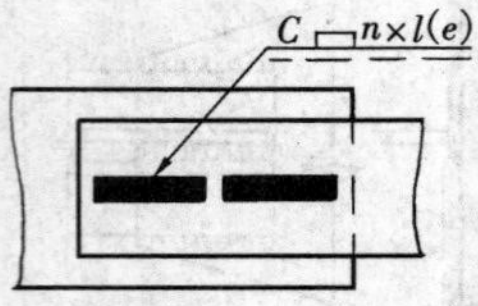	
	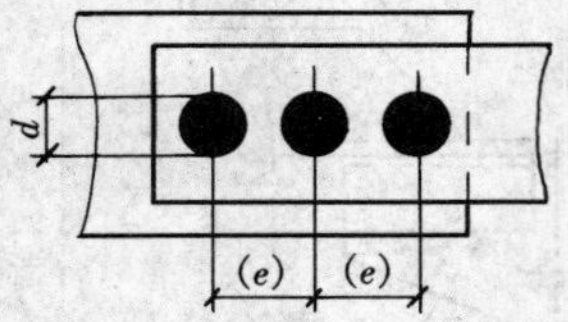	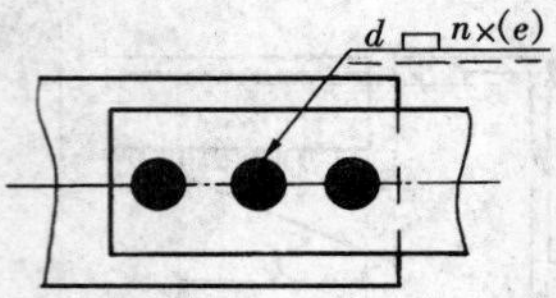	
较长双面角焊缝	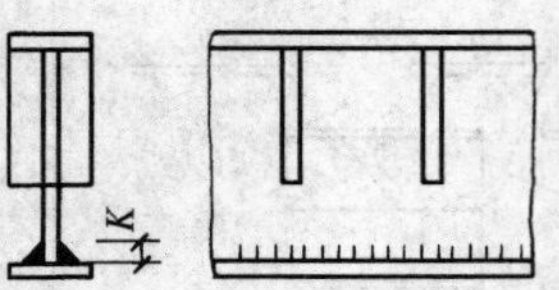	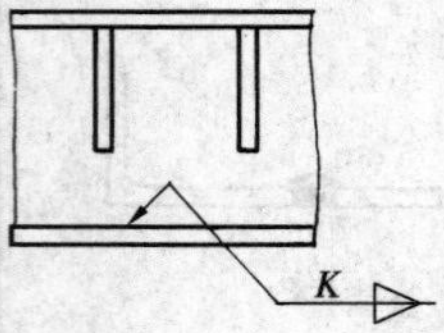	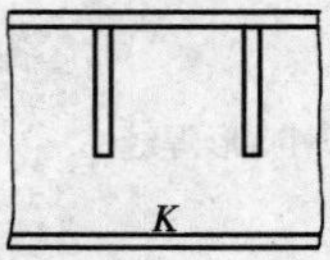
单面角焊缝	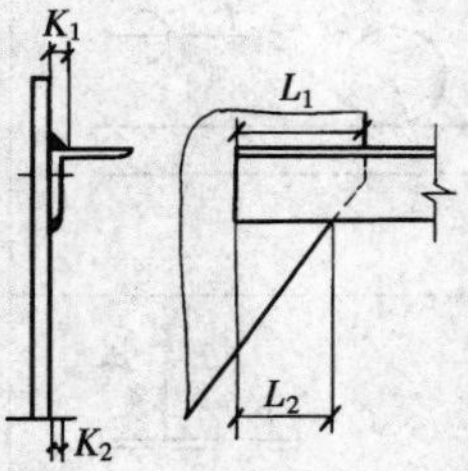	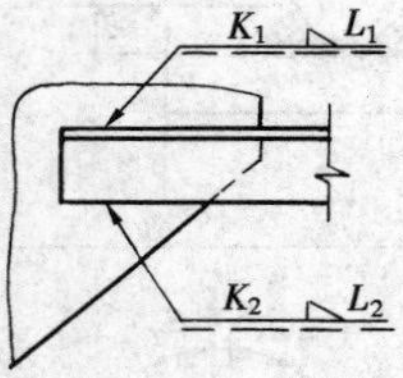	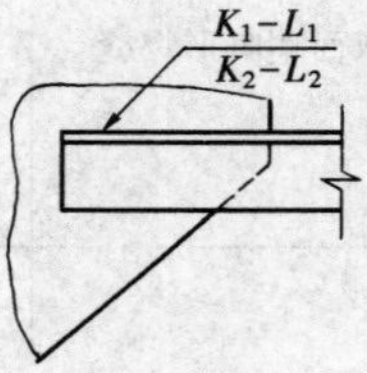
双面角焊缝	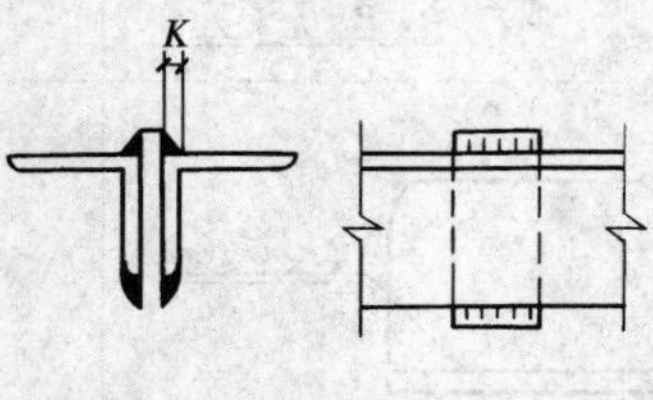		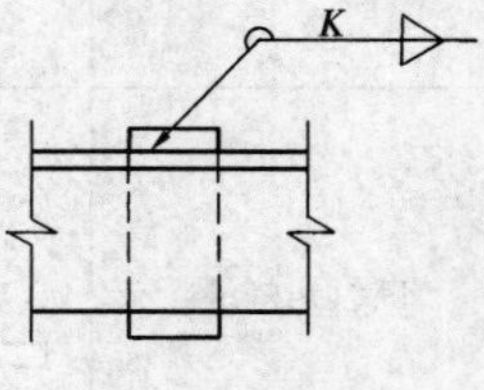
平面封底V型焊缝	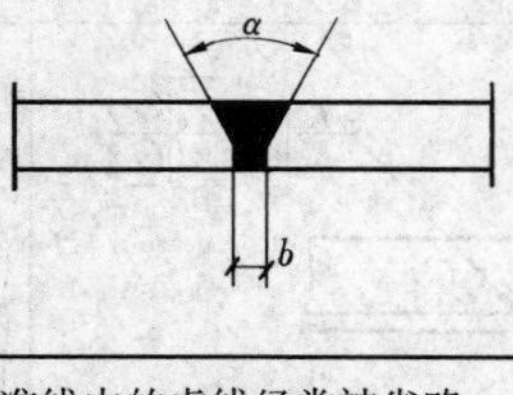	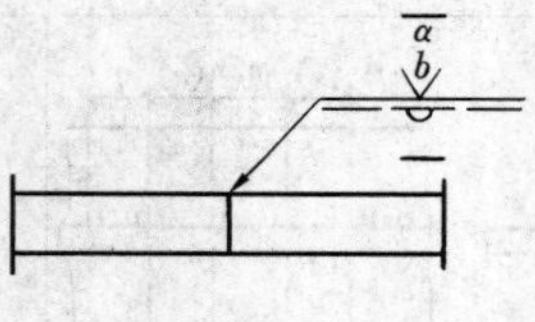	

注　在实际应用中，基准线中的虚线经常被省略。

第三节　钢结构节点详图识读

钢结构的连接有焊缝连接、铆钉连接、普通螺栓连接和高强度螺栓连接等，连接部位统称为节点。连接设计是否合理，直接影响到结构的使用安全、施工工艺和工程造价，所以钢结构节点设计同构件或结构本身的设计一样重要。钢结构节点设计的原则是安全可靠、构造简单、施工方便和经济合理。

在识读节点施工详图时，特别要注意连接件（螺栓、铆钉和焊缝）和辅助件（拼接板、节点板、垫块等）的型号、尺寸与位置的标注。对于螺栓（或铆钉），在节点详图上要了解其个数、类型、大小和排列；对于焊缝，要了解其类型、尺寸和位置；对于拼接板，要了解其尺寸和放置位置。

在具备钢结构施工图基本知识的基础上，即可对钢结构节点详图进行分类识读。柱拼接详图如图 3-18 所示。

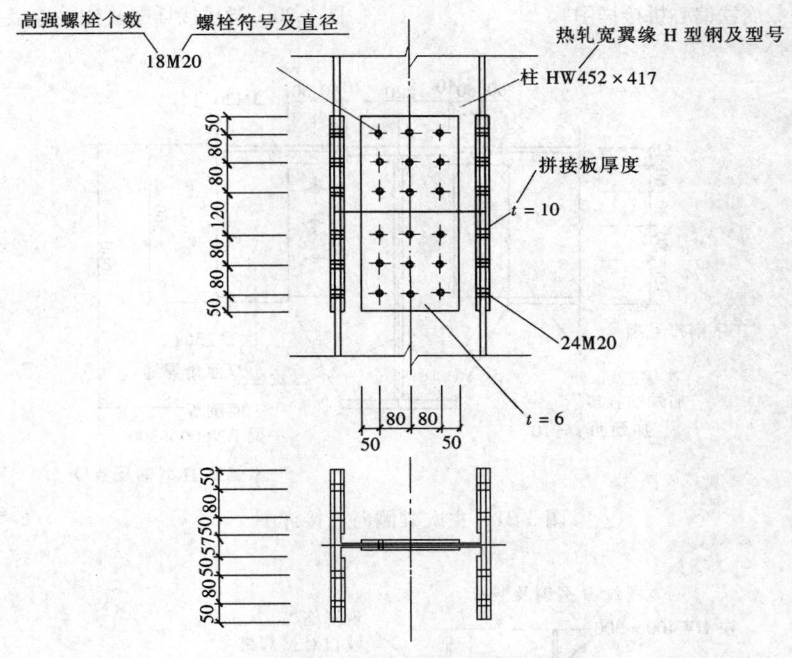

图 3-18　柱拼接详图（双盖板拼接）

变截面柱详图主要是了解 H 型钢变截面处采用的钢板与连接方式，如图 3-19 所示。

梁拼接详图关键是标明高强螺栓的数量与连接节点板的做法，如图 3-20 所示。

主次梁侧向连接与梁柱刚性连接均采用节点板和高强螺栓，从详图中可以了解高强螺栓的型号与做法。主次梁侧向连接详图见图 3-21。

梁柱刚性和半刚性连接做法分别如图 3-22 和图 3-23 所示。

梁柱铰连接如图 3-24 所示。

梯形屋架支座节点详图如图 3-25 所示。

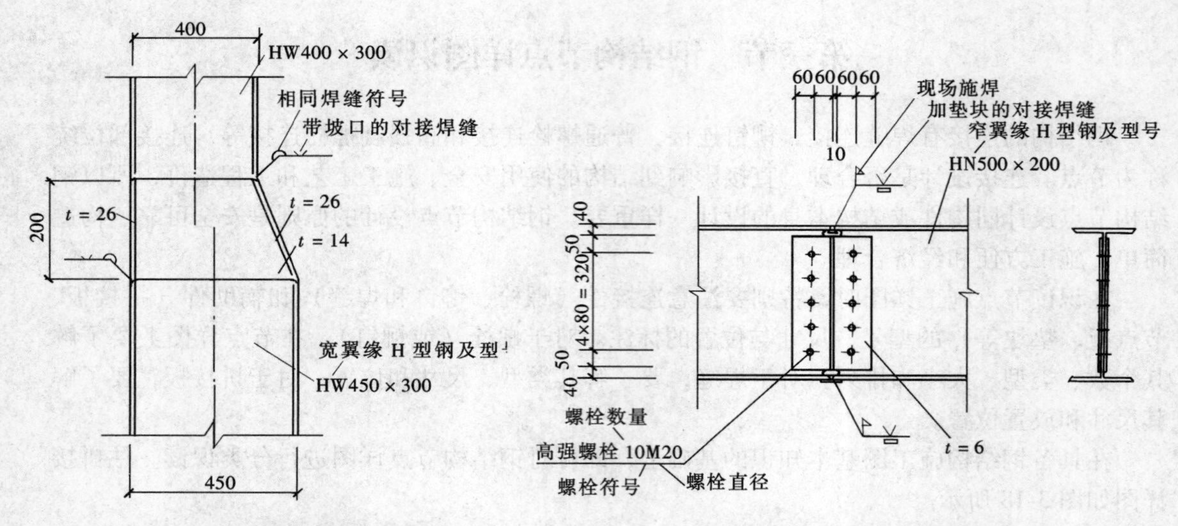

图 3-19　变截面柱偏心拼接详图

图 3-20　梁拼接详图（刚性连接）

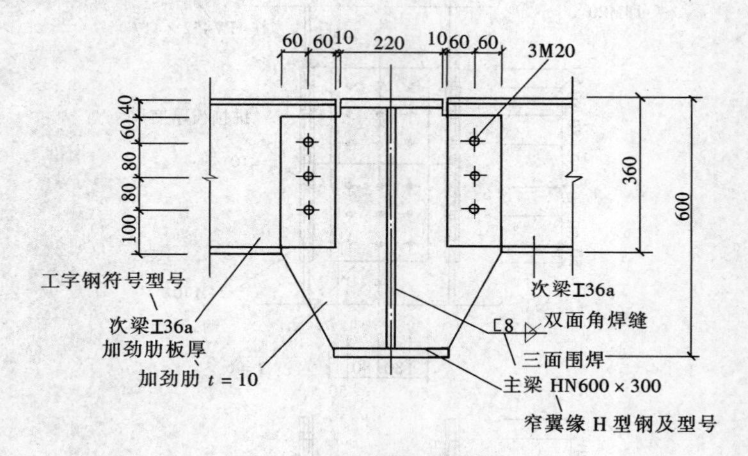

图 3-21　主次梁侧向连接详图

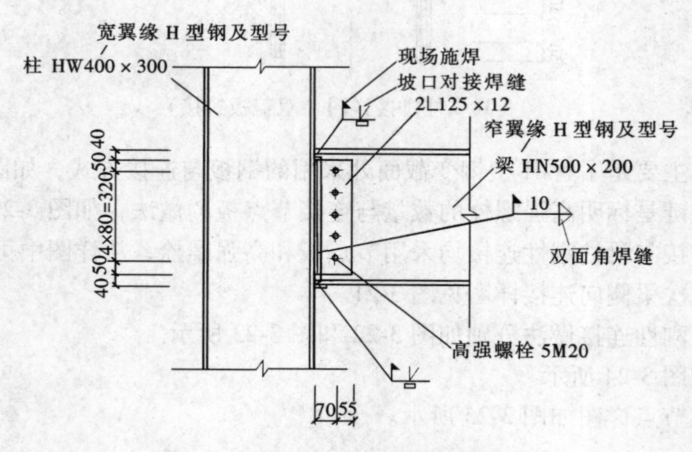

图 3-22　梁柱刚性连接详图

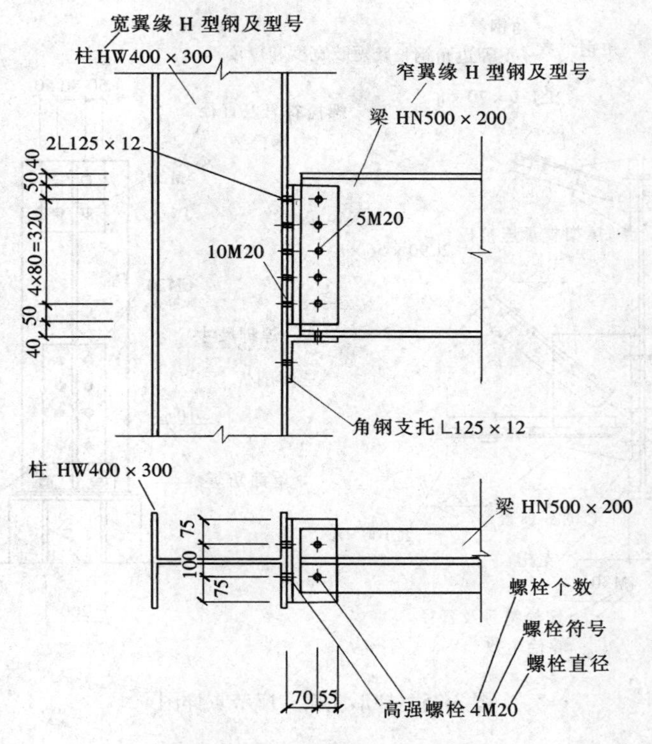

图 3-23　梁柱半刚性连接详图

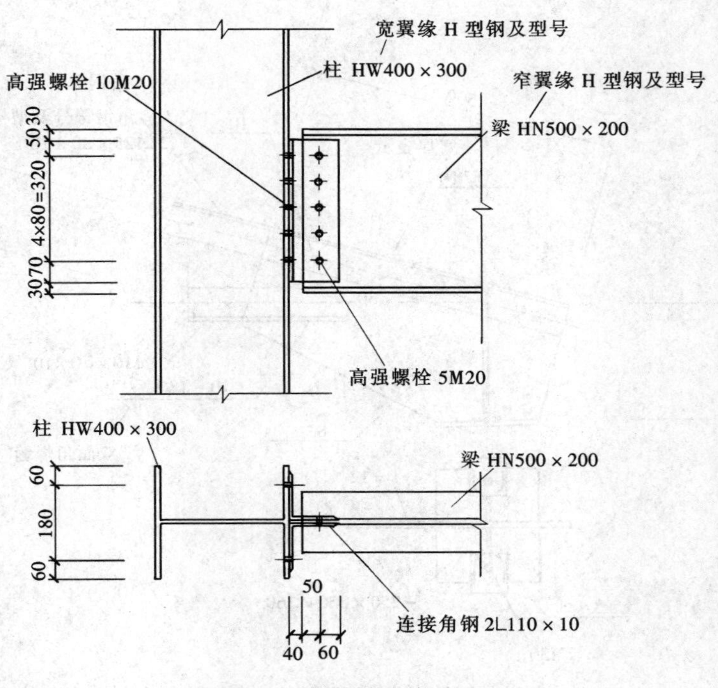

图 3-24　梁柱铰连接详图

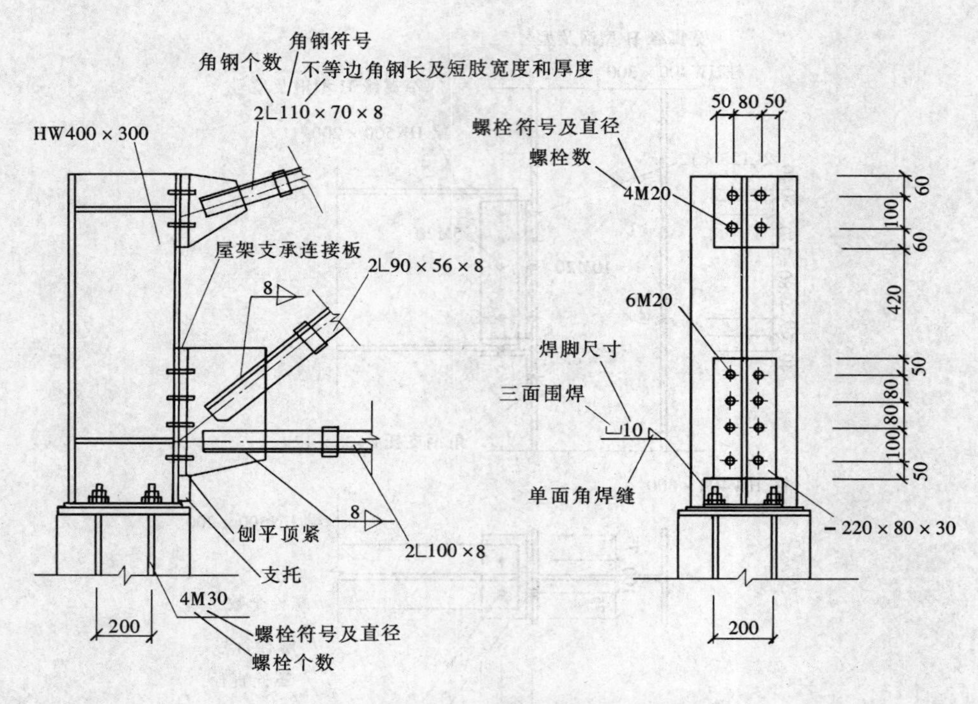

图 3-25　梯形屋架支座节点详图

三角形屋架的做法比较复杂，要放样定中心线。三角形屋架支座节点详图如图 3-26 所示。

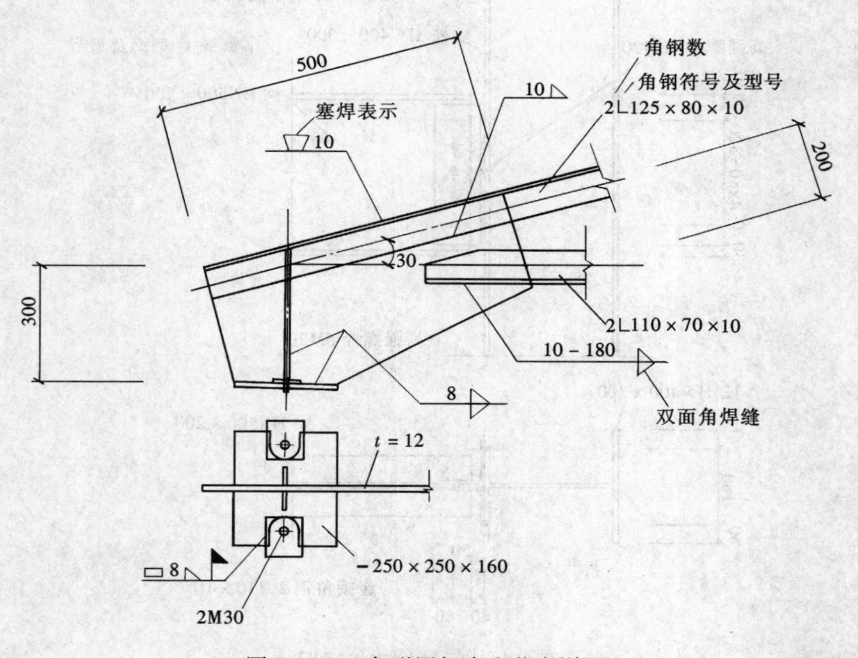

图 3-26　三角形屋架支座节点详图

钢柱铰接柱脚做法如图 3-27 所示。

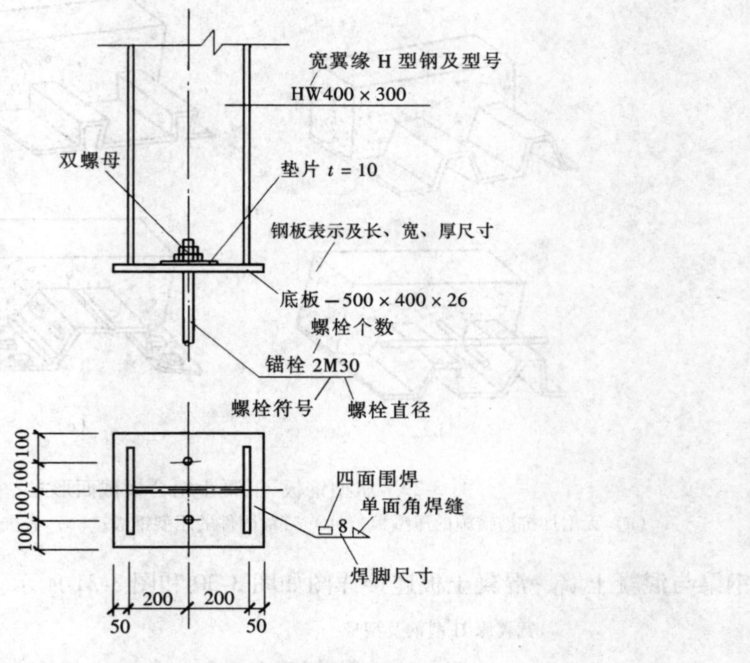

图 3-27　钢柱铰接柱脚详图

包脚式柱脚做法如图 3-28 所示。

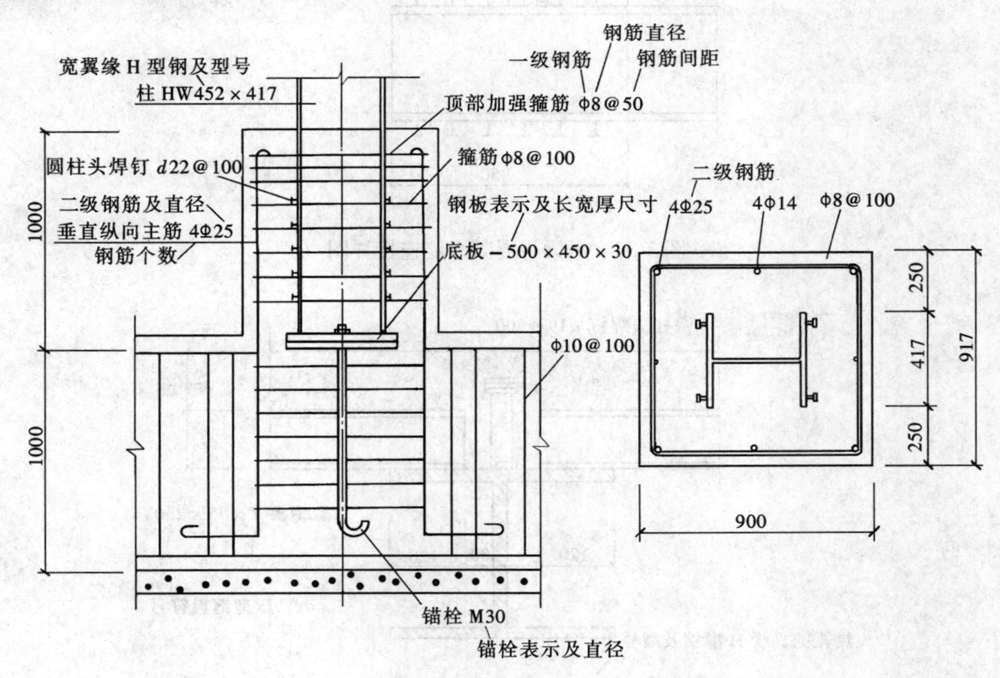

图 3-28　包脚式柱脚详图

压型钢板-混凝土组合板截面形式如图 3-29 所示。

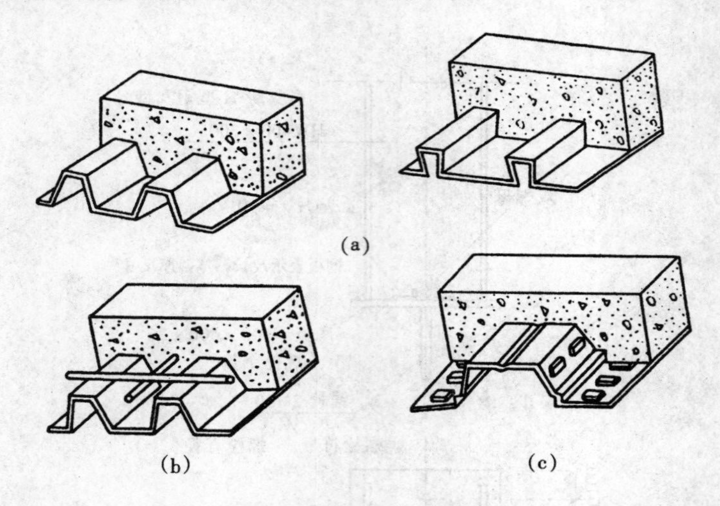

图 3-29 压型钢板-混凝土组合板截面形式

(a) 无附加抗剪措施的压型板；(b) 带锚固件的压型钢板；(c) 有抗剪键的压型钢板

钢梁与混凝土墙、混凝土板连接详图如图 3-30 和图 3-31 所示。

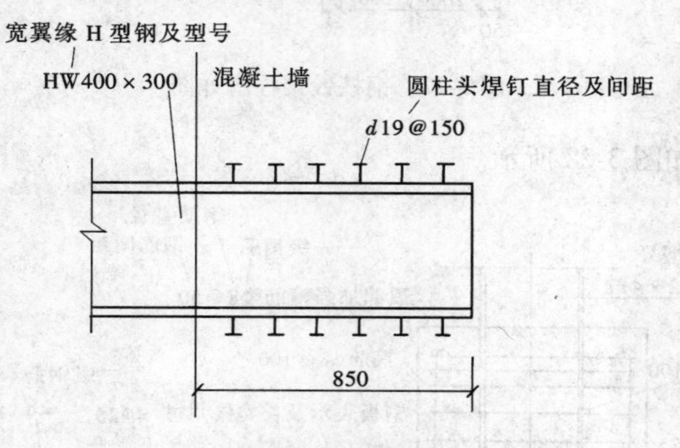

图 3-30 钢梁与混凝土墙连接详图

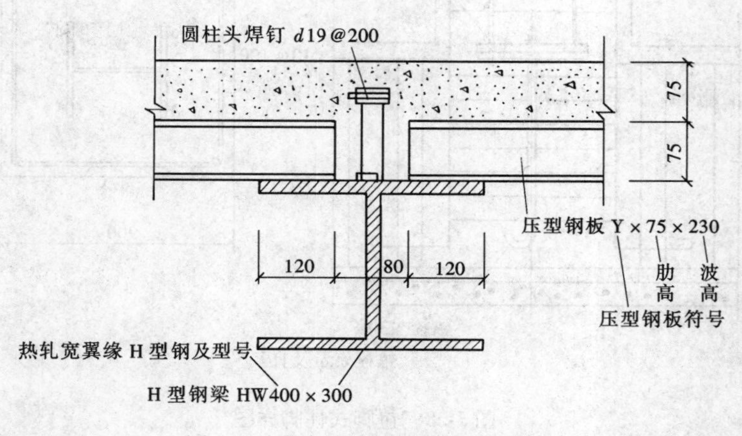

图 3-31 钢梁与混凝土板连接详图

梁柱节点连接应看懂焊接节点和螺栓连接，如图 3-32 所示。

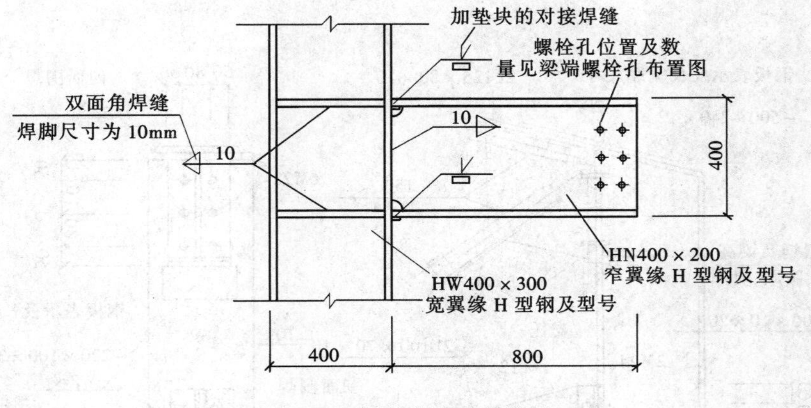

图 3-32　梁柱节点连接详图

梯形钢屋架（下腹杆）节点详图如图 3-33 所示。

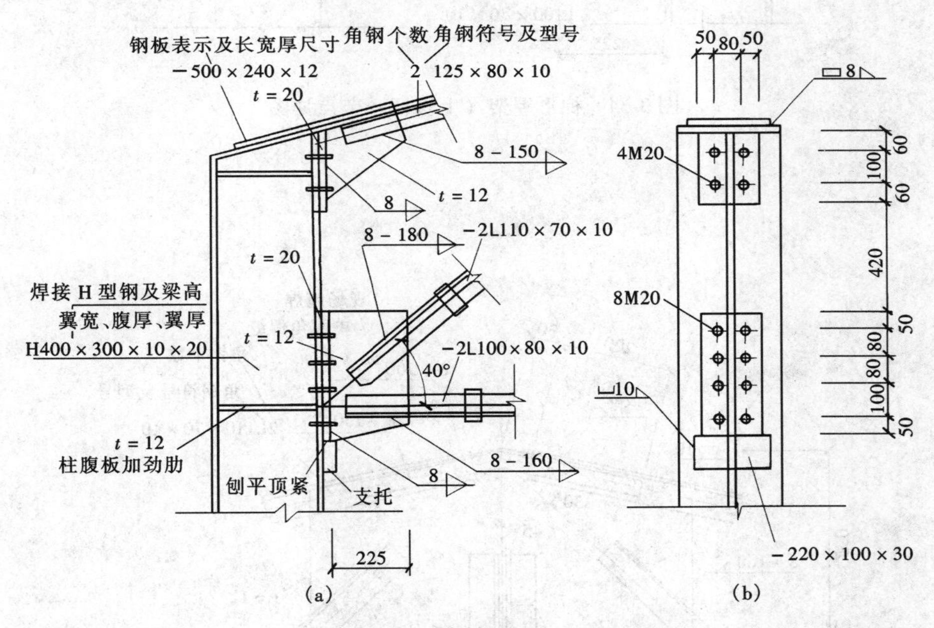

图 3-33　梯形屋架（下腹杆）节点详图

（a）正视图；（b）侧视图

梯形屋架（上腹杆）节点详图如图 3-34 所示。

屋脊节点详图如图 3-35 所示。

设置抗剪键的柱脚详图如图 3-36 所示。

埋入式刚性柱脚详图如图 3-37 所示。

工字钢支撑节点详图如图 3-38 所示。

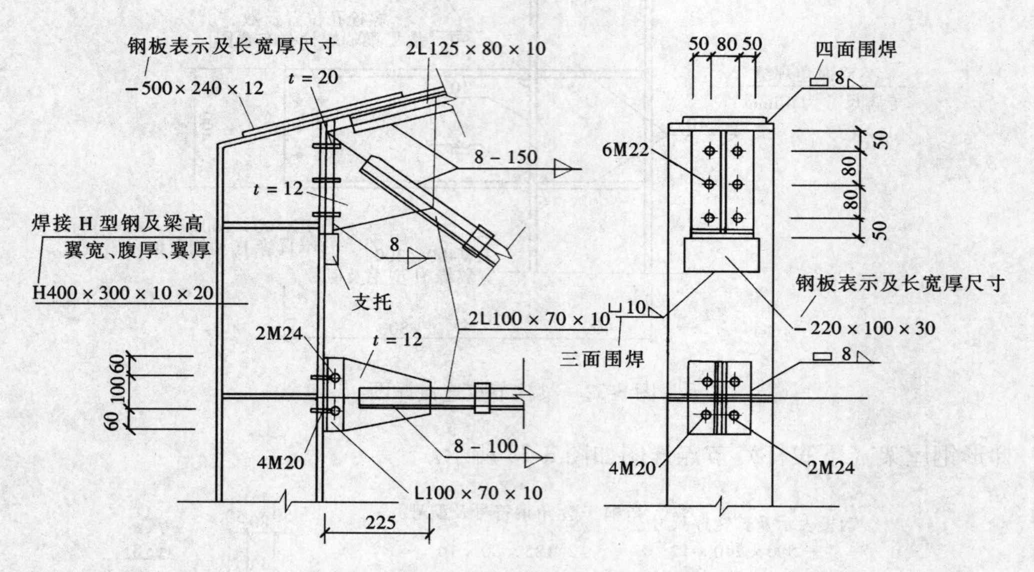

图 3-34　梯形屋架（上腹杆）节点详图

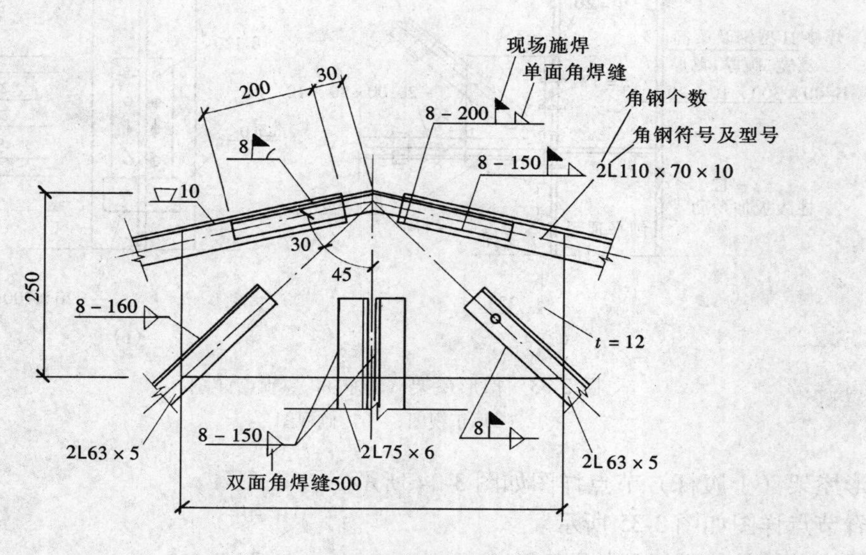

图 3-35　屋脊节点详图

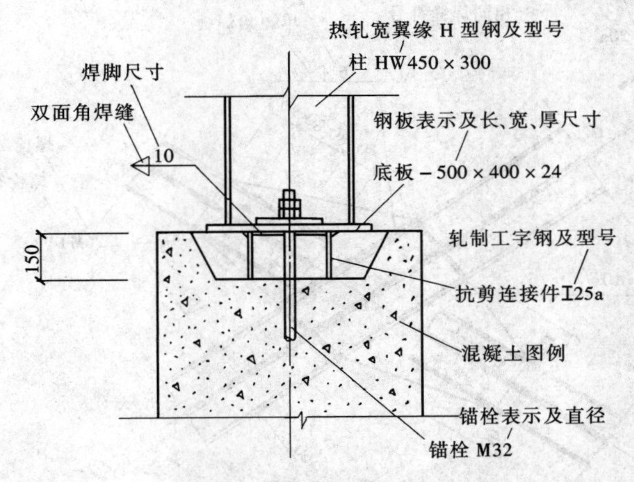

图 3-36　设置抗剪键的柱脚详图

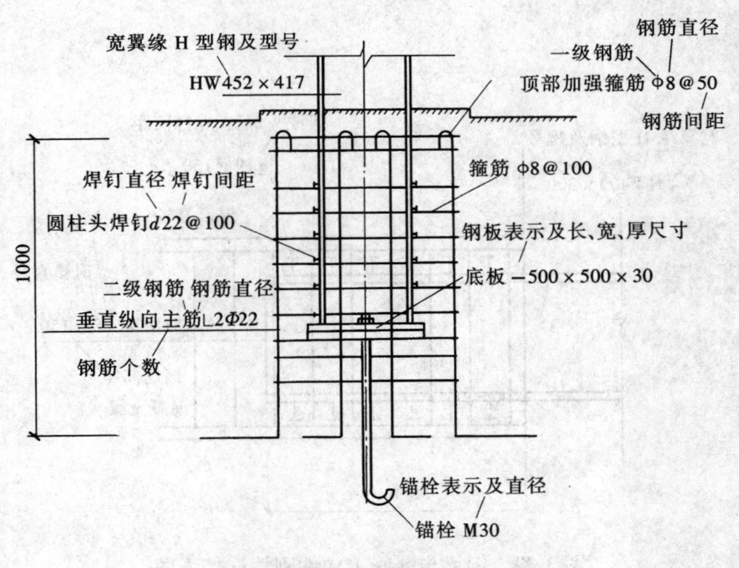

图 3-37　埋入式刚性柱脚详图

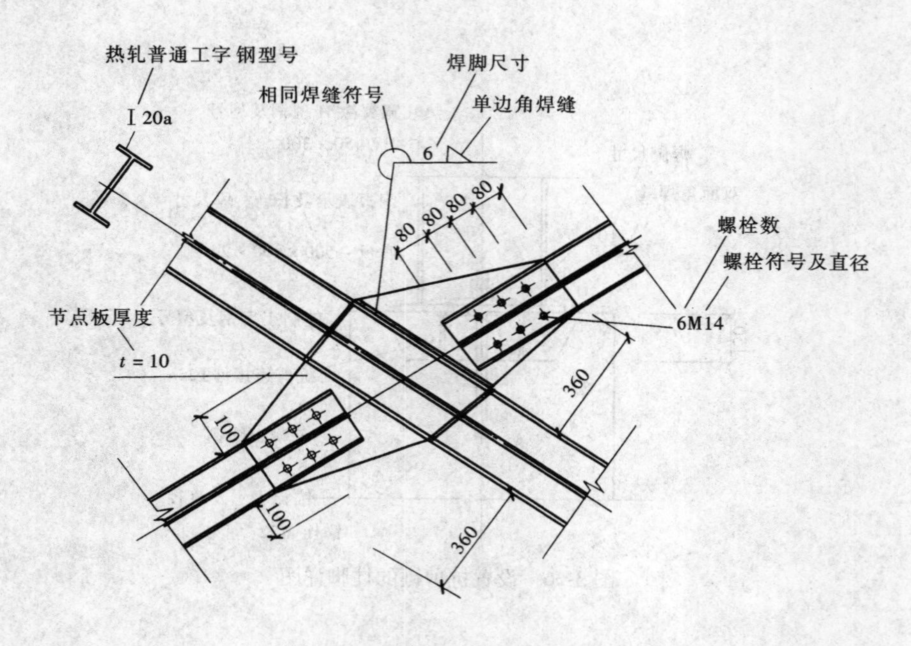

图 3-38　工字钢支撑节点详图

钢梁与混凝土构件刚性连接详图如图 3-39 所示。

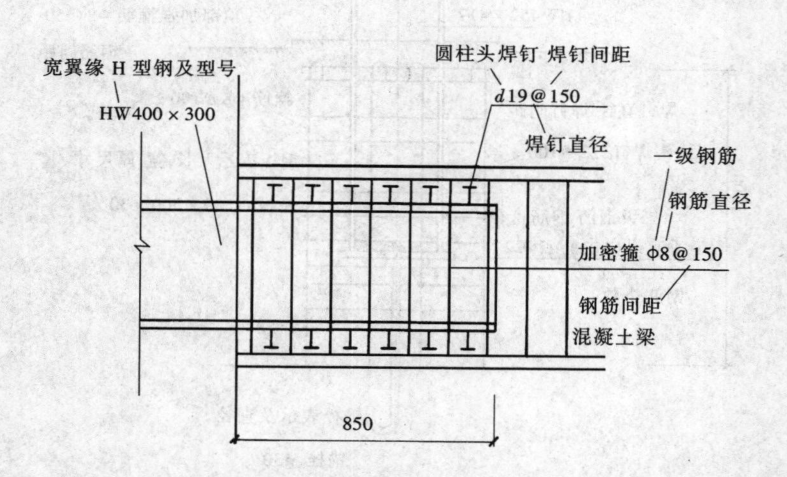

图 3-39　钢梁与混凝土构件刚性连接详图

组合梁板连接详图如图 3-40 所示。

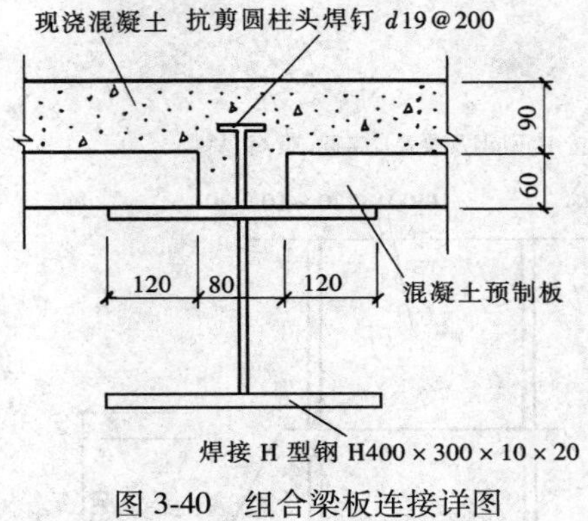

图 3-40　组合梁板连接详图

梁腹板开洞（圆洞）补强详图如图 3-41 所示。

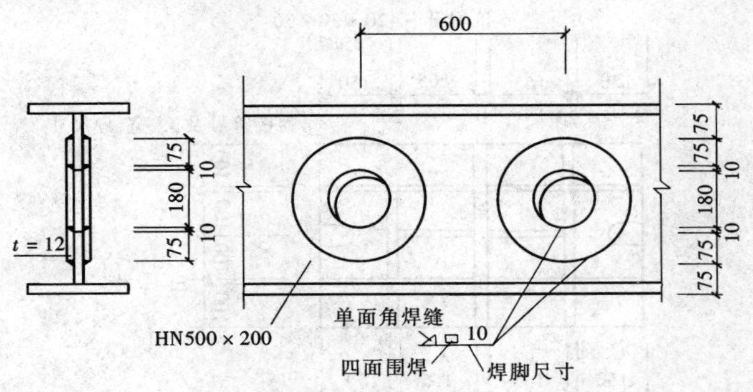

图 3-41　梁腹板开洞（圆洞）补强详图

铰接柱脚详图如图 3-42 所示。

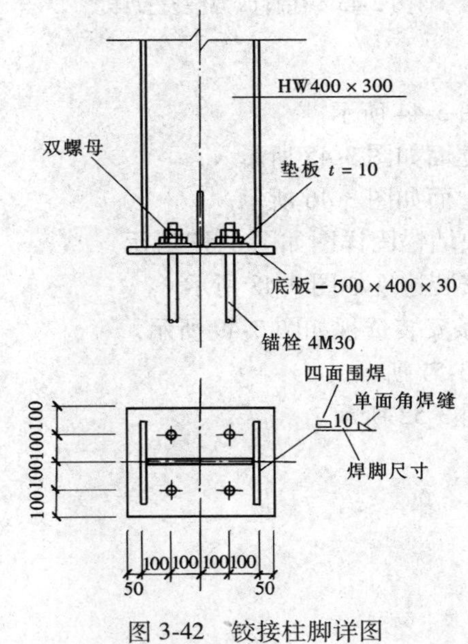

图 3-42　铰接柱脚详图

柱脚剪力键设置详图如图 3-43 所示。

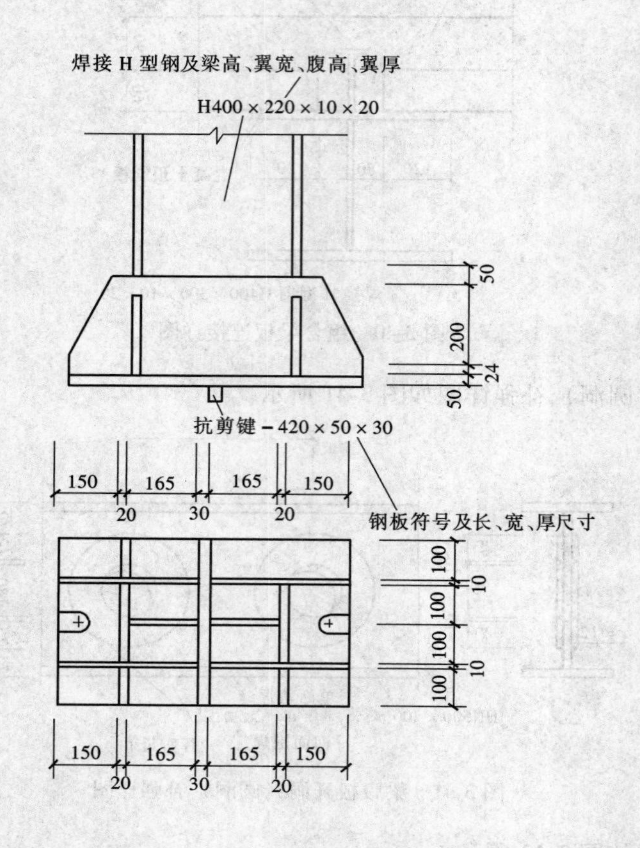

图 3-43　柱脚剪力键设置详图

屋面钢结构平面布置如图 3-44 所示。
A 轴到 G 轴端墙钢结构立面如图 3-45 所示。
G 轴到 A 轴端墙钢结构立面如图 3-46 所示。
端墙抗风柱与混凝土砌块墙锚固详图如图 3-47 所示
外纵墙与端墙拐角墙梁安装透视如图 3-48 所示。
端墙 H 型钢抗风柱与檩条安装透视如图 3-49 所示。
钢柱详图如图 3-50 和图 3-51 所示。
外墙板、屋面板详图如图 3-52 所示。

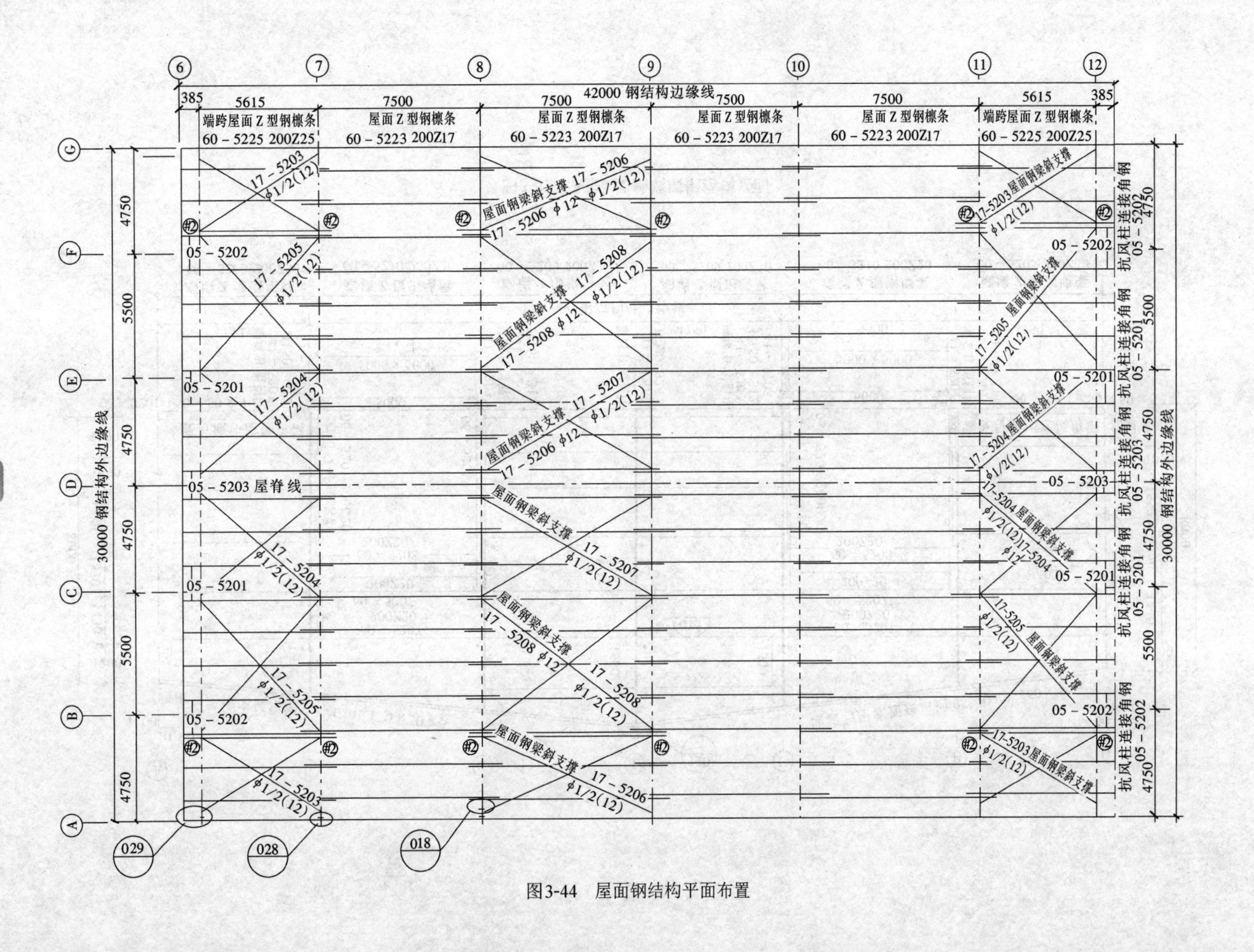

图3-44　屋面钢结构平面布置

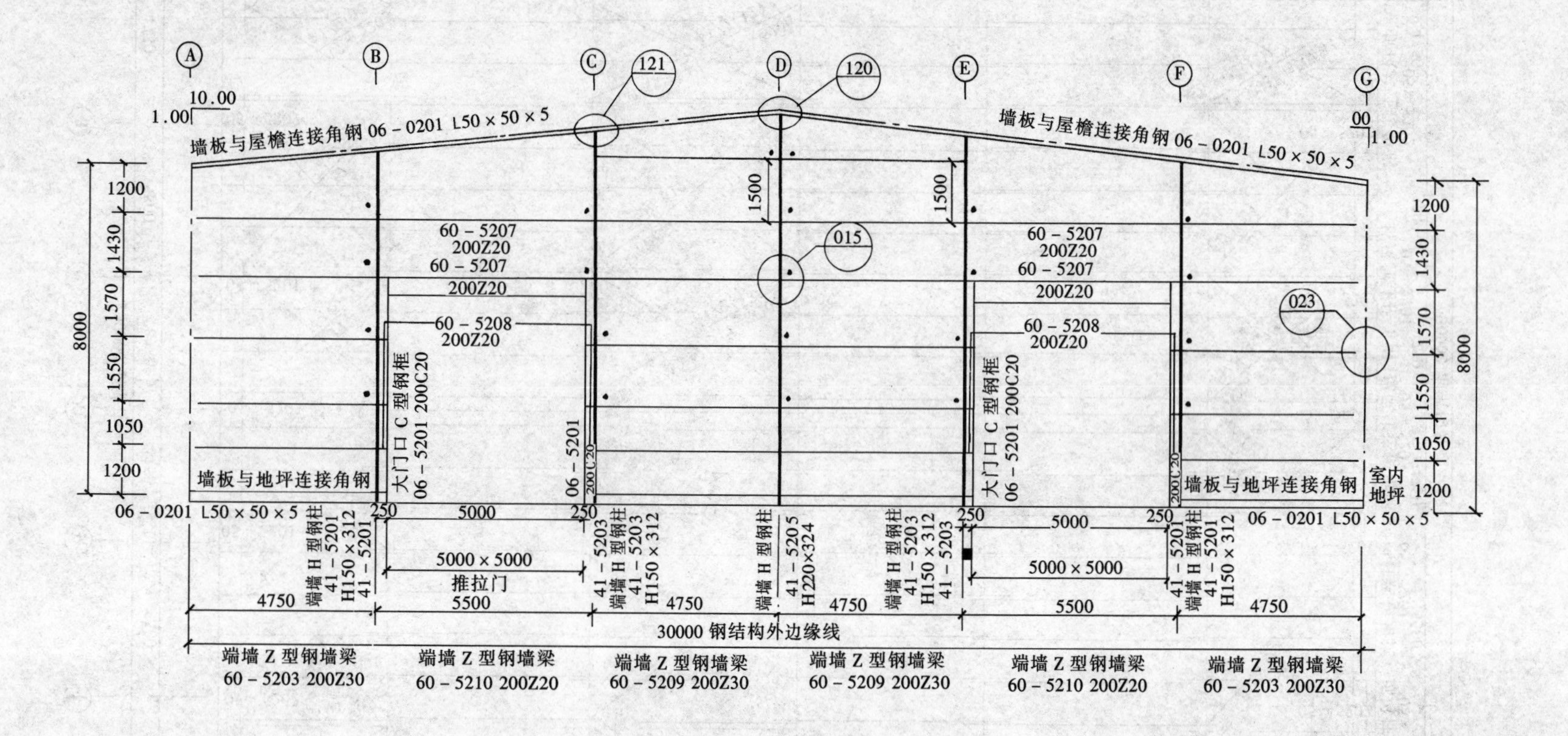

图3-45　A轴到G轴端墙钢结构立面

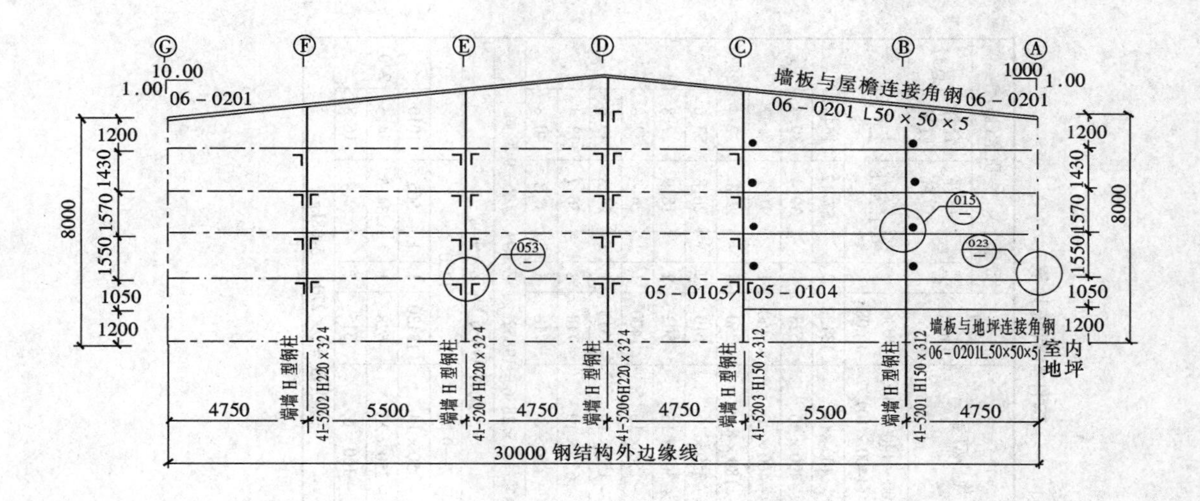

图 3-46　G 轴到 A 轴端墙钢结构立面

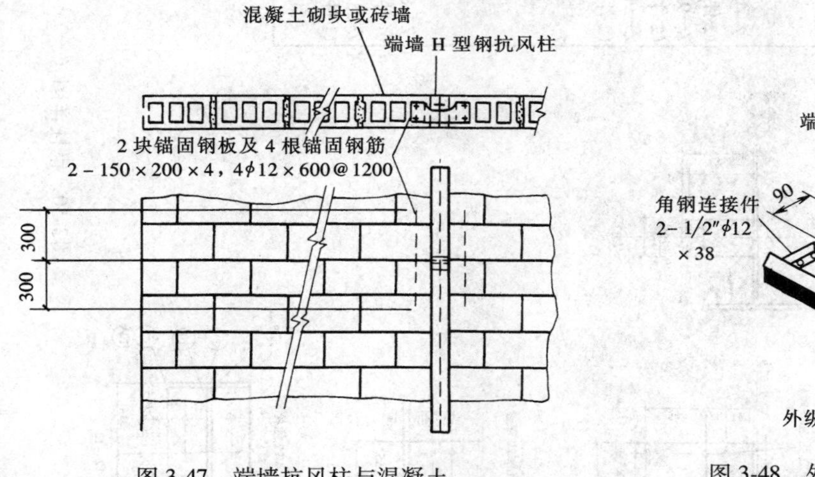

图 3-47　端墙抗风柱与混凝土砌块墙锚固详图（053 详图）

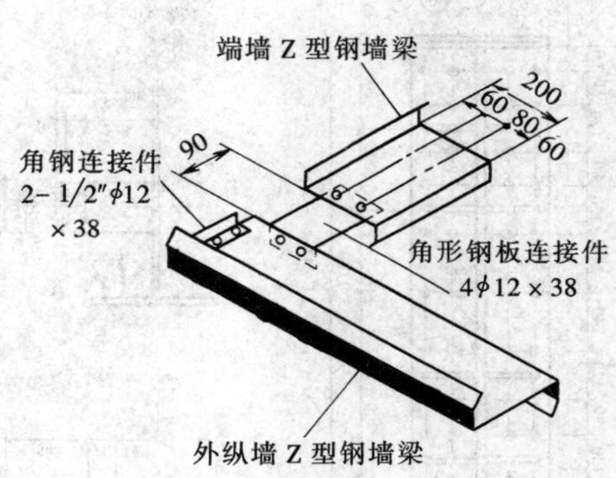

图 3-48　外纵墙与端墙拐角墙梁安装透视（023 详图）

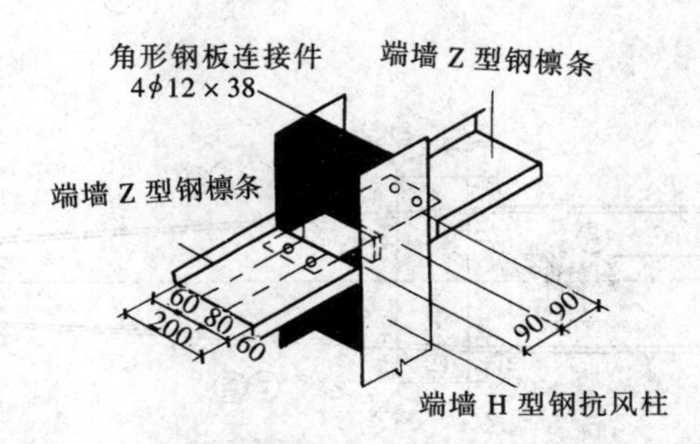

图 3-49　端墙 H 型钢抗风柱与檩条安装透视（015 详图）

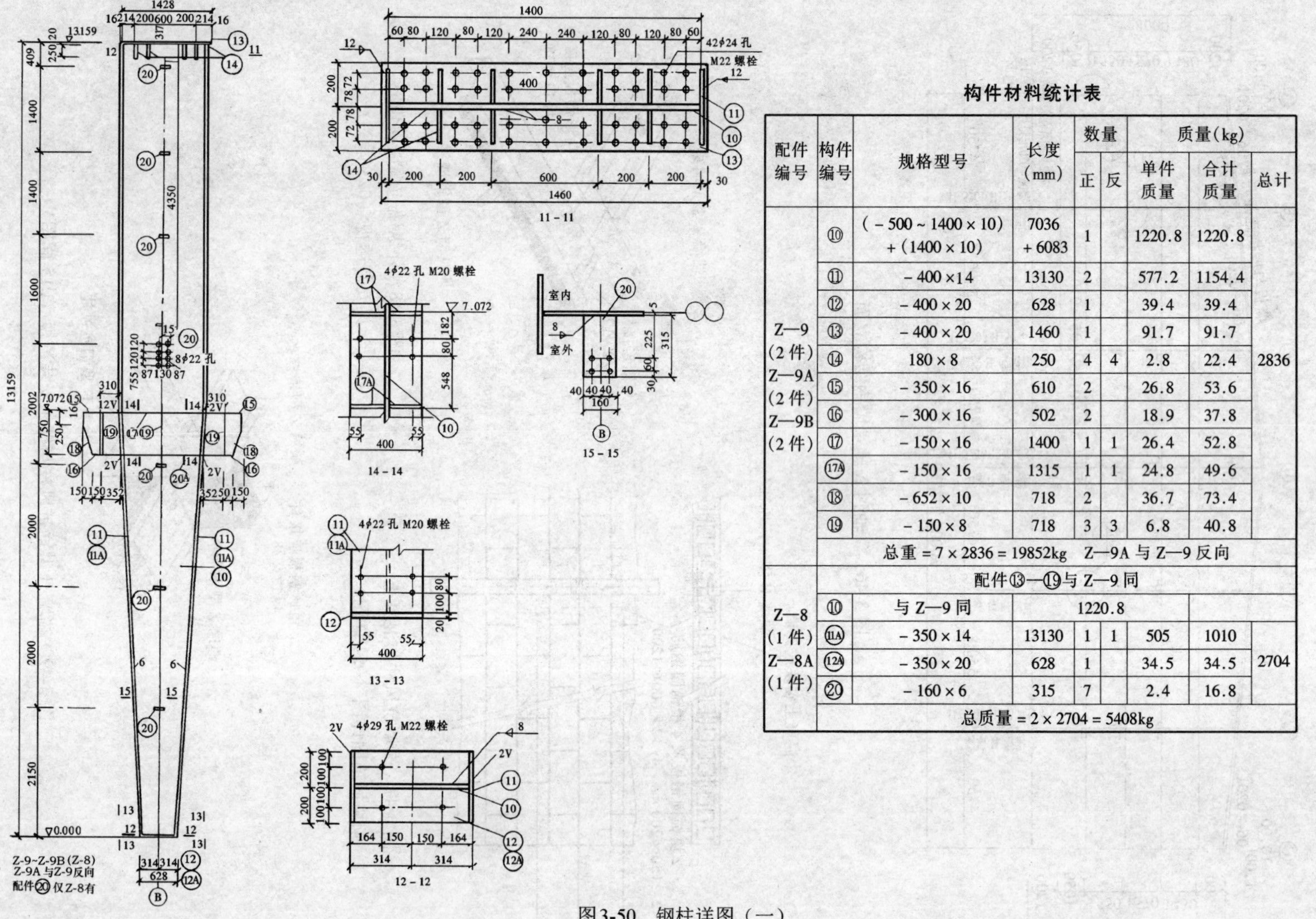

构件材料统计表

配件编号	构件编号	规格型号	长度(mm)	数量 正	数量 反	质量(kg) 单件质量	质量(kg) 合计质量	总计
Z—9(2件) Z—9A(2件) Z—9B(2件)	⑩	(－500～1400×10)+(1400×10)	7036+6083	1		1220.8	1220.8	2836
	⑪	－400×14	13130	2		577.2	1154.4	
	⑫	－400×20	628	1		39.4	39.4	
	⑬	－400×20	1460	1		91.7	91.7	
	⑭	180×8	250	4	4	2.8	22.4	
	⑮	－350×16	610	2		26.8	53.6	
	⑯	－300×16	502	2		18.9	37.8	
	⑰	－150×16	1400	1	1	26.4	52.8	
	⑰A	－150×16	1315	1	1	24.8	49.6	
	⑱	－652×10	718	2		36.7	73.4	
	⑲	－150×8	718	3	3	6.8	40.8	
	总重＝7×2836＝19852kg　Z—9A 与 Z—9 反向							
Z—8(1件) Z—8A(1件)	配件⑬—⑲与 Z—9 同							
	⑩	与 Z—9 同	1220.8					2704
	⑪A	－350×14	13130	1	1	505	1010	
	⑫A	－350×20	628	1		34.5	34.5	
	⑳	－160×6	315	7		2.4	16.8	
	总质量＝2×2704＝5408kg							

图3-50　钢柱详图（一）

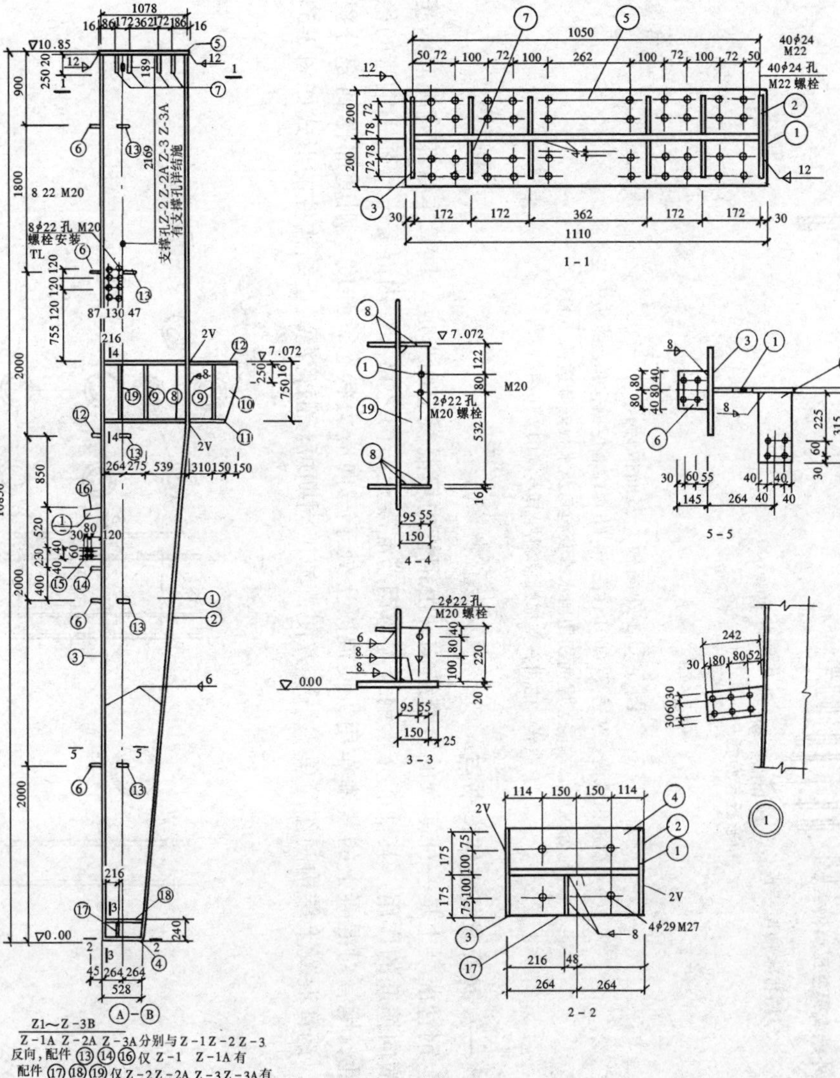

构件材料统计表

配件编号	构件编号	规格型号	长度(mm)	数量 正	数量 反	质量(kg) 单件质量	质量(kg) 合计质量	总计
Z—1(2件)	①	(－500～1050×10)+(－1050×10)	6322 4488	1		754.5	754.5	1928
	②	－350×14	10834	1		416.7	416.7	
	③	－350×14	10810	1		415.8	415.8	
	④	－350×20	525	1		29.0	29.0	
	⑤	－400×20	1110	1		69.7	69.7	
	⑥	－145×6	160	5		11	5.6	
	⑦	－180×8	250	4	4	2.8	22.4	
	⑧	－150×16	1050	2	2	19.8	79.2	
	⑨	－150×12	718	2	2	10.1	40.4	
	⑩	－610×10	718	1		34.4	34.4	
	⑪	－300×16	460	1		17.3	17.3	
	⑫	－350×16	610	1		26.8	26.8	
	⑬	－160×6	315	5		2.4	12.0	
	⑭	－145×6	160	1		1.1	1.1	
	⑮	－140×6	240	1		1.4	1.4	
	⑯	－120×8	242	1		1.8	1.8	
	总质量＝2×1928＝3856kg							
Z—1A(2件)	Z—1A与Z—1反向　总质量＝2×1928＝3856kg							
Z—2(2件)	配件①—⑫与Z—1同						1912	1926
	⑮	－140×6	240			1.4	1.4	
	⑰	－150×10	240	1		2.8	2.8	
	⑱	－100×8	502	1		3.2	3.2	
	⑲	－150×8	718	1		6.7	6.7	
	总质量＝2×1926＝3852kg							
Z—2A(2件)	Z—2A与Z—2反向　总质量＝2×1926＝3852kg							
Z—3(2件)	与Z—2同但无配件⑮　总质量＝2×1925＝3850kg							
Z—3A(2件)	Z—3A与Z—3反向　总质量＝2×1925＝3850kg							
Z—3B(6件)	配件①—⑫与Z—1同　总质量＝6×1912＝11 472kg							

图3-51　钢柱详图（二）

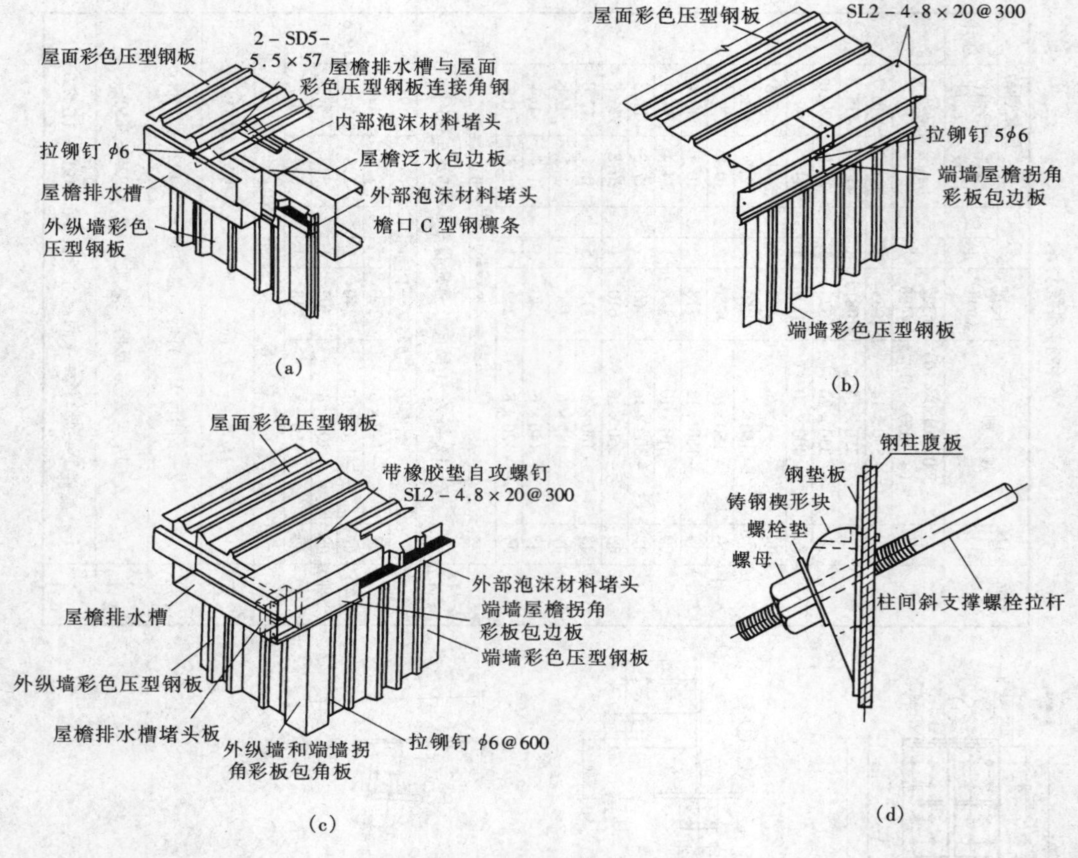

图 3-52　外墙板、屋面板详图

(a) 屋檐雨水槽安装透视（001 详图）；(b) 端墙屋檐包角泛水板安装透视；
(c) 外纵墙、端墙、屋面拐角雨水槽及包角泛水板安装透视（003 详图）；
(d) 柱间斜支撑螺栓斜杆节点（017 详图）

一、钢管混凝土结构节点

钢管混凝土是一种新颖的组合结构，由钢管内填混凝土而形成。钢管本身兼有纵向钢筋和横向箍筋的作用，其性能介于钢结构与钢筋混凝土结构之间，管内混凝土增强了钢管的稳定性，钢管对混凝土的紧箍作用，使混凝土处于三向应力状态，强度、刚度都得到充分提高。钢管混凝土结构制作简单，吊装方便，施工周期短。钢管混凝土结构柱的形式如图 3-53 所示。

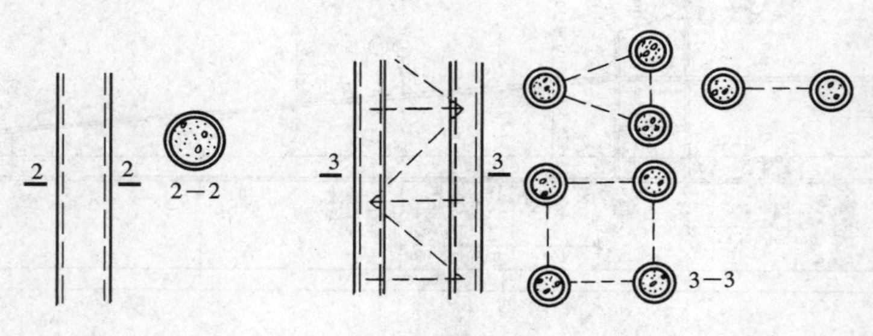

图 3-53　钢管混凝土结构柱的形式

二、钢管结构节点

钢管结构节点如图 3-54 所示。

用钢管组成的结构，其优点为：

(1) 截面简单，加工、运输方便。

(2) 壁厚，受局部压屈的影响较小，比一般冷弯薄壁型钢更薄，用料省。

(3) 杆件具有较好的抗压及抗扭性能，适用于空间结构。

(4) 构件内部密封，不易受腐蚀；外表面平滑，宜于防腐处理，且防腐面积最小。

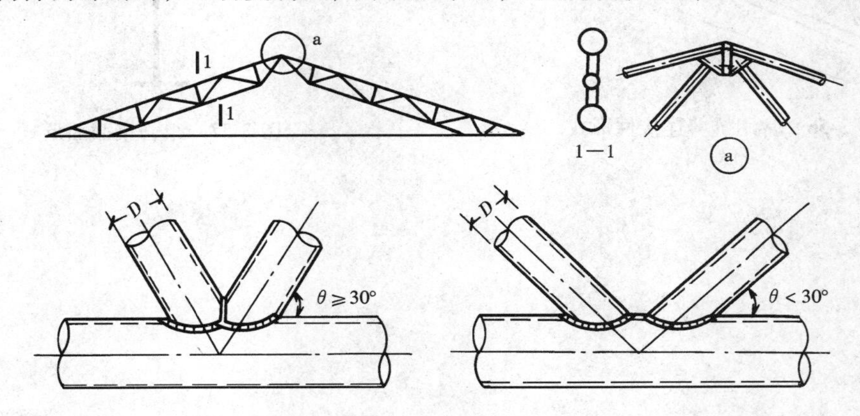

图 3-54　钢管结构屋架与节点示例

三、外包钢混凝土结构节点

外包钢混凝土结构截面如图 3-55 所示。

这种结构的特点是：用配置在构件外面的型钢与横向钢筋（即钢箍）焊成的骨架，全部或部分代替钢筋混凝土杆件内部的钢筋。与纯钢结构、钢筋混凝土结构相比，它有以下优点：

(1) 用钢量比钢结构省，混凝土用量比钢筋混凝土少，因而造价低。

(2) 受力性能比钢筋混凝土好，强度高，塑性与延性均增大，对抗震十分有利。

(3) 耐火度比钢结构高，刚度也好，防腐面积小。

(4) 构造简单，连接方便，没有密布、弯折的钢筋，不需要预埋件，便于捣实，减少了施工时的模板和支撑，简化了设计与施工。

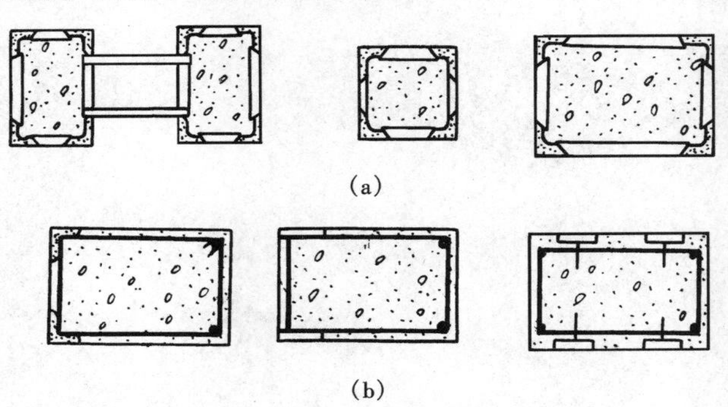

图 3-55　外包钢混凝土结构截面形式示例

(a) 全外包钢混凝土结构的截面形式举例；(b) 部分外包钢混凝土结构的截面形式举例

常用抗剪连接件形式如图 3-56 所示。
组合梁截面形式如图 3-57 所示。

图 3-56　常用抗剪连接件形式

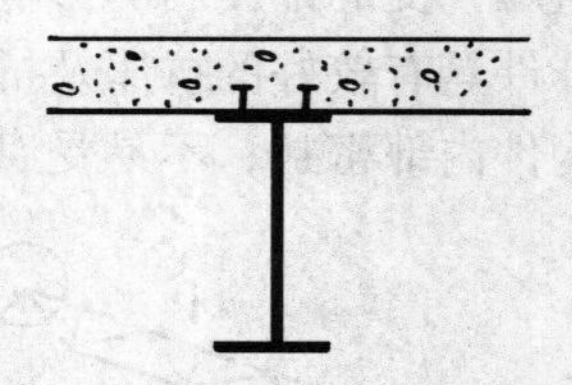

图 3-57　组合梁截面形式

第四章

钢结构的材料及性能

第一节　钢结构对所用钢材性能的要求

随着经济的发展，钢材需求量越来越大。用途不同，对钢材的性能要求也不同。碳素钢有一百余种，合金钢有三百余种，但符合钢结构性能要求的只有少数几种。

用作钢结构的钢材必须具有下列性能：

（1）较高的强度。即抗拉强度 f_u 和屈服点 f_y 比较高。屈服点高可减小截面，从而减轻自重，节约钢材，降低造价。抗拉强度高，可以增加结构的安全储备。

（2）足够的变形能力。即塑性和韧性性能好。塑性好，则结构破坏前变形比较明显，从而降低脆性破坏的危险性，并且塑性变形还能调整局部高峰应力，使之趋于平缓。韧性好表示在动荷载作用下破坏时，要吸收比较多的能量，同样也可以降低脆性破坏的危险程度。对塑性设计的结构和抗震结构，变形能力具有特别重要的意义。

（3）良好的加工性能。既适合冷、热加工，又具有良好的可焊性，且不因这些加工而给强度、塑性及韧性带来较大的有害影响。

此外，根据结构的具体工作条件，在必要时还应该具有适应低温、抗拒有害介质侵蚀（包括大气锈蚀）以及耐受疲劳荷载作用等的性能。

在符合上述性能的条件下，同其他建筑材料一样，钢材也应该容易生产，价格便宜。《钢结构设计规范》（GB 50017—2003）推荐的普通碳素结构钢 Q235 钢和低合金高强度结构钢 Q345、Q390、Q420 是符合上述要求的。

选用 GB 50017—2003 未推荐的钢材时，要有可靠的依据，以确保钢结构的质量。

第二节　建筑钢材的两种破坏形式

钢结构需要用塑性材料制作。塑性材料是指由于材料原始性能，以及在常温、静载并一次加荷的工作条件之下，能在破坏前发生较大塑性变形的材料。GB 50017—2003 中推荐的几种钢材都是塑性好、含碳量低的钢材，它们都是塑性材料。钢结构不能用脆性材料（如铸铁）来制造，因为脆性材料没有明显变形的突然断裂会在房屋、桥梁及船体等供人使用的结构中造成恶性后果。

一种钢材具有塑性变形能力的大小，不仅取决于钢材原始的化学成分及熔炼与轧制条件，也取决于后来所处的工作条件。原来塑性表现极好的钢材，在改变了工作条件后，如在很低的温度之下受冲击作用，也完全可能呈现脆性破坏。因此，不宜把钢材划分为塑性和脆性材料，应该区分材料可能发生的塑性破坏与脆性破坏。

取两种拉伸试件，一种是标准圆棒试件，另一种是比标准试件粗但在中部车有小槽，其净截面面积仍与标准试件截面面积相同的试件，分别在拉力试验机上均匀地加荷，直至拉断。标准的光滑试件拉断时会有比较明显的伸长和变细，当加荷的延续时间长时，断口便呈纤维状，颜色发暗，有时还能看到滑移的痕迹，断口与作用力的方向约成45°角。由于此种破坏的塑性特征明显，故称为塑性破坏或延性破坏。

带小槽的试件抗拉强度要比光滑试件高，但在拉断前塑性变形很小，且几乎无任何迹象就突然断裂，断口平齐，呈有光泽的晶粒状，此种破坏形式称为脆性破坏。

同一种钢材处于不同的条件下工作时，具有性质完全不同的两种破坏形式。由于钢材在塑性破坏前有明显的变形，延续的时间较长，所以很容易及时发现和采取措施进行补救。同时塑性变形后出现的内力重分布，会使结构中原先应力不均匀的部分趋于均匀，可提高结构的承载能力。脆性破坏由于破坏前变形极小（拉断后试件的总长度与原长度几乎相等），无任何预兆就突然发生，所以其危险性比塑性破坏要大。因此，在设计、制造、安装和使用中，均应采取措施加以预防。

第三节　建筑钢材的主要性能及质量控制

钢材的性能主要包括力学性能和工艺性能两个方面。力学性能有强度、塑性和韧性等，工艺性能有冷弯性能和可焊性等，钢材的这两种性能均须由试验测定。

一、钢材的力学性能

在静载、常温条件下，对标准试件（图4-1）进行一次单向均匀拉伸试验，方法简单易行，并且便于规定标准的试验方法和性能指标。

图4-1　静力拉伸试验的标准试件

钢材在一次压缩和剪切时所表现出来的应力—应变变化规律基本上与一次拉伸相似，压缩时的各强度指标也取用拉伸时的数值，只是剪切时的强度指标数值比拉伸时的小。图4-2（a）为低碳钢单向均匀拉伸试验的应力—应变曲线，图4-2（b）为曲线的局部放大部分，从中可看出钢材受力的几个阶段和强度、塑性等几项指标。

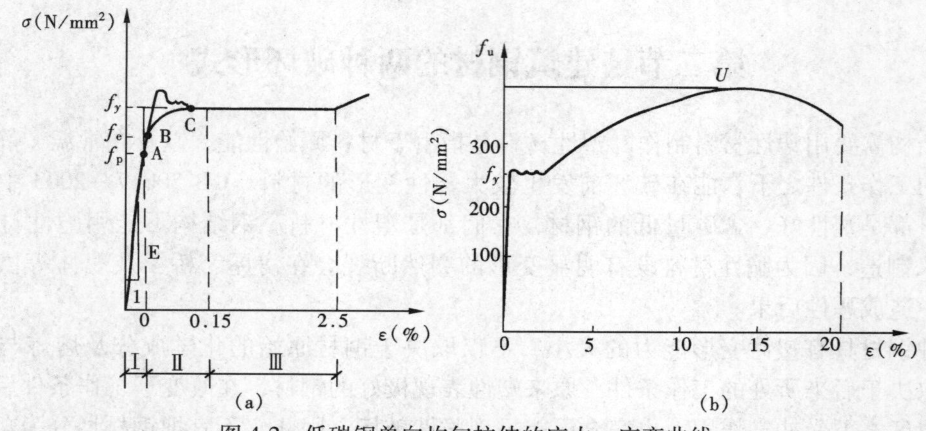

图4-2　低碳钢单向均匀拉伸的应力—应变曲线

1. 强度

钢材标准试件在一次单向均匀拉伸试验中得到的强度指标有比例极限f_p、弹性极限f_e、屈服点f_y和抗拉强度f_u。

2. 冲击韧性

韧性是钢材断裂时吸收机械能能力的量度。吸收较多能量才断裂的钢材，其韧性较好。钢材在一次拉伸静载作用下断裂时所吸收的能量，用单位体积吸收的能量来表示，其值等于应力—应变曲线下的面积。塑性好的钢材，其应力—应变曲线下的面积大，其韧性值也大。

在实际工作中，是用冲击韧性衡量钢材抗脆断的性能的。因为实际结构中，脆性断裂并不发生在单向受拉的地方，而总是发生在有缺口高峰应力的地方，在有缺口高峰应力的地方常呈三向受拉的应力状态。因此，最有代表性的是钢材的缺口冲击韧性，简称冲击韧性或冲击功。

由于顺着轧制方向（纵向）的内部组织较好，因此在这个方向切取的试件，其冲击韧性值较高；横向则较低。现钢材标准规定按纵向采用。

用于提高钢材强度的合金元素会使缺口韧性降低，所以低合金钢的冲击韧性比低碳钢略低。当必须改善这一情况时，需要对钢材进行热处理。

二、钢材的工艺性能

将钢材加工成所需的结构构件，需要一系列的工序，包括各种机加工（铣、刨、制孔），切割，冷、热矫正及焊接等。钢材的工艺性能应满足这些工序的需要，不能在加工过程中出现钢材开裂或材质受损的现象。

低碳钢和低合金结构钢所具备的良好塑性在很大程度上满足了加工需要。此外，应注意钢材的冷弯性能和可焊性能。

1. 冷弯性能

冷弯性能可衡量钢材在常温下冷加工弯曲时产生塑性变形的能力。

冷弯性能也是钢材机械性能的一项指标，它不仅能检验钢材承受规定的弯曲变形能力，还能反映出钢材内部的冶金缺陷，如结晶情况、非金属夹杂物的分布情况等。因此，它是判别钢材塑性性能和质量的一个综合性指标，常作为静力拉伸试验和冲击试验等的补充试验。对一般结构构件所采用的钢材，可不必通过冷弯试验；只有某些重要结构和需要经过冷加工的构件，才要求它不仅伸长率必须合格，而且冷弯试验也要合格。

2. 可焊性

可焊性是指采用一般焊接工艺就能完成合格（无裂纹的）焊缝的性能。

钢材的可焊性受碳含量和合金元素含量的影响。碳含量为0.12%～0.20%的碳素钢，可焊性最好。碳含量过高，可使焊缝和热影响区变脆。Q235B的碳含量就定在这一适宜范围内。Q235A的碳含量略高于B级，这一钢号通常不能用于焊接构件。

第四节　钢材分类和性能

一、结构材料

承重钢结构的材料宜采用《碳素结构钢》（GB/T 700—2006）中的Q235钢和《低合金

高强度结构钢》（GB/T 1591—2008）中的Q345、Q390和Q420钢。当采用其他牌号的钢材时，尚应符合相应标准的规定和要求。

1. 在建筑结构设计中对结构用钢材的分类

（1）按冶炼方法（炉种）分为平炉钢和电炉钢、氧气转炉钢或空气转炉钢。承重结构钢一般采用平炉或氧气转炉钢。

（2）按炼钢脱氧程度分为沸腾钢（F）、半镇静钢（b）、镇静钢（Z）及特殊镇静钢（TZ）。

（3）钢的牌号按钢的屈服点数值命名，Q235钢，其质量等级分为A、B、C、D四级，这四个等级与钢的化学成分、力学性能及冲击试验性能有关。

碳素结构钢的牌号由代表屈服点的字母、屈服点数值、质量等级符号、脱氧方法四个部分按顺序组成。

例如，Q235-B·F，其符号含义如下：

Q——钢材屈服强度；

235——屈服点（不小于）235N/mm^2；

A、B、C、D——质量等级，以次到优顺序排列；

F、b、Z、TZ——沸腾钢、半镇静钢、镇静钢、特殊镇静钢，在牌号表示中，“Z”与“TZ”符号可省略。

在碳素结构钢中，钢号越大，含碳量越高，强度也随之增高，但塑性和韧性降低。在承重结构钢中，经常采用掺加合金元素的低合金钢，其强度高于碳素结构钢，强度的增高不是靠增加含碳量，而是靠加入合金元素，所以，其韧性并不降低。低合金钢中Q345钢（16Mn）的综合性能较好，在我国已有几十年的工程实践经验。

2. 钢材的力学性能和化学成分

（1）力学性能。

1）抗拉强度（f_u）。它是衡量钢材经过其本身所能产生的足够变形后的抵抗能力，是反映钢材质量的重要指标，而且与钢材的疲劳强度有密切关系。从抗拉强度变化范围的数值，可以反映出钢材内部组织的优劣。

2）伸长率（δ）。它是衡量钢材塑性性能的指标。钢材的塑性实际上是当其经受本身所产生的足够变形后，抵抗断裂的能力。因此，承重结构钢无论是在静力荷载或动力荷载作用下，还是在加工制造过程中，除要求具有一定强度外，还要求有足够的伸长率。

3）屈服强度（f_y）。屈服点是衡量结构的承载能力和确定基本强度设计值的重要指标。碳素结构钢和低合金钢在应力达到屈服点后，应变急剧增长，使结构的实际变形突然增加到不能再继续使用的程度。所以，钢材所采用的强度设计值一般都以屈服点除以适当的抗力分项系数来确定。

4）冷弯性能。冷弯是衡量材料性能的综合指标，也是塑性指标之一。冷弯试验可以检验钢材颗粒组织、结晶情况和非金属夹杂物的分布等缺陷，在一定程度上也是鉴定焊接性能的一个指标。结构在加工制造和安装过程中进行冷加工时，尤其是对焊接结构焊后变形的调直，都需要钢材具有较好的冷弯性能。用于承重结构的薄壁型钢的热轧带钢或钢板，也应有冷弯性能保证。

5）冲击韧性。它是衡量抵抗脆性破坏能力的一个指标。因此，直接承受动力荷载以及重要的受拉或受弯焊接结构，为了防止钢材的脆性破坏，应具有常温冲击韧性的保证，在某些低温情况下尚应具有负温冲击韧性的保证。

（2）化学成分。建筑结构用钢除了要保证含碳量外，硫、磷含量也不能超过国家标准的规定。因为这两种有害元素的存在将使钢材的焊接性能变差，同时还降低钢材的冲击韧性和塑性，降低钢材的疲劳强度和抗腐蚀性。

建筑结构用钢的力学性能和化学成分见表4-1和表4-2。

建筑结构用钢铸件采用的材质应符合《一般工程用铸造碳钢件》（GB/T 11352—2009）的规定。

3. 检验项目

（1）所有承重结构的钢材均应具有抗拉强度、伸长率、屈服点和硫、磷极限含量的合格保证，对焊接结构尚应具有含碳量的合格保证。焊接承重结构以及重要的非焊接承重结构的钢材还应具有冷弯试验的合格保证。

表4-1　　钢材的力学性能

标准代号	钢材牌号	厚度（mm）	一般机械性能				V型冲击试验		
			屈服点 f_y（N/mm²）	抗拉强度 f_u（N/mm²）	伸长率 δ（%）	180°冷弯试验 d=弯心直径 B=试样宽度 a=试样厚度	质量等级	温度	冲击功 J（纵向）不小于
GB/T 700	Q235	≤16	235	375～500	26	$B=2a$，$d=1.5a$（试样方向为横向）	B	20	27
		17～40	225		25	$d=a$（试样方向为纵向）	C	0	
		41～60	215		24		D	−20	
GB/T 1591	Q345	≤16	345	470～630	21（22）	$d=2a$	B	20	34
		17～35	325			$d=3a$	C	0	
		36～50	295				D	−20	
							E	−40	27
	Q390	≤16	390	490～650	19（20）	$d=2a$	B	20	34
		17～35	370			$d=3a$	C	0	
		36～50	350				D	−20	
							E	−40	27
	Q420	≤16	420	520～680	18（19）	$d=2a$	B	20	34
		17～35	400			$d=3a$	C	0	
		36～50	380				D	−20	
							E	−40	27

注　1. 质量等级为A级不要求V型冲击试验。

2. δ栏括号内数值适用于C～E级。

表 4-2　　　　　　　　　　**钢材的化学成分**　　　　　　　　　　%

<table>
<tr><th rowspan="3">标准代号</th><th rowspan="3" colspan="2">钢材牌号</th><th colspan="5">化学成分</th></tr>
<tr><th rowspan="2">C</th><th>S</th><th>P</th><th rowspan="2">Si
≤</th><th rowspan="2">Mn</th></tr>
<tr><th colspan="2">≤</th></tr>
<tr><td rowspan="4">GB/T 700</td><td rowspan="4">Q235</td><td>A 级</td><td>0.14～0.22</td><td>0.050</td><td rowspan="2">0.045</td><td rowspan="4">0.30</td><td>0.30～0.65①</td></tr>
<tr><td>B 级</td><td>0.12～0.20</td><td>0.045</td><td>0.30～0.70①</td></tr>
<tr><td>C 级</td><td>≤0.18</td><td>0.040</td><td>0.040</td><td rowspan="2">0.35～0.80</td></tr>
<tr><td>D 级</td><td>≤0.17</td><td>0.035</td><td>0.035</td></tr>
<tr><td rowspan="14">GB/T 1591</td><td rowspan="5">Q345</td><td>A 级</td><td rowspan="5" colspan="2">0.20（0.18）②</td><td>0.045</td><td rowspan="5">0.55</td><td rowspan="5">1.00～1.60</td></tr>
<tr><td>B 级</td><td>0.040</td></tr>
<tr><td>C 级</td><td>0.035</td></tr>
<tr><td>D 级</td><td>0.030</td></tr>
<tr><td>E 级</td><td>0.025</td></tr>
<tr><td rowspan="5">Q390</td><td>A 级</td><td rowspan="9">0.20</td><td colspan="2">0.045</td><td rowspan="9">0.55</td><td rowspan="5">1.00～1.60</td></tr>
<tr><td>B 级</td><td colspan="2">0.040</td></tr>
<tr><td>C 级</td><td colspan="2">0.035</td></tr>
<tr><td>D 级</td><td colspan="2">0.030</td></tr>
<tr><td>E 级</td><td colspan="2">0.025</td></tr>
<tr><td rowspan="4">Q420</td><td>A 级</td><td colspan="2">0.045</td><td rowspan="4">1.00～1.70</td></tr>
<tr><td>B 级</td><td colspan="2">0.040</td></tr>
<tr><td>C 级</td><td colspan="2">0.035</td></tr>
<tr><td>D 级</td><td colspan="2">0.030</td></tr>
</table>

① Q235A、B 级沸腾钢锰含量上限为 0.60%。

② 括号内含碳量仅适用于 D、E 级。

（2）对于需要验算疲劳的焊接结构的钢材，应具有常温冲击韧性的合格保证（B 级）。当结构工作温度等于或低于 0℃但高于-20℃时，对 Q235 钢和 Q345 钢应具有 0℃冲击韧性的合格保证（C 级）；对 Q390 钢和 Q420 钢应具有-20℃冲击韧性的合格保证（D 级）。当结构工作温度等于或低于-20℃时，对 Q235 钢和 Q345 钢应具有-20℃冲击韧性的合格保证（D 级）；对 Q390 钢和 Q420 钢应具有-40℃冲击韧性的合格保证（E 级）。

（3）对于需要验算疲劳的非焊接结构的钢材，应具有常温冲击韧性的合格保证（B 级）。当结构工作温度等于或低于-20℃时，对 Q235 钢和 Q345 钢应具有 0℃冲击韧性的合格保证（C 级）；对 Q390 钢和 Q420 钢应具有-20℃冲击韧性的合格保证（D 级）。

注意：吊车起重量等于或大于 50t 的中级工作制（A4～A5）吊车梁，对钢材冲击韧性的要求应与需要验算疲劳的构件相同。

4. 钢材的选用

（1）应根据结构的重要性、荷载特征、结构形式、应力状态、连接方法、钢材厚度和工作环境等因素综合考虑，选用合适的钢材牌号和性能。当结构构件的截面是按强度控制并有条件时，宜采用 Q345 钢（或 Q390、Q420 钢）。Q345 钢和 Q235 钢相比，屈服强度提高

45%左右，因此采用Q345钢可比Q235钢节约30%左右的材料。

（2）下列情况下的承重结构和构件不宜采用Q235沸腾钢：

1）焊接结构。① 直接承受动力荷载或振动荷载且需要验算疲劳的结构；② 工作温度低于-20℃时直接承受动力荷载或振动荷载，但可不验算疲劳的结构，以及承受静力荷载的受弯及受拉的重要承重结构；③ 工作温度等于或低于-30℃的所有承重结构。

2）非焊接结构。工作温度等于或低于-20℃的直接承受动力荷载且需要验算疲劳的结构。

（3）当焊接承重结构为防止钢材的层状撕裂而采用Z向钢时，其材质应符合《厚度方向性能钢板》（GB/T 5313—2010）的规定。

（4）对处于外露环境，且对大气腐蚀有特殊要求的，或在腐蚀性气态和固态介质作用下的承重结构，宜采用耐候钢，其质量要求应符合《焊接结构用耐候钢》（GB/T 4172—2000）的规定。

二、连接材料

1. 焊接

（1）材质。钢结构的焊接材料应与被连接构件所采用的钢材材质相适应。将两种不同强度的钢材相连接时，可采用与低强度钢材相适应的连接材料。对直接承受动力荷载或振动荷载且需要验算疲劳的结构，宜采用低氢型焊条。

1）手工电弧焊应使用符合《碳钢焊条》（GB/T 5117—2012）或《低合金钢焊条》（GB/T 5118—2012）规定的焊条。为使经济合理，选择的焊条型号应与构件钢材的强度相适应。选用时可按下列要求确定：a. 对Q235钢宜采用E43型焊条；b. 对Q345钢宜采用E50型焊条。

2）自动焊接或半自动焊接采用的焊丝和相应的焊剂应与主体金属强度相适应，并应符合《熔化焊用钢丝》（GB/T 14957—1994）的规定。

（2）选用。焊接连接是目前钢结构最主要的连接方法，它具有不削弱杆件截面、构造简单和加工方便等优点。一般钢结构中主要采用电弧焊。电弧焊是利用电弧热熔化焊件及焊条（或焊丝），以形成焊缝。目前应用的电弧焊方法有：手工焊、自动焊和半自动焊。在轻型钢结构中，焊件薄，焊缝少，故大多采用手工焊。手工焊施焊灵活，易于在不同位置施焊，但焊缝质量低于自动焊。

2. 螺栓

（1）材质。

1）普通螺栓可采用符合GB 700—2006规定的Q235-A级钢制成，并应符合《六角头螺栓C级》（GB/T 5780—2000）和《六角头螺栓》（GB/T 5782—2000）的规定。

2）高强度螺栓可采用45号钢、40Cr、40B或20MnTiB钢制作，并应符合《钢结构用高强度大六角头螺栓、大六角螺母、垫圈与技术条件》（GB/T 1228～1231—2006）或《钢结构用扭剪型高强度螺栓连接副》（GB/T 3632～3633—2008）的规定。

3）圆柱头焊钉（栓钉）连接件的材料应符合GB/T 10433—2002《电弧螺柱焊用圆柱头焊钉》的规定。

4）锚栓可采用GB/T 700—2016中规定的Q235钢或GB/T 1591—2008中规定的Q345钢制成。

（2）选用。

1）普通螺栓连接主要用在结构的安装连接以及可拆装的结构中。螺栓连接的优点是拆装方便，安装时不需要特殊设备，操作较简便。但由于普通螺栓连接传递剪力较差，而高强度螺栓连接在高空施工中要求又较高，因而轻型钢屋架与支撑连接，一般采用普通螺栓 C 级，受力较大时可用螺栓定位、安装焊缝受力的连接方法。

2）高强度螺栓连接除能承受较大的拉力外，尚能借其连接处构件接触面的摩擦可靠地承受剪力，因此，在轻型门式刚架的梁柱的连接节点以及螺栓球网架的节点连接中广泛应用。

3）锚栓主要应用于屋架与混凝土柱顶的连接及门式刚架柱脚与基础的连接，锚栓可根据其受力情况，选用不同牌号的钢材制成。

第五节　选材变通方法

在实际应用中，当所供应的钢材不能完全满足设计要求时，可按下述变通方法处理。

（1）钢材的化学成分容许偏差见表 4-3。

表 4-3　　**钢材化学成分容许偏差**　　%

元　素	容　许　偏　差		
	Q235		Q345、Q390、Q420
C	+0.03	−0.02	±0.02
Si			±0.05
Mn	+0.05	−0.03	±0.10
S	+0.005		+0.005
P			

注　Q235 沸腾钢钢材的化学成分偏差不作保证。

（2）钢材机械性能所需的保证项目仅有一项不合格者，可按以下原则处理：

1）抗拉强度比表 4-1 规定的下限值低 5% 以内时容许使用，当冷弯合格时，抗拉强度之上限值可以不限。

2）伸长率比表 4-1 规定的数值低 3% 以内时容许使用，但不宜用于考虑塑性变形发展的构件。

3）屈服点比表 4-2 规定的数值低 5% 以内时，可按比例折减容许应力。

4）冷弯折角为 $150° < \alpha < 180°$ 时，容许使用于铆接或螺栓连接以及焊接结构的次要构件。

5）冲击韧性不容许降低。

（3）对无牌号或无证明书的钢材，一般可按下列情况处理。

1）按现行标准，经试验证明其化学成分和机械性能符合 GB/T 700—2006 中所列牌号的要求，但未查明其冶炼方法时，可按相应的空气转炉沸腾钢使用。

2）如有充分证据证明其为平炉或氧气转炉钢，但未查明其为镇静钢时，可按相应的沸腾钢使用。

3）按现行标准，经试验证明其化学成分和机械性能符合 GB/T 1591—2008 中所列之

Q345、Q390 和 Q420 钢的要求时，可用于一般承重构件。

4）对于成批混合的钢材，用于主要承重结构时，必须逐根按现行标准对其化学成分和机械性能进行试验；当不符合要求时，可根据实际情况用于非承重结构构件。

（4）由于备料规格不能完全满足设计要求而需要代用钢材时，应按下列原则进行。

1）代用钢材的化学成分和机械性能应与原设计一致。

2）代用时应详细复核构件的强度、稳定性和刚度；特别应注意的是因材料代用而可能产生的偏心影响。代用钢材应在可能范围内尽量做到经济合理。

3）因材料代用而引起构件之间连接尺寸和设计施工详图等的变动，在代用时应予以修改。

第五章

钢结构门式刚架

第一节 门式刚架结构的组成

单层门式刚架结构是指以轻型焊接 H 型钢（等截面或变截面）、热轧 H 型钢（等截面）或冷弯薄壁型钢等构成的实腹式门式刚架或格构式门式刚架作为主要承重骨架，用冷弯薄壁型钢（槽形、卷边槽形、Z 形等）做檩条、墙梁，以压型金属板（压型钢板、压型铝板）做屋面、墙面，采用聚苯乙烯泡沫塑料、硬质聚氨酯泡沫塑料、岩棉、矿棉、玻璃棉等作为保温隔热材料，并适当设置支撑的一种轻型房屋结构体系。

单层轻型钢结构房屋的组成如图 5-1 所示。

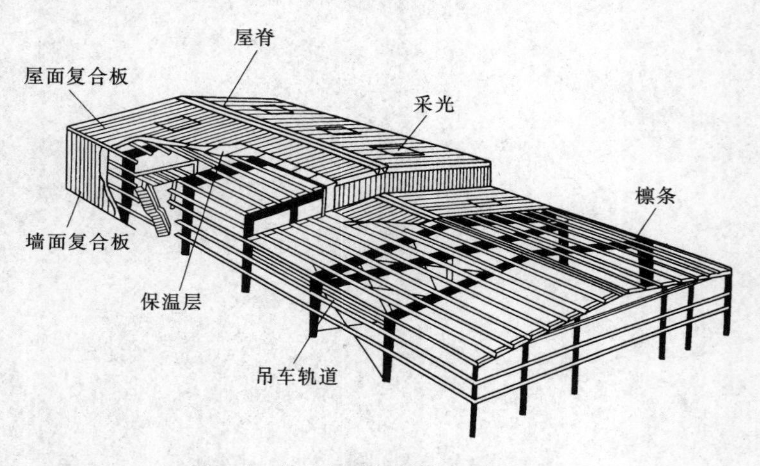

图 5-1 单层轻型钢结构房屋的组成

在目前的工程实践中，门式刚架的梁、柱构件多采用焊接变截面的 H 型截面，单跨刚架的梁—柱节点采用刚接，多跨者大多刚接和铰接并用。柱脚可与基础刚接或铰接。围护结构采用压型钢板的居多；玻璃棉则由于其具有自重轻、保温隔热性能好及安装方便等特点，用作保温隔热材料最为普遍。

保温轻型钢结构示意如图 5-2 所示。

不保温轻型钢结构示意如图 5-3 所示。

轻型钢结构的特点：

（1） 自重轻，约为砖混结构的 1/30，基础处理费用低。

（2） 构件截面小，刚度好；使用面积和空间利用率高，尤其适用于低层大跨建筑。

（3） 施工周期短，施工占地面积小。

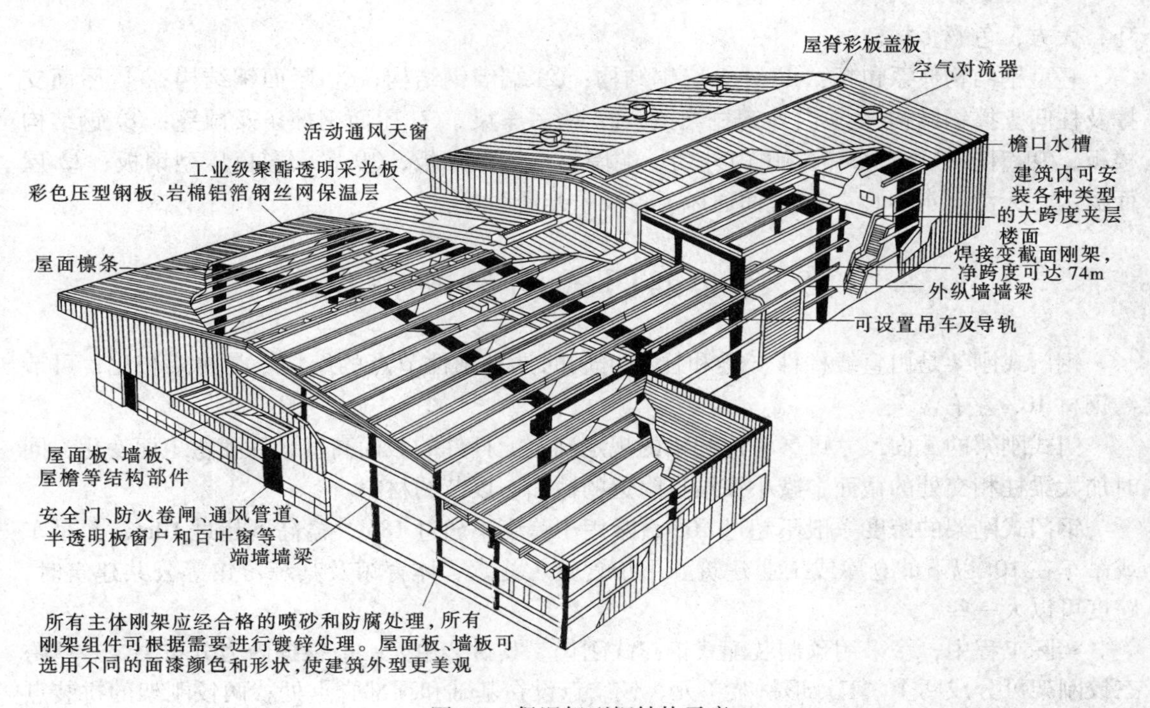

图 5-2　保温轻型钢结构示意

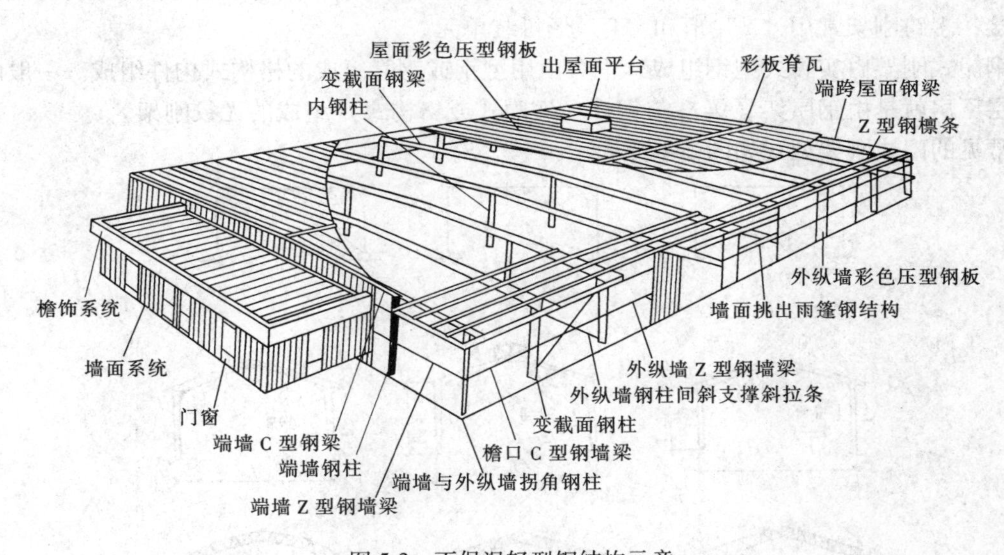

图 5-3　不保温轻型钢结构示意

（4）可多次拆装，重复使用，回收率达 70%。

（5）抗腐蚀性强，耐久性好，可靠性高，适用于厂房、仓库等，使用寿命为 15～25 年，最高可达 35 年以上。

（6）保温隔热、隔声性能好，可供选择的不同型号屋面板、墙板的导热系数仅为 0.017 5～0.035kW/（m·℃），隔热效果可达同等厚度砖墙的 15 倍以上，隔声效果达 30～40dB。

（7）屋面及墙面采用轻质复合板或彩色压型钢板，整体性好，抗风、抗震能力强，轻巧，大方，色彩多样。

轻型钢结构体系包括：① 外纵墙钢结构；② 端墙钢结构；③ 屋面钢结构；④ 屋面支撑及柱间支撑钢结构；⑤ 内外钢托架梁；⑥ 钢吊车梁；⑦ 屋面钢檩条及雨篷；⑧ 钢结构楼板；⑨ 钢楼梯及检修梯；⑩ 内外墙、端墙彩色压型钢板；⑪ 屋面彩色压型钢板；⑫ 屋面檐沟、天沟、水落管；⑬ 屋面通风天窗及采光透明瓦。

第二节　钢门式刚架的特点

钢门式刚架是由直线杆件（梁和柱）组成的具有刚性节点的结构。与排架相比，可节约钢材 10% 左右。

门式刚架的截面尺寸可参考连续梁的规定确定。杆件的截面高度最好随弯矩而变化，同时加大梁柱相交处的截面，减小铰结点附近的截面，以节约材料。

钢门式刚架的跨度一般不超过 40m，常用于跨度不超过 18m、檐高不超过 10m，无吊车或吊车在 10t 以下的仓库或工业建筑。用于食堂、礼堂、体育馆及其练习馆等公共建筑时，跨度可以大一些。

实际工程中，多采用预制装配式钢门式刚架。其拼装单元一般根据内力分布决定。单跨三铰刚架可分成两个“Γ”形拼装单元，铰结点设在基础和顶部脊点处；两铰刚架的拼装点一般设在横梁零弯点截面附近，柱与基础的连接为刚接，也可以把拼装点放在柱与基础连接处铰接；多跨刚架常用“Y”形和“Γ”形拼装单元。

钢门式刚架由实腹式型钢组成，也可由用型钢或钢管组成的格构式构件组成。一般的重型单层厂房就是由钢屋架（梁）与钢柱（实腹式或格构式）组成的无铰刚架。

常见的门式刚架型式如图 5-4 所示。

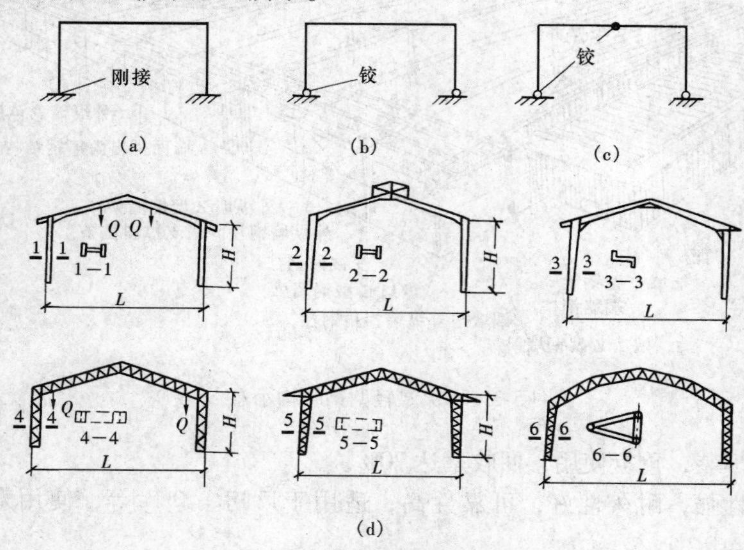

图 5-4　常见的门式刚架型式

(a) 无铰刚架，弯矩最小，刚度较好，基础较大，对温度和变位反应较为敏感；(b) 两铰刚架，弯矩较无铰刚架的大，基底弯矩小，故而用料较省；(c) 三铰刚架，弯矩较小，但刚架较差，脊节点不易处理，适用于小跨度及地基差的建筑；(d) 刚架

第三节 钢拱结构

钢拱结构是一种以受轴向力为主的结构，分为无铰拱、两铰拱和三铰拱三种，如图 5-5 所示。两铰拱又可分为有拉杆和无拉杆两种。拱的材料多是钢的。拱一般只是在无腐蚀、无振动设备、地基均匀且土质为中等压缩程度的中小型厂房或库房中使用。拱的轴线一般采用三次抛物线方程；拱身截面可以是矩形、工字形或其他便于施工的形状。当截面高度超过 1.5m 时，常做成格构式的，以节省材料。

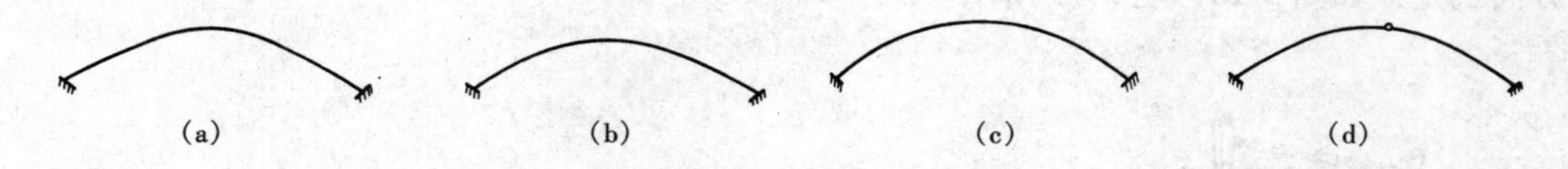

图 5-5 钢拱的分类

(a) 无铰拱；(b) 有拉杆的两铰拱；(c) 无拉杆的两铰拱；(d) 三铰拱

无铰拱截面参考尺寸见表 5-1，内吊杆数目见表 5-2。

表 5-1　　无铰拱截面的参考尺寸

拱跨度（m）	高度 h（cm）	宽度 b（cm）	拱跨度（m）	高度 h（cm）	宽度 b（cm）
12	45～50	25	24	75～85	30～35
15	50～55	25～30	27	85～90	35～40
18	55～65	30			
21	65～75	30～35	30	90～100	35～40

表 5-2　　无铰拱内吊杆数目

拱的跨度（m）	吊杆数目	拱的跨度（m）	吊杆数目
12～15	2	21～25	4
16～20	3	26～30	5

钢拱分为实腹拱和格构式拱，如图 5-6 所示。

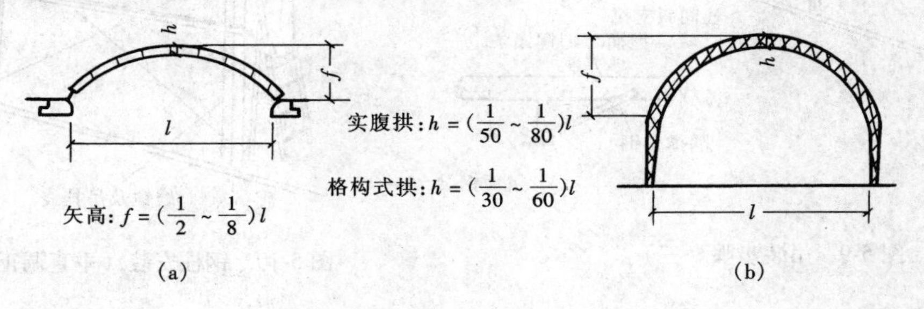

图 5-6 钢拱

(a) 实腹拱；(b) 格构式拱

第四节　门式刚架施工图

钢结构门式刚架安装步骤如下所述。

(1) 研究工程图纸。吊装步骤如图 5-7～图 5-9 所示。

(2) 先安装稳定跨，组装屋面钢梁，吊装钢柱。

(3) 吊装屋面钢梁柱临时稳定索，安装外墙 Z 型钢墙梁及柱间斜支撑。

(4) 继续吊装屋面钢梁、屋面 Z 型钢檩条、屋面斜支撑及角钢隅撑，注意垂直及水平方向找正，如图 5-10～图 5-13 所示。

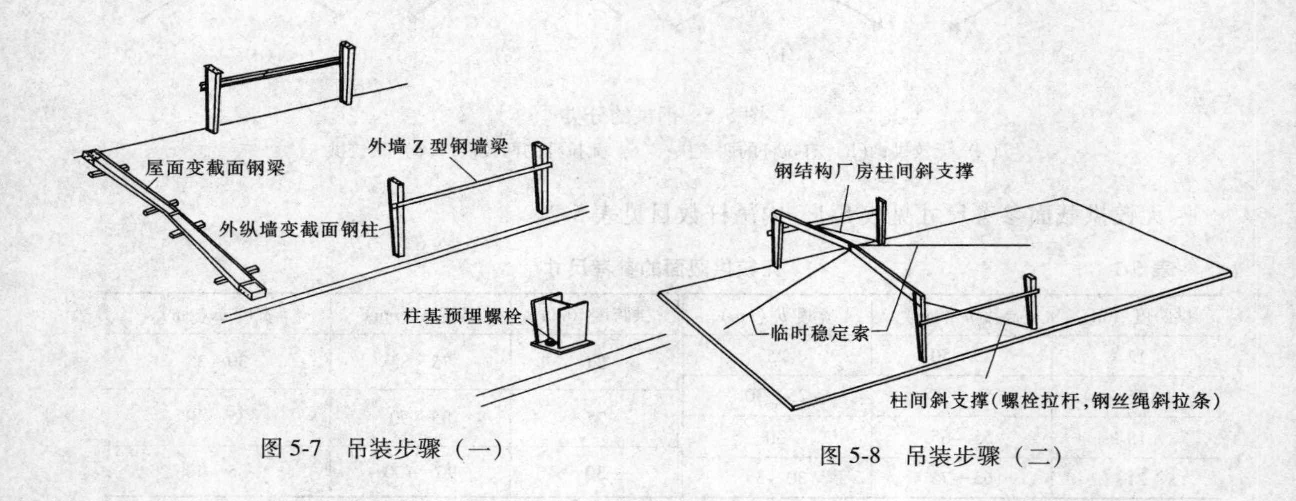

图 5-7　吊装步骤（一）

图 5-8　吊装步骤（二）

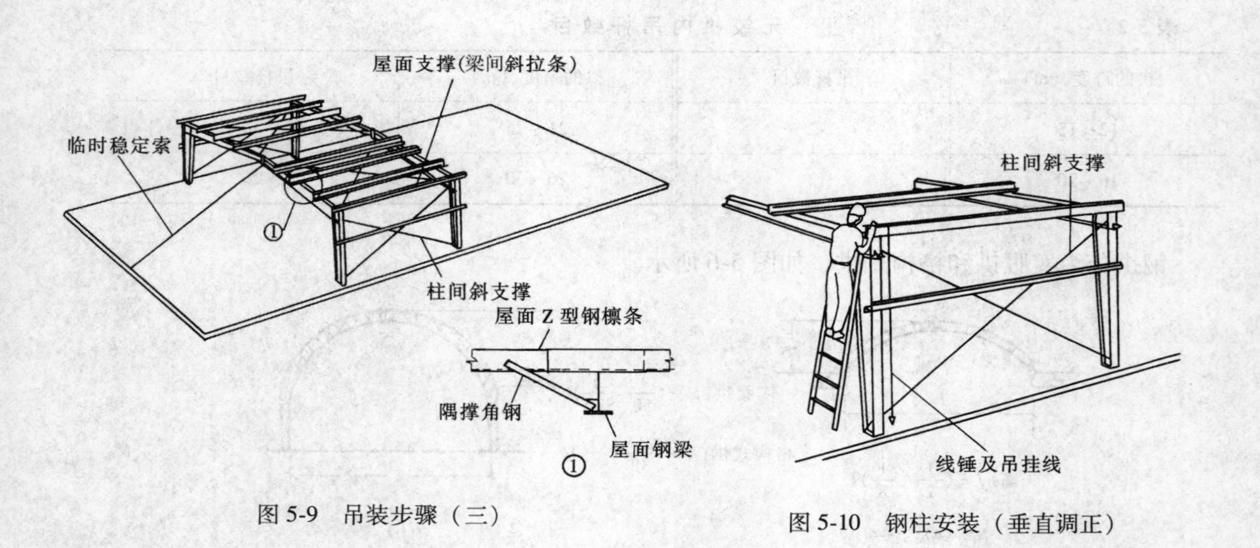

图 5-9　吊装步骤（三）

图 5-10　钢柱安装（垂直调正）

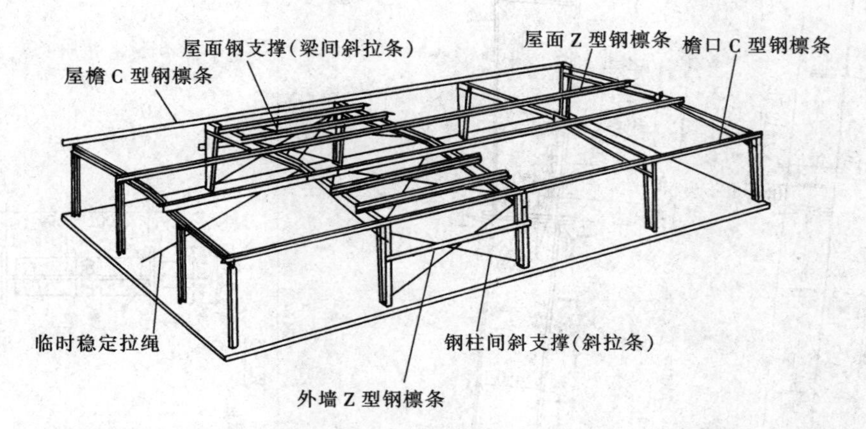

图 5-11　稳定跨安装（垂直和水平调整好后，再向两边安装）

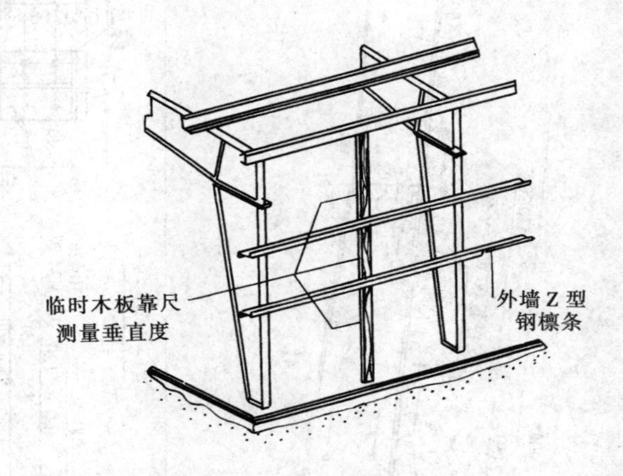

图 5-12　用木板靠尺检查垂直度

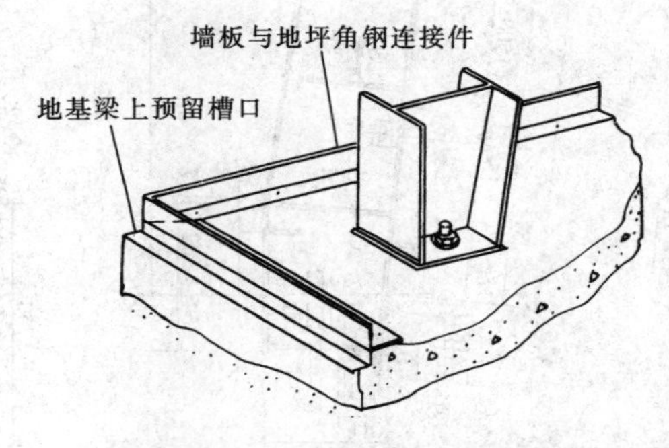

图 5-13　端跨钢柱安装

屋面梁详图如图 5-14 和图 5-15 所示。
刚架详图如图 5-16 所示。

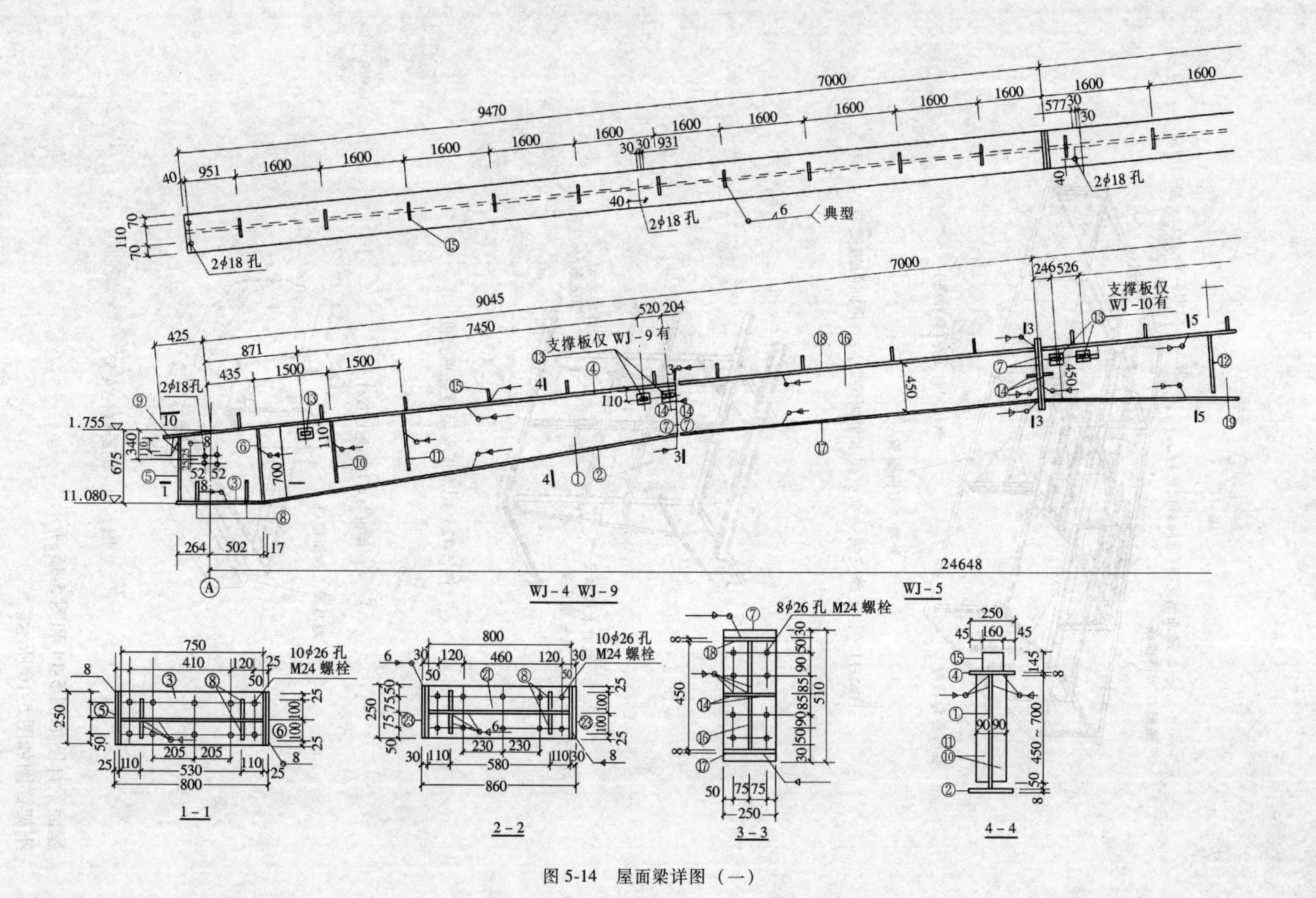

支撑板仅 WJ-9 有
支撑板仅 WJ-10 有
典型
2φ18 孔
WJ-4 WJ-9
WJ-5
1-1
2-2
3-3
4-4
10φ26 孔 M24 螺栓
8φ26 孔 M24 螺栓

图 5-14　屋面梁详图（一）

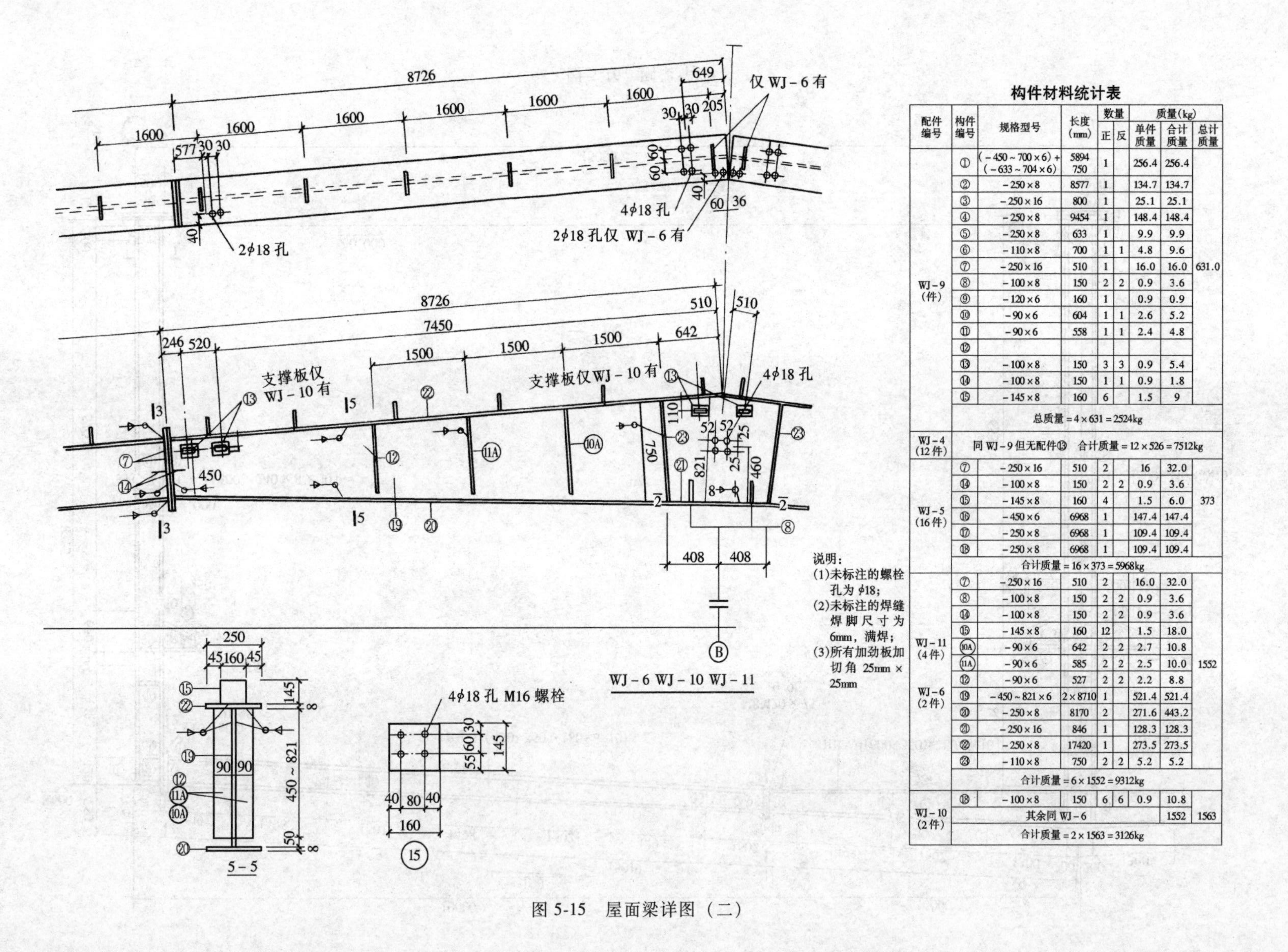

构件材料统计表

配件编号	构件编号	规格型号	长度(mm)	数量 正	数量 反	质量(kg) 单件质量	质量(kg) 合计质量	质量(kg) 总计质量
WJ-9(件)	①	(-450~700×6)+(-633~704×6)	5894 750	1		256.4	256.4	631.0
	②	-250×8	8577	1		134.7	134.7	
	③	-250×16	800	1		25.1	25.1	
	④	-250×8	9454	1		148.4	148.4	
	⑤	-250×8	633	1		9.9	9.9	
	⑥	-110×8	700	1	1	4.8	9.6	
	⑦	-250×16	510	1		16.0	16.0	
	⑧	-100×8	150	2	2	0.9	3.6	
	⑨	-120×6	160	1		0.9	0.9	
	⑩	-90×6	604	1	1	2.6	5.2	
	⑪	-90×6	558	1	1	2.4	4.8	
	⑫							
	⑬	-100×8	150	3	3	0.9	5.4	
	⑭	-100×8	150	1	1	0.9	1.8	
	⑮	-145×8	160	6		1.5	9	
	总质量 = 4×631 = 2524kg							
WJ-4(12件)	同 WJ-9 但无配件⑬　合计质量 = 12×526 = 7512kg							
WJ-5(16件)	⑦	-250×16	510	2		16	32.0	373
	⑭	-100×8	150	2	2	0.9	3.6	
	⑮	-145×8	160	4		1.5	6.0	
	⑯	-450×6	6968	1		147.4	147.4	
	⑰	-250×8	6968	1		109.4	109.4	
	⑱	-250×8	6968	1		109.4	109.4	
	合计质量 = 16×373 = 5968kg							
WJ-11(4件) WJ-6(2件)	⑦	-250×16	510	2		16.0	32.0	1552
	⑧	-100×8	150	2	2	0.9	3.6	
	⑭	-100×8	150	2	2	0.9	3.6	
	⑮	-145×8	160	12		1.5	18.0	
	⑩A	-90×6	642	2	2	2.7	10.8	
	⑪A	-90×6	585	2	2	2.5	10.0	
	⑫	-90×6	527	2	2	2.2	8.8	
	⑲	-450~821×6	2×8710	1		521.4	521.4	
	⑳	-250×8	8170	2		271.6	443.2	
	㉑	-250×16	846	1		128.3	128.3	
	㉒	-250×8	17420	1		273.5	273.5	
	㉓	-110×8	750	2	2	5.2	5.2	
	合计质量 = 6×1552 = 9312kg							
WJ-10(2件)	⑱	-100×8	150	6	6	0.9	10.8	
	其余同 WJ-6						1552	1563
	合计质量 = 2×1563 = 3126kg							

说明：
(1)未标注的螺栓孔为 ϕ18；
(2)未标注的焊缝焊脚尺寸为 6mm，满焊；
(3)所有加劲板加切角 25mm × 25mm

图 5-15　屋面梁详图（二）

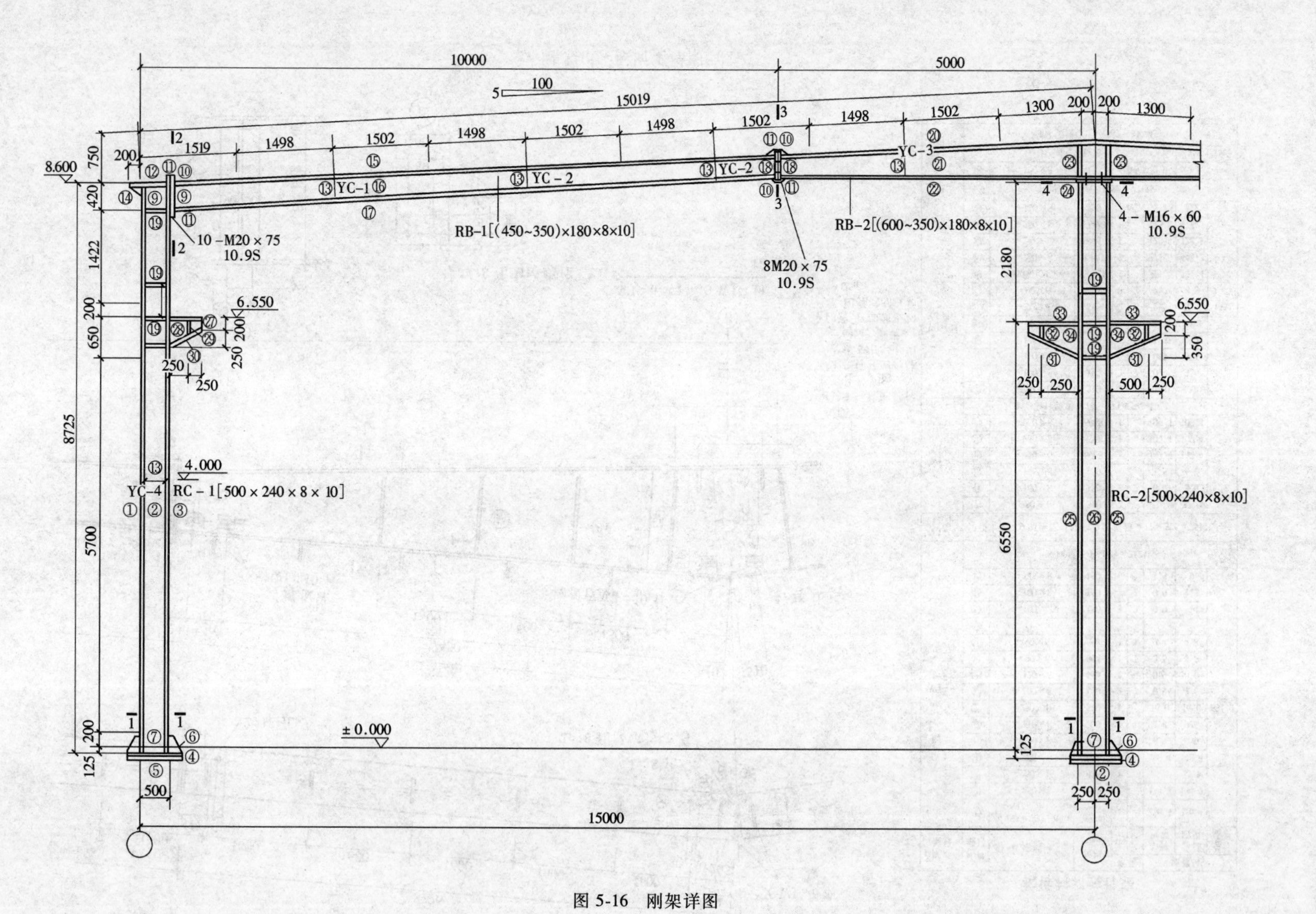

10000
5000
5
100
15019
200
200
1300
1300
1519
1498
1502
1498
1502
1498
1502
1498
1502
750
420
1422
200
650
8725
5700
200
125
8.600
6.550
6.550
4.000
±0.000
YC-1
YC-2
YC-2
YC-3
YC-4
RB-1[(450~350)×180×8×10]
RB-2[(600~350)×180×8×10]
10-M20×75
10.9S
8M20×75
10.9S
4-M16×60
10.9S
RC-1[500×240×8×10]
RC-2[500×240×8×10]
2180
6550
500
250
250
250
500
15000

图 5-16　刚架详图

门式刚架详图如图 5-17 和图 5-18 所示。

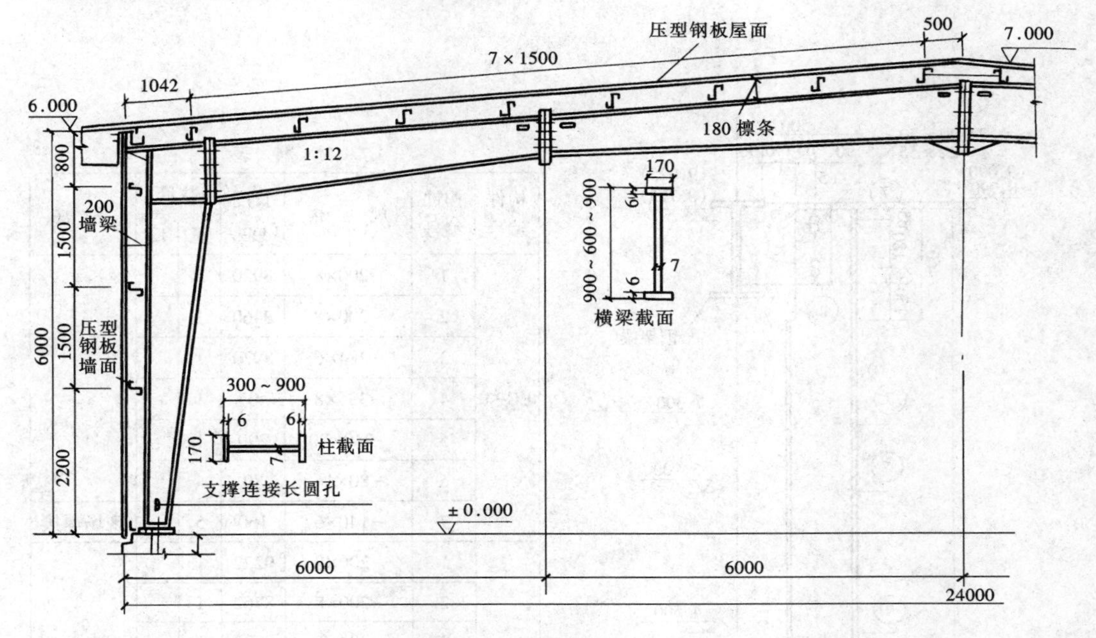

图 5-17 轻型薄壁型钢双铰门式刚架

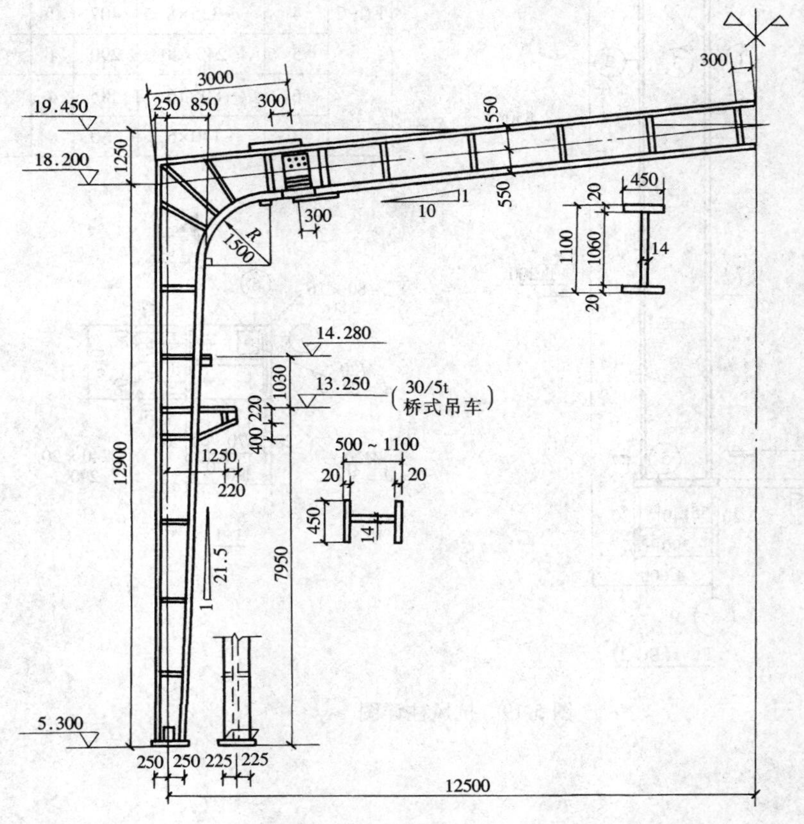

图 5-18 双铰门式实腹刚架

抗风柱详图如图 5-19 所示。

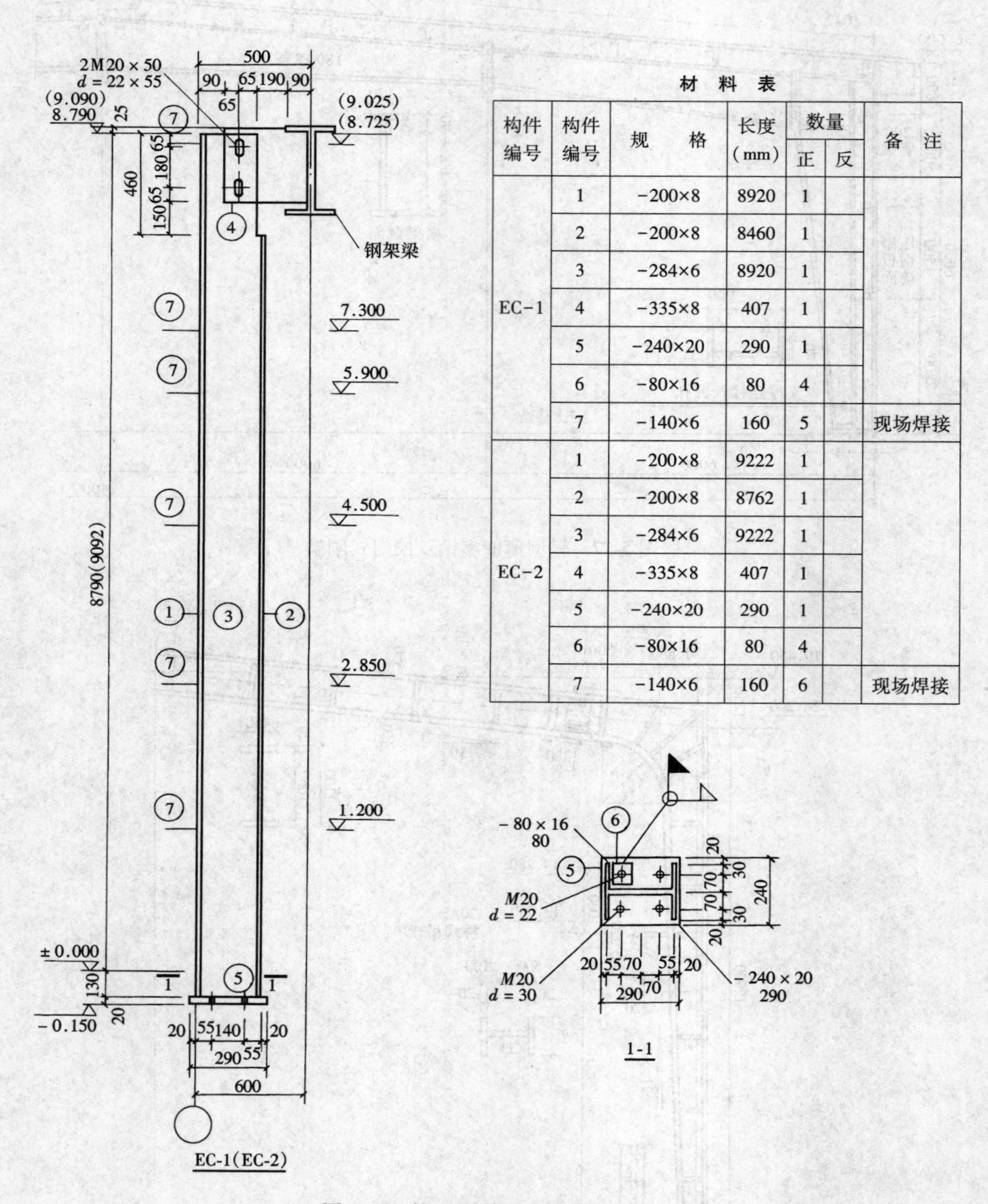

材 料 表

构件编号	构件编号	规格	长度（mm）	数量 正	数量 反	备注
EC-1	1	−200×8	8920	1		
	2	−200×8	8460	1		
	3	−284×6	8920	1		
	4	−335×8	407	1		
	5	−240×20	290	1		
	6	−80×16	80	4		
	7	−140×6	160	5		现场焊接
EC-2	1	−200×8	9222	1		
	2	−200×8	8762	1		
	3	−284×6	9222	1		
	4	−335×8	407	1		
	5	−240×20	290	1		
	6	−80×16	80	4		
	7	−140×6	160	6		现场焊接

图 5-19　抗风柱详图

吊车梁详图如图 5-20 所示。

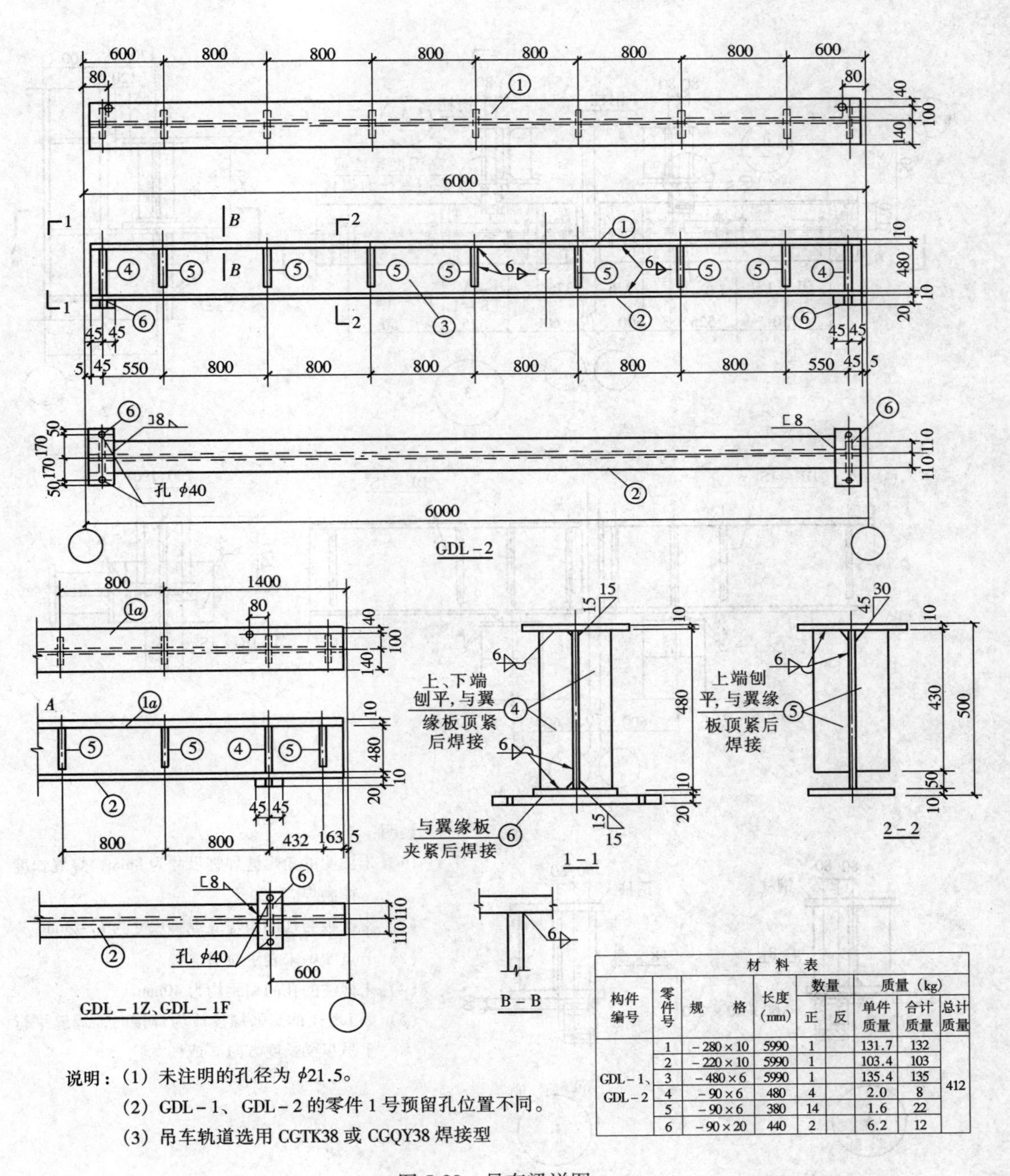

材 料 表

构件编号	零件号	规　格	长度（mm）	数量 正	数量 反	质量（kg） 单件质量	质量（kg） 合计质量	质量（kg） 总计质量
GDL－1、GDL－2	1	－280×10	5990	1		131.7	132	412
	2	－220×10	5990	1		103.4	103	
	3	－480×6	5990	1		135.4	135	
	4	－90×6	480	4		2.0	8	
	5	－90×6	380	14		1.6	22	
	6	－90×20	440	2		6.2	12	

说明：（1）未注明的孔径为 φ21.5。

（2）GDL－1、GDL－2 的零件 1 号预留孔位置不同。

（3）吊车轨道选用 CGTK38 或 CGQY38 焊接型

图 5-20　吊车梁详图

吊车梁安装节点图如图 5-21 和图 5-22 所示。

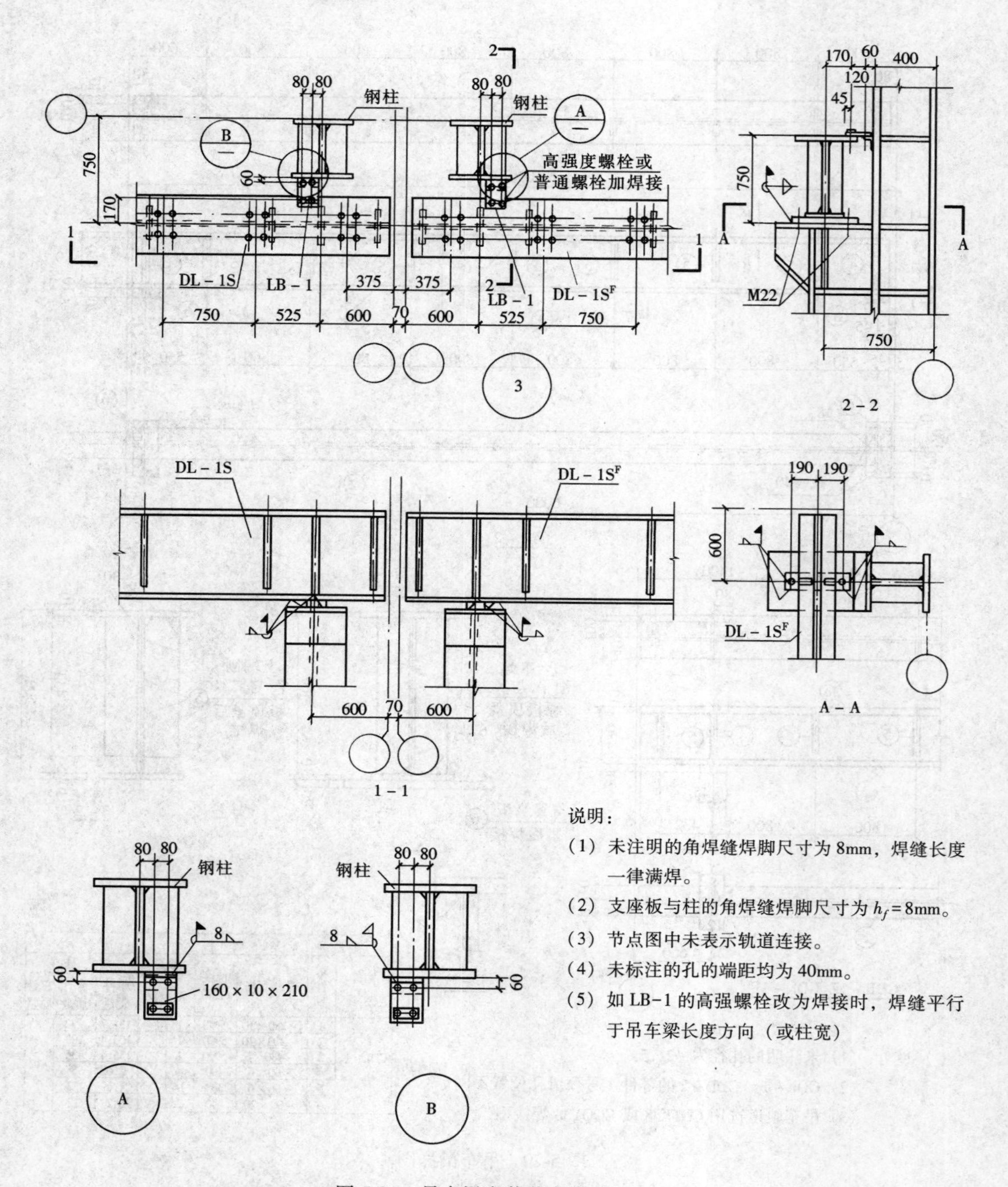

图 5-21　吊车梁安装节点图（一）

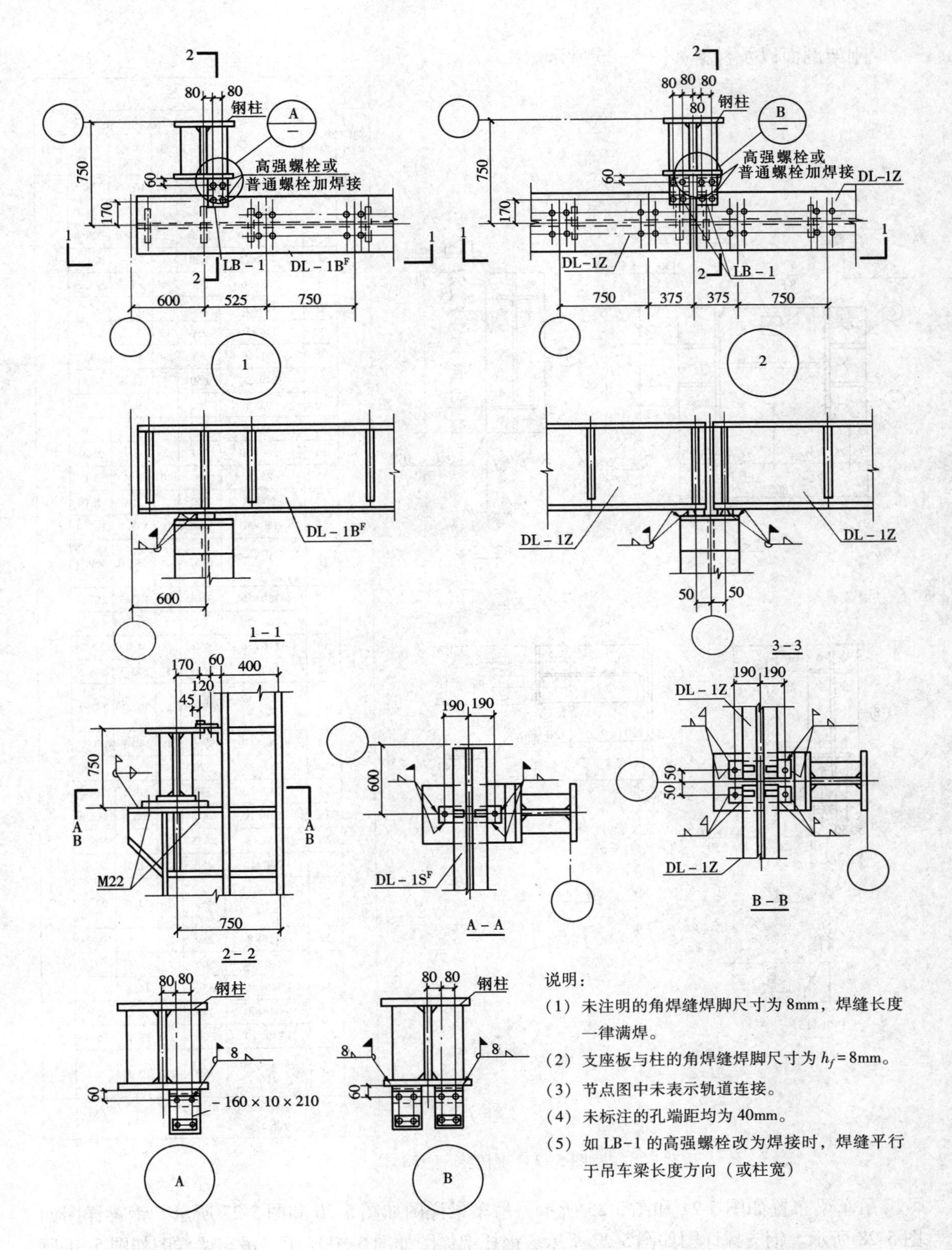

说明：

(1) 未注明的角焊缝焊脚尺寸为8mm，焊缝长度一律满焊。

(2) 支座板与柱的角焊缝焊脚尺寸为 $h_f=8\text{mm}$。

(3) 节点图中未表示轨道连接。

(4) 未标注的孔端距均为40mm。

(5) 如LB－1的高强螺栓改为焊接时，焊缝平行于吊车梁长度方向（或柱宽）

图5-22 吊车梁安装节点图（二）

刚架剖面以及材料如图 5-23 所示。

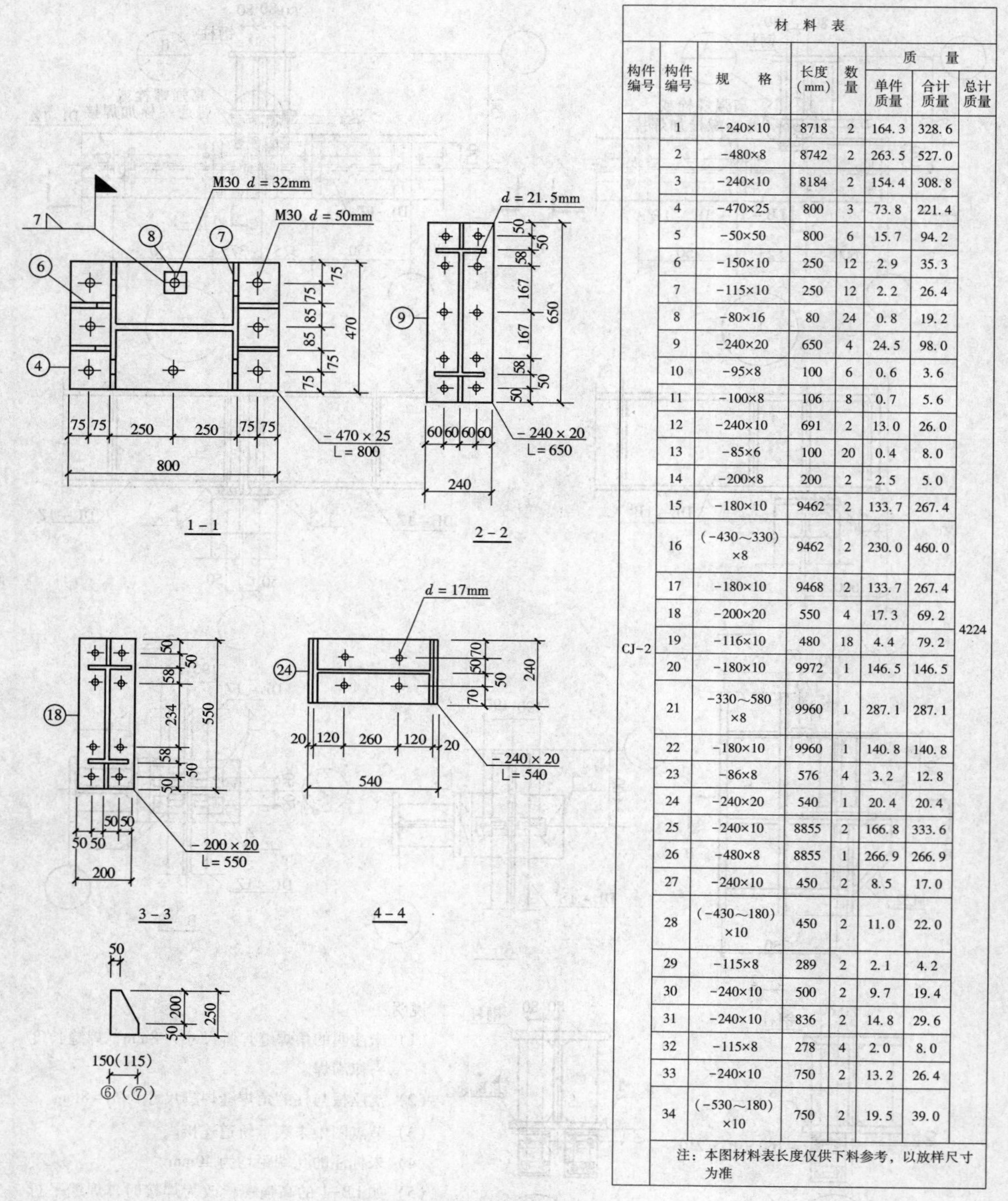

材料表							
构件编号	构件编号	规　格	长度(mm)	数量	质　量		
					单件质量	合计质量	总计质量
CJ-2	1	−240×10	8718	2	164. 3	328. 6	4224
	2	−480×8	8742	2	263. 5	527. 0	
	3	−240×10	8184	2	154. 4	308. 8	
	4	−470×25	800	3	73. 8	221. 4	
	5	−50×50	800	6	15. 7	94. 2	
	6	−150×10	250	12	2. 9	35. 3	
	7	−115×10	250	12	2. 2	26. 4	
	8	−80×16	80	24	0. 8	19. 2	
	9	−240×20	650	4	24. 5	98. 0	
	10	−95×8	100	6	0. 6	3. 6	
	11	−100×8	106	8	0. 7	5. 6	
	12	−240×10	691	2	13. 0	26. 0	
	13	−85×6	100	20	0. 4	8. 0	
	14	−200×8	200	2	2. 5	5. 0	
	15	−180×10	9462	2	133. 7	267. 4	
	16	(−430～330)×8	9462	2	230. 0	460. 0	
	17	−180×10	9468	2	133. 7	267. 4	
	18	−200×20	550	4	17. 3	69. 2	
	19	−116×10	480	18	4. 4	79. 2	
	20	−180×10	9972	1	146. 5	146. 5	
	21	−330～580×8	9960	1	287. 1	287. 1	
	22	−180×10	9960	1	140. 8	140. 8	
	23	−86×8	576	4	3. 2	12. 8	
	24	−240×20	540	1	20. 4	20. 4	
	25	−240×10	8855	2	166. 8	333. 6	
	26	−480×8	8855	1	266. 9	266. 9	
	27	−240×10	450	2	8. 5	17. 0	
	28	(−430～180)×10	450	2	11. 0	22. 0	
	29	−115×8	289	2	2. 1	4. 2	
	30	−240×10	500	2	9. 7	19. 4	
	31	−240×10	836	2	14. 8	29. 6	
	32	−115×8	278	4	2. 0	8. 0	
	33	−240×10	750	2	13. 2	26. 4	
	34	(−530～180)×10	750	2	19. 5	39. 0	
	注：本图材料表长度仅供下料参考，以放样尺寸为准						

图 5-23　刚架剖面及材料

吊车梁布置如图 5-24 和图 5-25 所示。吊车梁详图如图 5-26 和图 5-27 所示。钢梁详图如图 5-28 所示。钢支撑详图如图 5-29 所示。钢托架详图如图 5-30 所示。吊车梁详图如图 5-31 所示。屋面梁详图如图 5-32 所示。钢吊车梁详图如图 5-33 所示。屋面结构布置如图 5-34 所示。

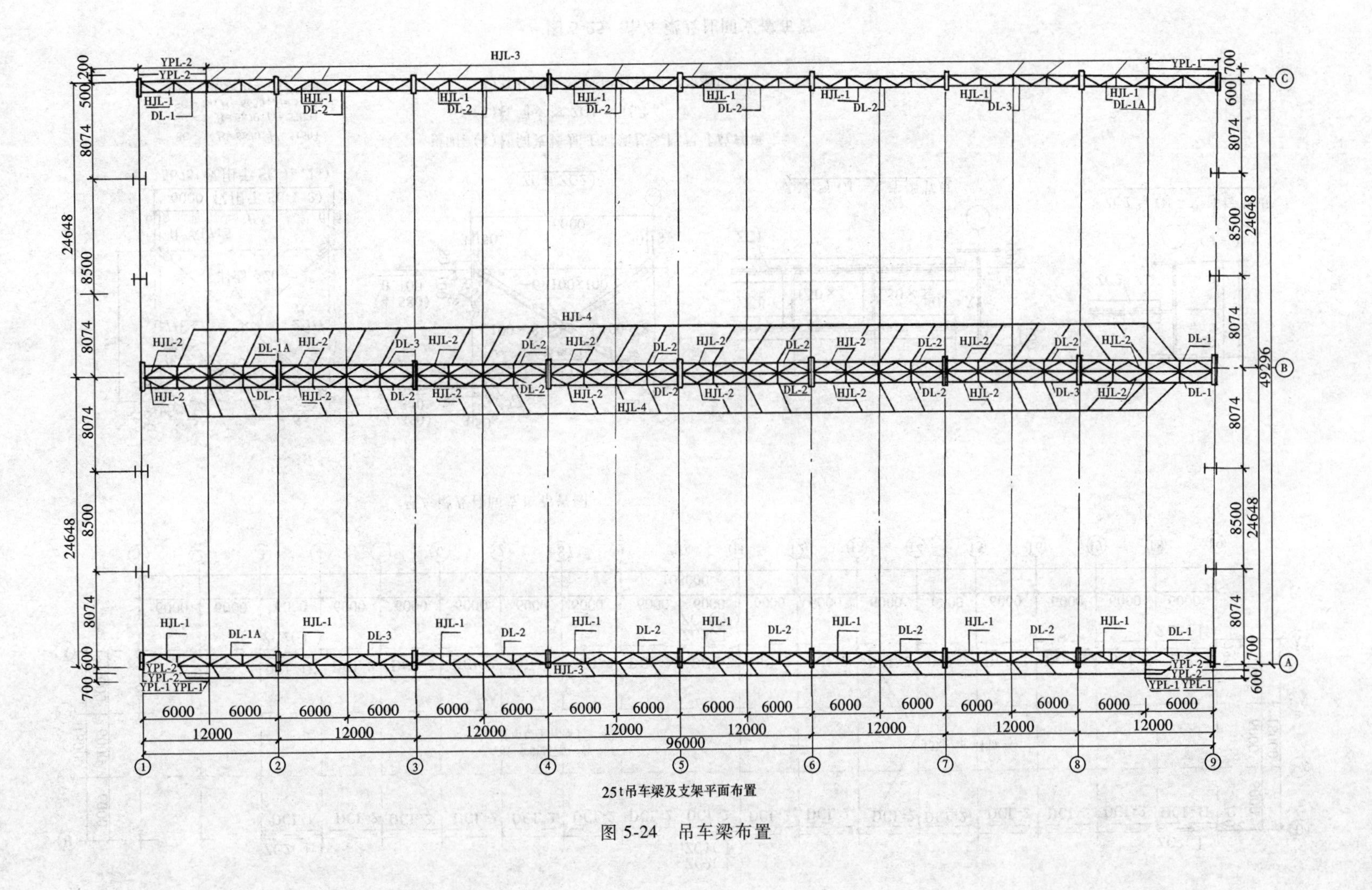
HJL-3
YPL-2
YPL-1
HJL-1
HJL-2
HJL-4
DL-1
DL-1A
DL-2
DL-3
8074
8500
24648
49296
6000
12000
96000
700
600
500
200
25t吊车梁及支架平面布置

图 5-24 吊车梁布置

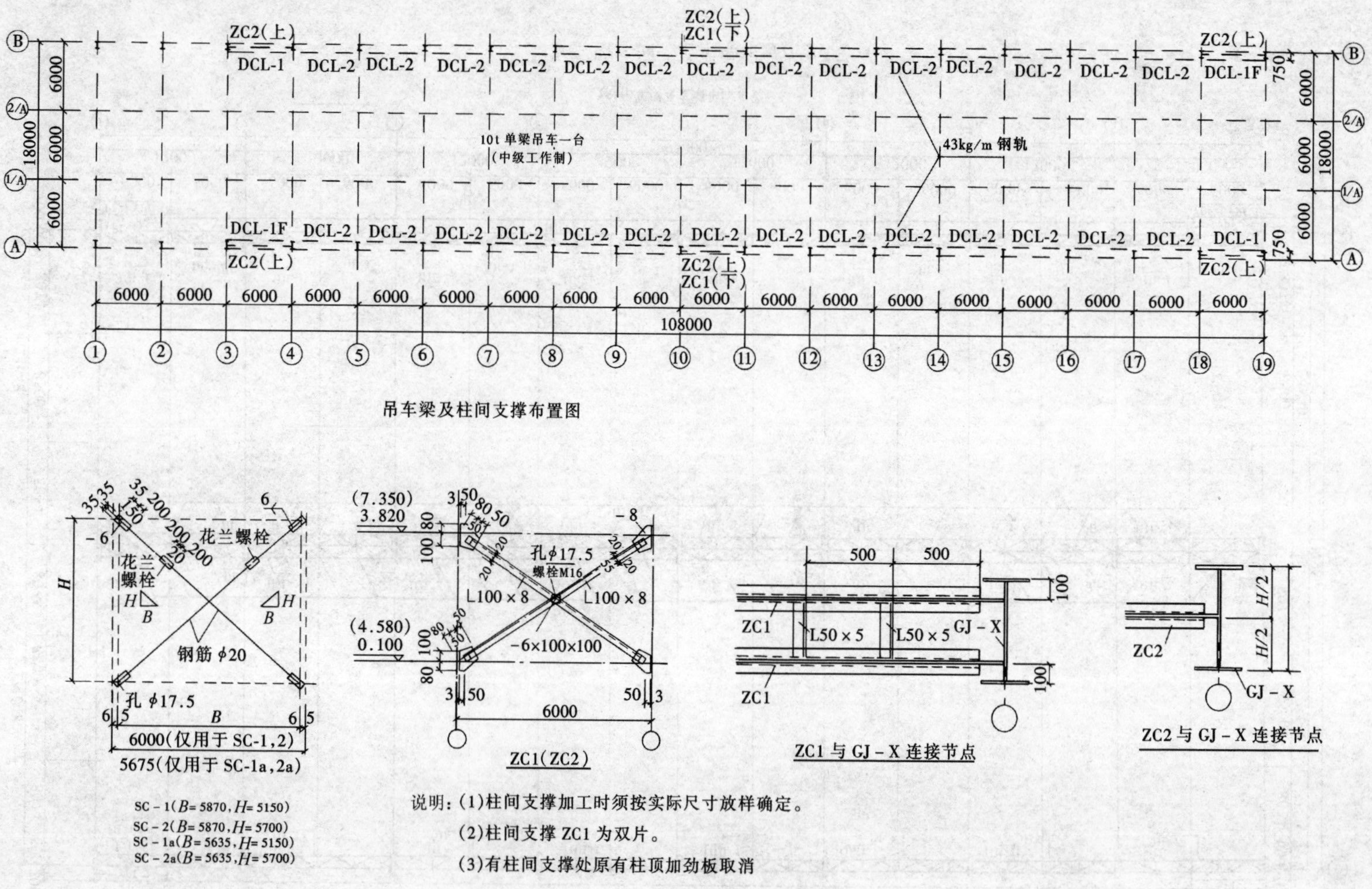

说明：(1)柱间支撑加工时须按实际尺寸放样确定。

(2)柱间支撑 ZC1 为双片。

(3)有柱间支撑处原有柱顶加劲板取消

图 5-25 吊车梁及柱间支撑布置

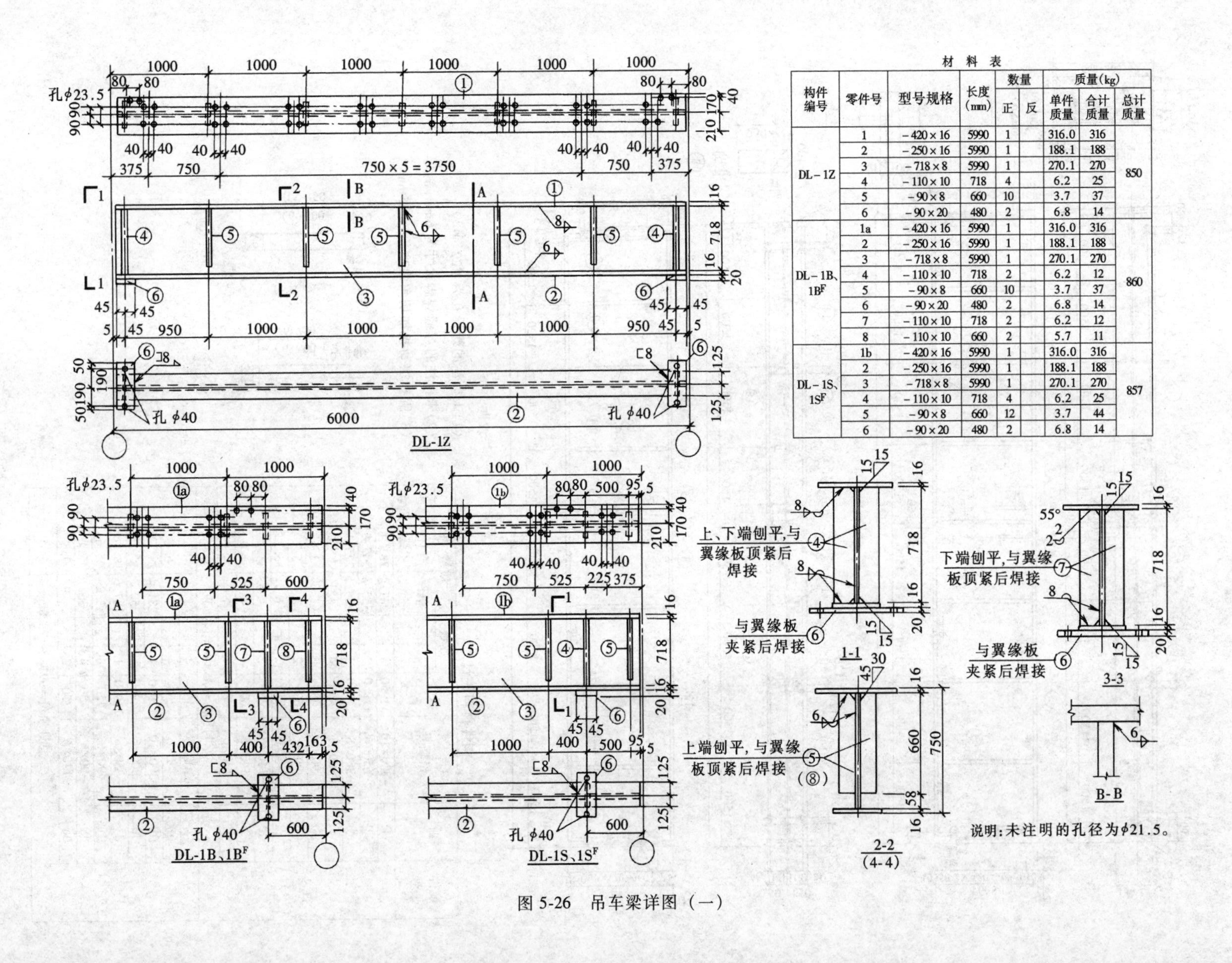

材 料 表

构件编号	零件号	型号规格	长度(mm)	数量 正	数量 反	单件质量 (kg)	合计质量 (kg)	总计质量 (kg)
DL－1Z	1	－420×16	5990	1		316.0	316	850
	2	－250×16	5990	1		188.1	188	
	3	－718×8	5990	1		270.1	270	
	4	－110×10	718	4		6.2	25	
	5	－90×8	660	10		3.7	37	
	6	－90×20	480	2		6.8	14	
DL－1B、1B^F^	1a	－420×16	5990	1		316.0	316	860
	2	－250×16	5990	1		188.1	188	
	3	－718×8	5990	1		270.1	270	
	4	－110×10	718	2		6.2	12	
	5	－90×8	660	10		3.7	37	
	6	－90×20	480	2		6.8	14	
	7	－110×10	718	2		6.2	12	
	8	－110×10	660	2		5.7	11	
DL－1S、1S^F^	1b	－420×16	5990	1		316.0	316	857
	2	－250×16	5990	1		188.1	188	
	3	－718×8	5990	1		270.1	270	
	4	－110×10	718	4		6.2	25	
	5	－90×8	660	12		3.7	44	
	6	－90×20	480	2		6.8	14	

图 5-26　吊车梁详图（一）

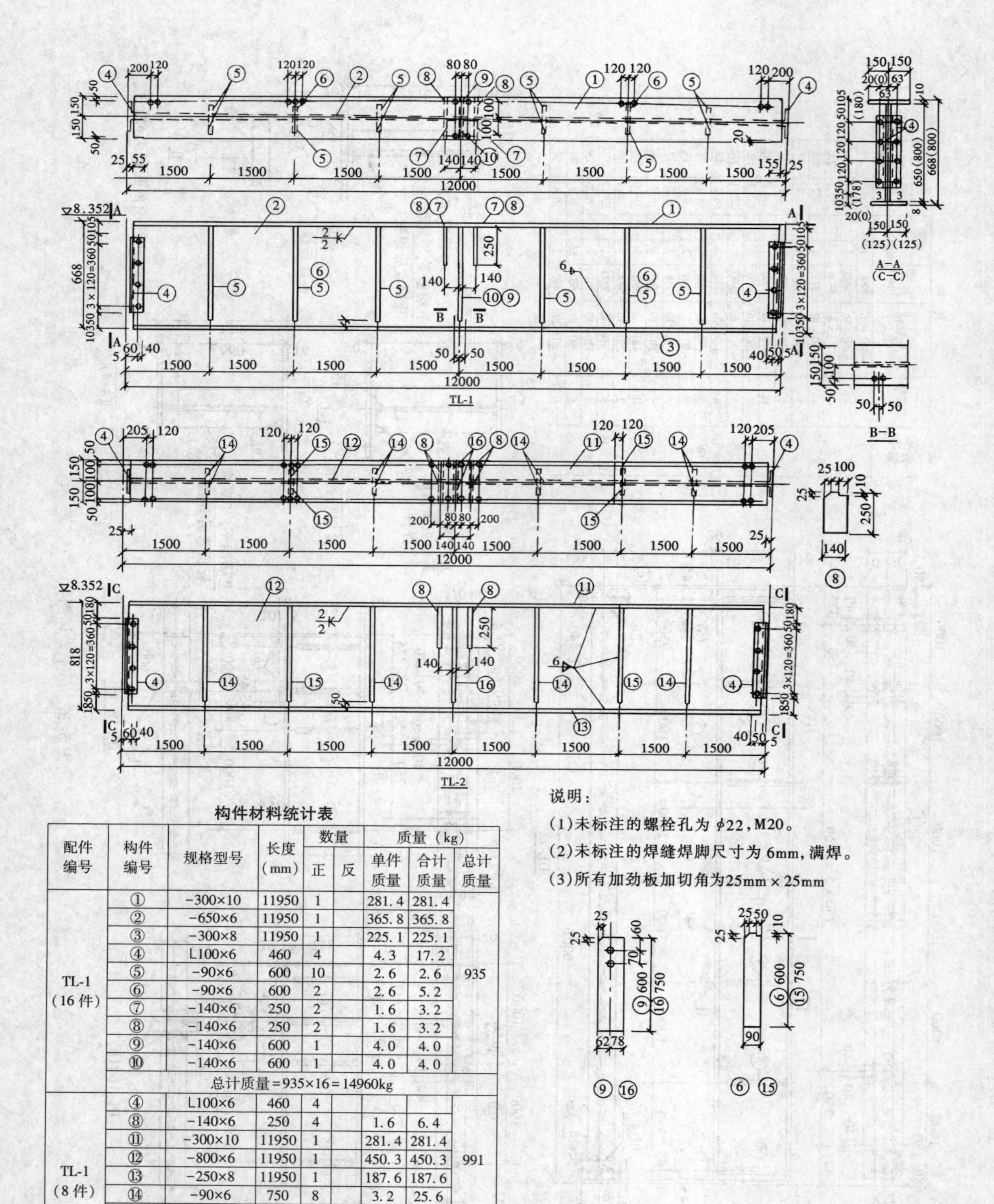

说明：

(1)未标注的螺栓孔为 φ22，M20。

(2)未标注的焊缝焊脚尺寸为 6mm，满焊。

(3)所有加劲板加切角为25mm×25mm

构件材料统计表

配件编号	构件编号	规格型号	长度（mm）	数量 正	数量 反	质量（kg） 单件质量	合计质量	总计质量
TL-1（16 件）	①	−300×10	11950	1		281.4	281.4	935
	②	−650×6	11950	1		365.8	365.8	
	③	−300×8	11950	1		225.1	225.1	
	④	L100×6	460	4		4.3	17.2	
	⑤	−90×6	600	10		2.6	2.6	
	⑥	−90×6	600	2		2.6	5.2	
	⑦	−140×6	250	2		1.6	3.2	
	⑧	−140×6	250	2		1.6	3.2	
	⑨	−140×6	600	1		4.0	4.0	
	⑩	−140×6	600	1		4.0	4.0	
	总计质量＝935×16＝14960kg							
TL-1（8 件）	④	L100×6	460	4				991
	⑧	−140×6	250	4		1.6	6.4	
	⑪	−300×10	11950	1		281.4	281.4	
	⑫	−800×6	11950	1		450.3	450.3	
	⑬	−250×8	11950	1		187.6	187.6	
	⑭	−90×6	750	8		3.2	25.6	
	⑮	−90×6	750	4		3.2	12.8	
	⑯	−140×6	750	2		4.9	9.8	
	总计质量＝991×8＝7828kg							

图 5−27　吊车梁详图（二）

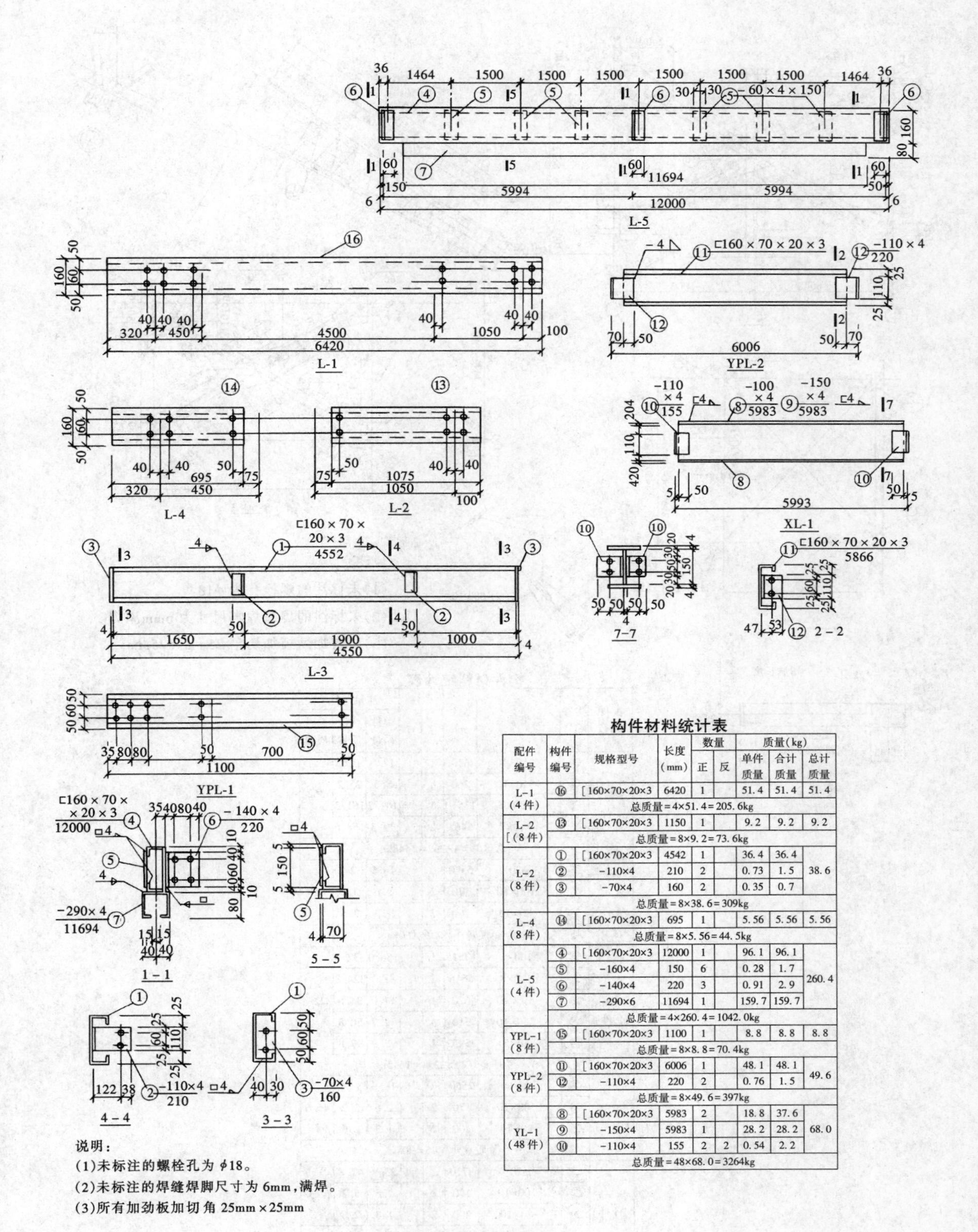

构件材料统计表

配件编号	构件编号	规格型号	长度(mm)	数量 正	数量 反	质量(kg) 单件质量	质量(kg) 合计质量	质量(kg) 总计质量
L-1（4件）	⑯	[160×70×20×3	6420	1		51.4	51.4	51.4
	总质量=4×51.4=205.6kg							
L-2 [（8件）	⑬	[160×70×20×3	1150	1		9.2	9.2	9.2
	总质量=8×9.2=73.6kg							
L-2（8件）	①	[160×70×20×3	4542	1		36.4	36.4	38.6
	②	-110×4	210	2		0.73	1.5	
	③	-70×4	160	2		0.35	0.7	
	总质量=8×38.6=309kg							
L-4（8件）	⑭	[160×70×20×3	695	1		5.56	5.56	5.56
	总质量=8×5.56=44.5kg							
L-5（4件）	④	[160×70×20×3	12000	1		96.1	96.1	260.4
	⑤	-160×4	150	6		0.28	1.7	
	⑥	-140×4	220	3		0.91	2.9	
	⑦	-290×6	11694	1		159.7	159.7	
	总质量=4×260.4=1042.0kg							
YPL-1（8件）	⑮	[160×70×20×3	1100	1		8.8	8.8	8.8
	总质量=8×8.8=70.4kg							
YPL-2（8件）	⑪	[160×70×20×3	6006	1		48.1	48.1	49.6
	⑫	-110×4	220	2		0.76	1.5	
	总质量=8×49.6=397kg							
YL-1（48件）	⑧	[160×70×20×3	5983	2		18.8	37.6	68.0
	⑨	-150×4	5983	1		28.2	28.2	
	⑩	-110×4	155	2	2	0.54	2.2	
	总质量=48×68.0=3264kg							

说明：

(1)未标注的螺栓孔为 $\phi18$。

(2)未标注的焊缝焊脚尺寸为 6mm，满焊。

(3)所有加劲板加切角 25mm×25mm

图 5-28　钢梁详图

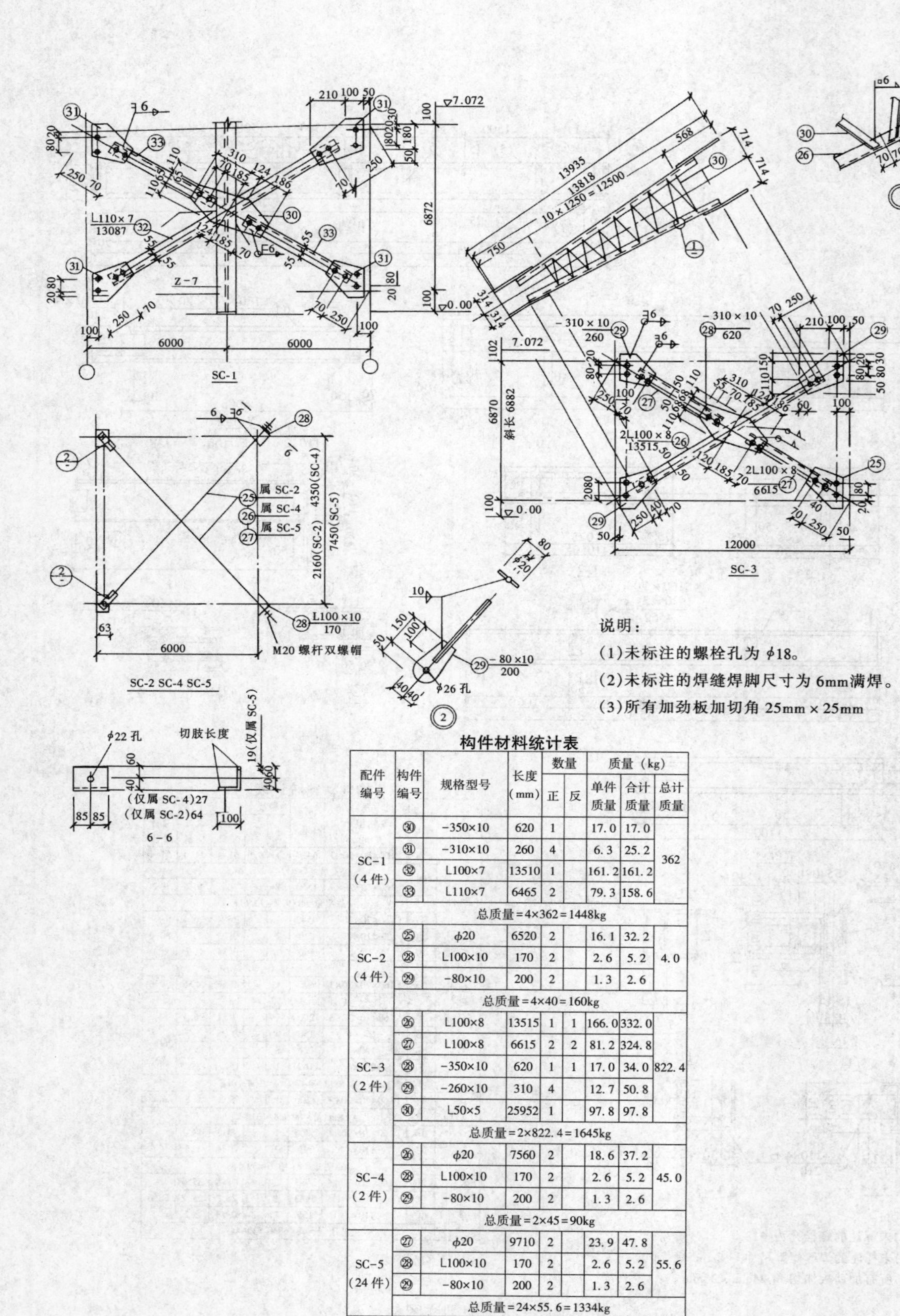

构件材料统计表

配件编号	构件编号	规格型号	长度（mm）	数量 正	数量 反	质量（kg） 单件质量	合计质量	总计质量
SC-1（4件）	㉚	-350×10	620	1		17.0	17.0	362
	㉛	-310×10	260	4		6.3	25.2	
	㉜	L100×7	13510	1		161.2	161.2	
	㉝	L110×7	6465	2		79.3	158.6	
	总质量=4×362=1448kg							
SC-2（4件）	㉕	ϕ20	6520	2		16.1	32.2	4.0
	㉘	L100×10	170	2		2.6	5.2	
	㉙	-80×10	200	2		1.3	2.6	
	总质量=4×40=160kg							
SC-3（2件）	㉖	L100×8	13515	1	1	166.0	332.0	822.4
	㉗	L100×8	6615	2	2	81.2	324.8	
	㉘	-350×10	620	1	1	17.0	34.0	
	㉙	-260×10	310	4		12.7	50.8	
	㉚	L50×5	25952	1		97.8	97.8	
	总质量=2×822.4=1645kg							
SC-4（2件）	㉖	ϕ20	7560	2		18.6	37.2	45.0
	㉘	L100×10	170	2		2.6	5.2	
	㉙	-80×10	200	2		1.3	2.6	
	总质量=2×45=90kg							
SC-5（24件）	㉗	ϕ20	9710	2		23.9	47.8	55.6
	㉘	L100×10	170	2		2.6	5.2	
	㉙	-80×10	200	2		1.3	2.6	
	总质量=24×55.6=1334kg							

图 5-29　钢支撑详图

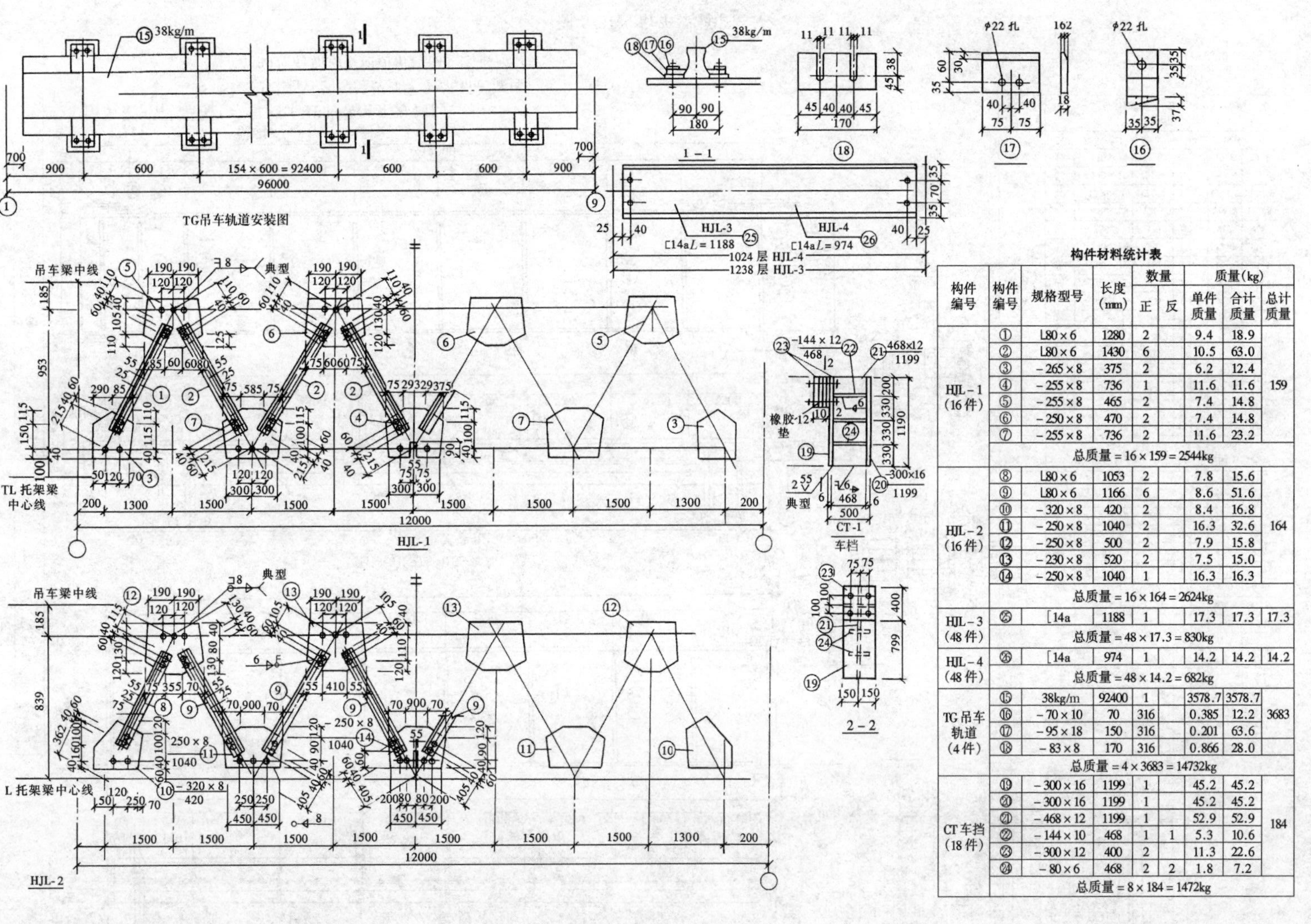

构件材料统计表

构件编号	构件编号	规格型号	长度(mm)	数量 正	数量 反	质量(kg) 单件质量	质量(kg) 合计质量	质量(kg) 总计质量
HJL－1（16件）	①	L80×6	1280	2		9.4	18.9	159
	②	L80×6	1430	6		10.5	63.0	
	③	－265×8	375	2		6.2	12.4	
	④	－255×8	736	1		11.6	11.6	
	⑤	－255×8	465	2		7.4	14.8	
	⑥	－250×8	470	2		7.4	14.8	
	⑦	－255×8	736	2		11.6	23.2	
	总质量＝16×159＝2544kg							
HJL－2（16件）	⑧	L80×6	1053	2		7.8	15.6	164
	⑨	L80×6	1166	6		8.6	51.6	
	⑩	－320×8	420	2		8.4	16.8	
	⑪	－250×8	1040	2		16.3	32.6	
	⑫	－250×8	500	2		7.9	15.8	
	⑬	－230×8	520	2		7.5	15.0	
	⑭	－250×8	1040	1		16.3	16.3	
	总质量＝16×164＝2624kg							
HJL－3（48件）	㉕	[14a	1188	1		17.3	17.3	17.3
	总质量＝48×17.3＝830kg							
HJL－4（48件）	㉖	[14a	974	1		14.2	14.2	14.2
	总质量＝48×14.2＝682kg							
TG吊车轨道（4件）	⑮	38kg/m	92400	1		3578.7	3578.7	3683
	⑯	－70×10	70	316		0.385	12.2	
	⑰	－95×18	150	316		0.201	63.6	
	⑱	－83×8	170	316		0.866	28.0	
	总质量＝4×3683＝14732kg							
CT车挡（18件）	⑲	－300×16	1199	1		45.2	45.2	184
	⑳	－300×16	1199	1		45.2	45.2	
	㉑	－468×12	1199	1		52.9	52.9	
	㉒	－144×10	468	1	1	5.3	10.6	
	㉓	－300×12	400	2		11.3	22.6	
	㉔	－80×6	468	2	2	1.8	7.2	
	总质量＝8×184＝1472kg							

图 5-30　钢托架详图

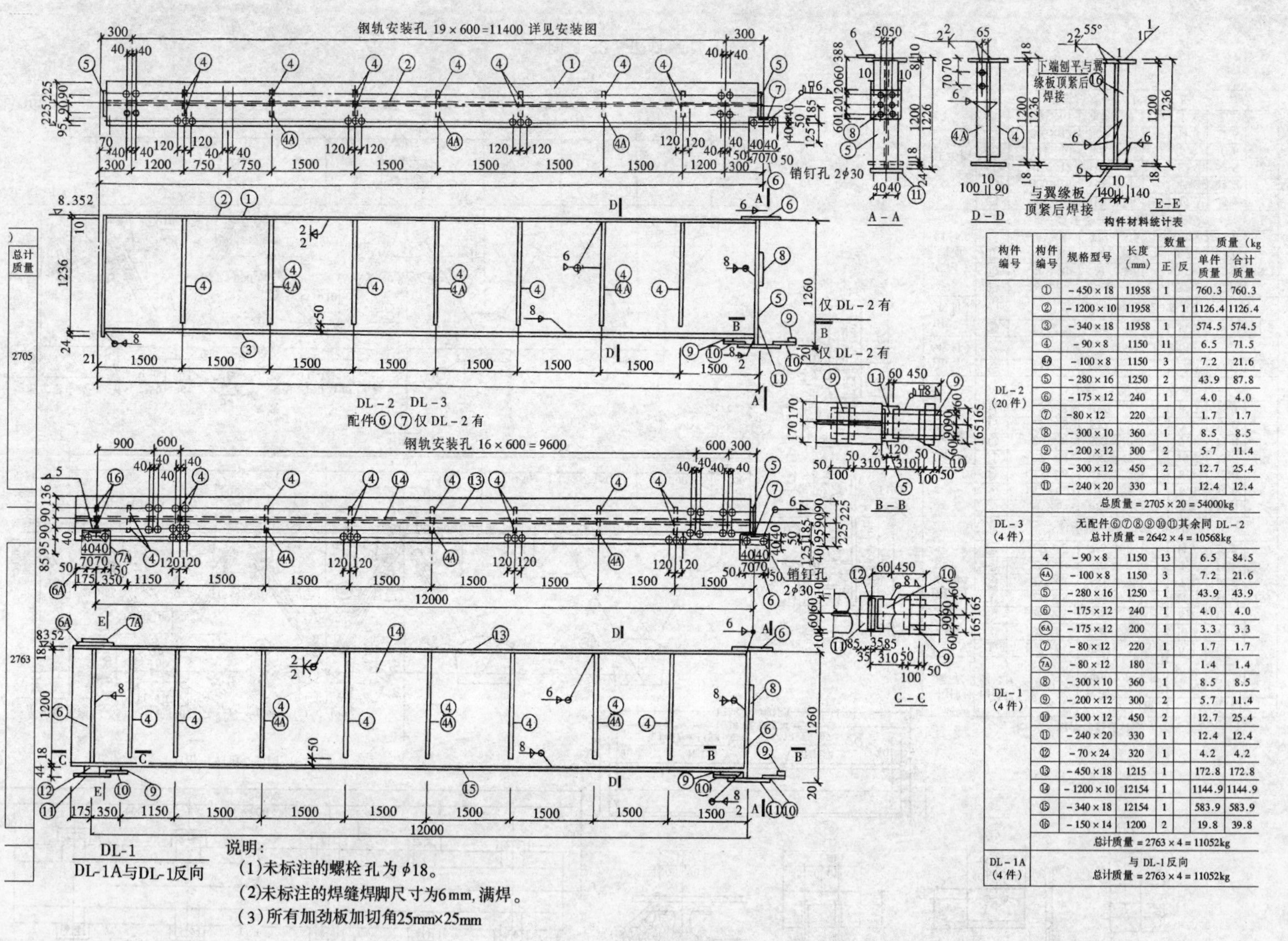

构件材料统计表

构件编号	构件编号	规格型号	长度(mm)	数量 正	数量 反	质量(kg) 单件质量	质量(kg) 合计质量
DL－2(20件)	①	－450×18	11958	1		760.3	760.3
	②	－1200×10	11958		1	1126.4	1126.4
	③	－340×18	11958	1		574.5	574.5
	④	－90×8	1150	11		6.5	71.5
	④A	－100×8	1150	3		7.2	21.6
	⑤	－280×16	1250	2		43.9	87.8
	⑥	－175×12	240	1		4.0	4.0
	⑦	－80×12	220	1		1.7	1.7
	⑧	－300×10	360	1		8.5	8.5
	⑨	－200×12	300	2		5.7	11.4
	⑩	－300×12	450	2		12.7	25.4
	⑪	－240×20	330	1		12.4	12.4
	总质量＝2705×20＝54000kg						
DL－3(4件)	无配件⑥⑦⑧⑨⑩⑪其余同 DL－2 总计质量＝2642×4＝10568kg						
DL－1(4件)	4	－90×8	1150	13		6.5	84.5
	④A	－100×8	1150	3		7.2	21.6
	⑤	－280×16	1250	1		43.9	43.9
	⑥	－175×12	240	1		4.0	4.0
	⑥A	－175×12	200	1		3.3	3.3
	⑦	－80×12	220	1		1.7	1.7
	⑦A	－80×12	180	1		1.4	1.4
	⑧	－300×10	360	1		8.5	8.5
	⑨	－200×12	300	2		5.7	11.4
	⑩	－300×12	450	2		12.7	25.4
	⑪	－240×20	330	1		12.4	12.4
	⑫	－70×24	320	1		4.2	4.2
	⑬	－450×18	1215	1		172.8	172.8
	⑭	－1200×10	12154	1		1144.9	1144.9
	⑮	－340×18	12154	1		583.9	583.9
	⑯	－150×14	1200	2		19.8	39.8
	总计质量＝2763×4＝11052kg						
DL－1A(4件)	与 DL－1 反向 总计质量＝2763×4＝11052kg						

总计质量
2705
2763

说明：

(1)未标注的螺栓孔为ϕ18。

(2)未标注的焊缝焊脚尺寸为6mm，满焊。

(3)所有加劲板加切角25mm×25mm

图 5-31 吊车梁详图

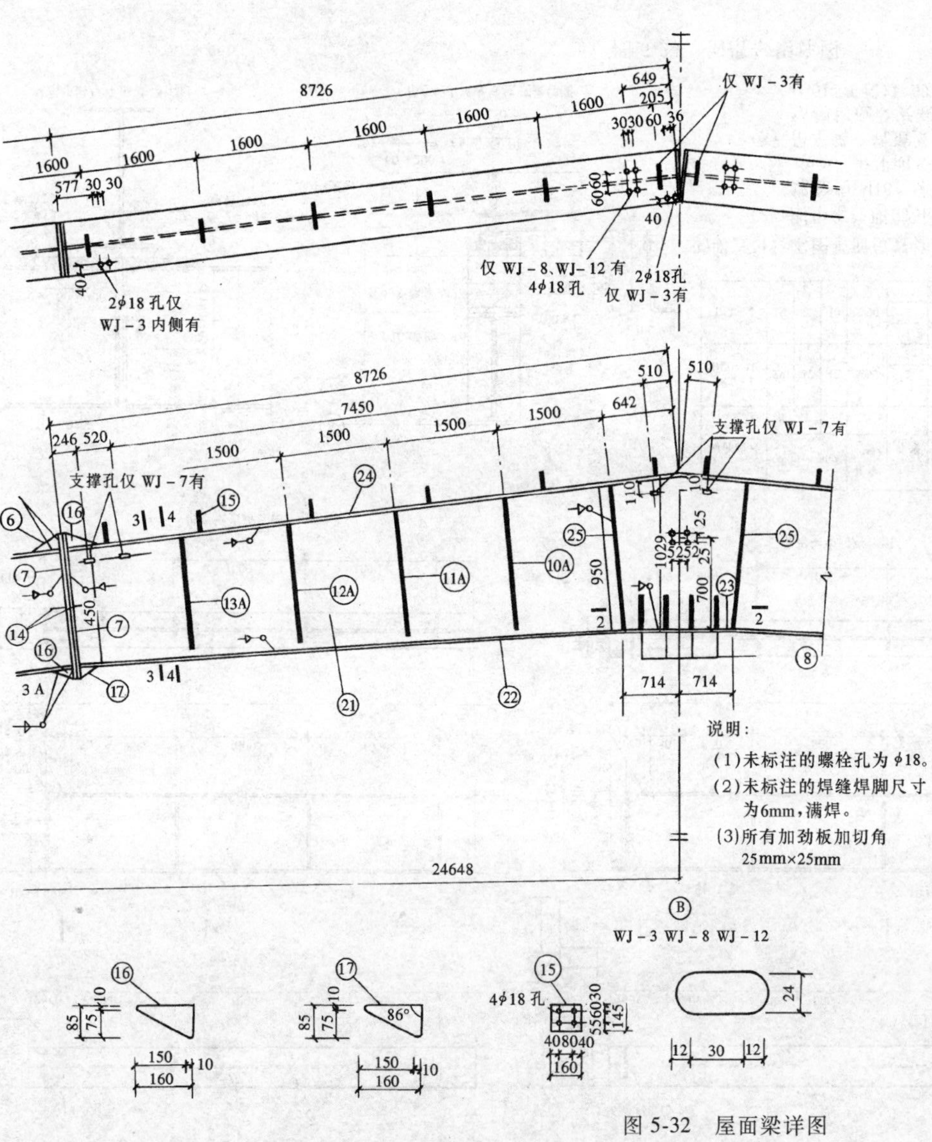

说明：

(1)未标注的螺栓孔为ϕ18。

(2)未标注的焊缝焊脚尺寸为6mm，满焊。

(3)所有加劲板加切角25mm×25mm

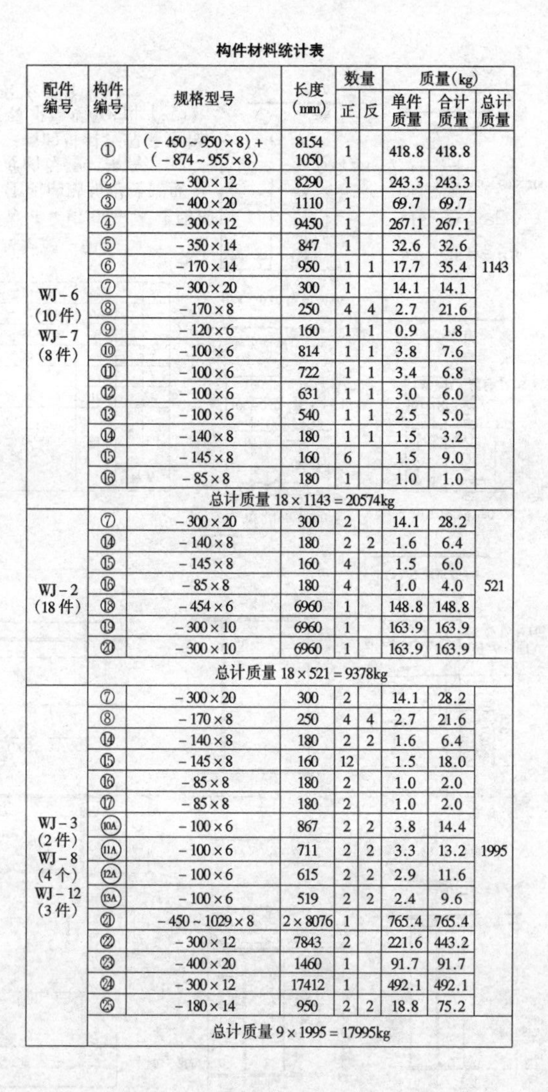

构件材料统计表

配件编号	构件编号	规格型号	长度(mm)	数量		质量(kg)		
				正	反	单件质量	合计质量	总计质量
WJ－6(10件) WJ－7(8件)	①	(－450～950×8)＋(－874～955×8)	8154 1050	1		418.8	418.8	1143
	②	－300×12	8290	1		243.3	243.3	
	③	－400×20	1110	1		69.7	69.7	
	④	－300×12	9450	1		267.1	267.1	
	⑤	－350×14	847	1		32.6	32.6	
	⑥	－170×14	950	1	1	17.7	35.4	
	⑦	－300×20	300	1		14.1	14.1	
	⑧	－170×8	250	4	4	2.7	21.6	
	⑨	－120×6	160	1	1	0.9	1.8	
	⑩	－100×6	814	1	1	3.8	7.6	
	⑪	－100×6	722	1	1	3.4	6.8	
	⑫	－100×6	631	1	1	3.0	6.0	
	⑬	－100×6	540	1	1	2.5	5.0	
	⑭	－140×8	180	1	1	1.5	3.2	
	⑮	－145×8	160	6		1.5	9.0	
	⑯	－85×8	180	1		1.0	1.0	
	总计质量 18×1143＝20574kg							
WJ－2(18件)	⑦	－300×20	300	2		14.1	28.2	521
	⑭	－140×8	180	2	2	1.6	6.4	
	⑮	－145×8	160	4		1.5	6.0	
	⑯	－85×8	180	4		1.0	4.0	
	⑱	－454×6	6960	1		148.8	148.8	
	⑲	－300×10	6960	1		163.9	163.9	
	⑳	－300×10	6960	1		163.9	163.9	
	总计质量 18×521＝9378kg							
WJ－3(2件) WJ－8(4个) WJ－12(3件)	⑦	－300×20	300	2		14.1	28.2	1995
	⑧	－170×8	250	4	4	2.7	21.6	
	⑭	－140×8	180	2	2	1.6	6.4	
	⑮	－145×8	160	12		1.5	18.0	
	⑯	－85×8	180	2		1.0	2.0	
	⑰	－85×8	180	2		1.0	2.0	
	10A	－100×6	867	2	2	3.8	14.4	
	11A	－100×6	711	2	2	3.3	13.2	
	12A	－100×6	615	2	2	2.9	11.6	
	13A	－100×6	519	2	2	2.4	9.6	
	㉑	－450～1029×8	2×8076	1		765.4	765.4	
	㉒	－300×12	7843	2		221.6	443.2	
	㉓	－400×20	1460	1		91.7	91.7	
	㉔	－300×12	17412	1		492.1	492.1	
	㉕	－180×14	950	2	2	18.8	75.2	
	总计质量 9×1995＝17995kg							

图 5-32　屋面梁详图

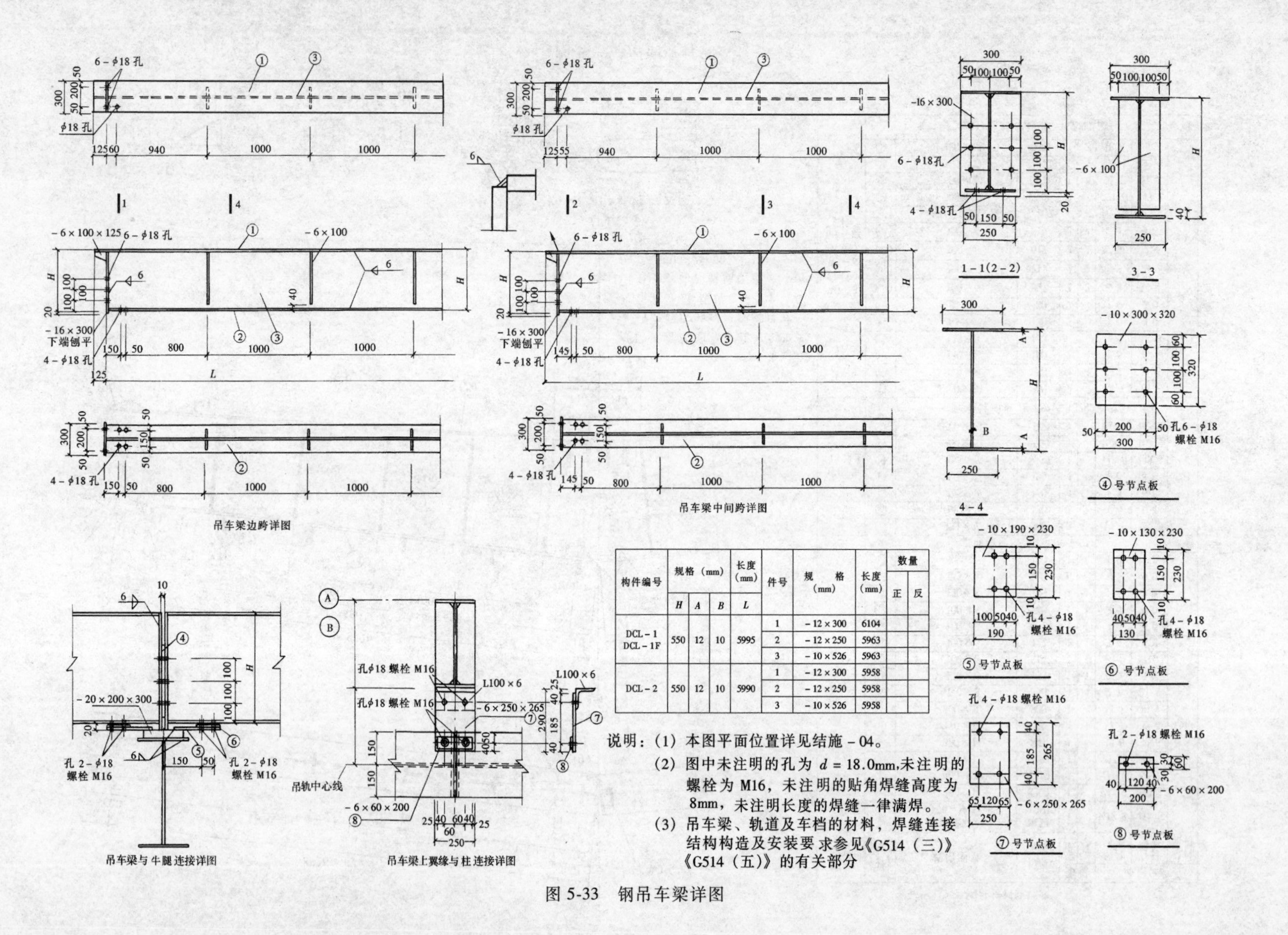

构件编号	规格（mm）			长度（mm）	件号	规格（mm）	长度（mm）	数量	
	H	A	B	L				正	反
DCL-1 DCL-1F	550	12	10	5995	1	-12×300	6104		
					2	-12×250	5963		
					3	-10×526	5963		
DCL-2	550	12	10	5990	1	-12×300	5958		
					2	-12×250	5958		
					3	-10×526	5958		

说明：(1) 本图平面位置详见结施-04。

(2) 图中未注明的孔为 $d=18.0$mm,未注明的螺栓为 M16，未注明的贴角焊缝高度为 8mm，未注明长度的焊缝一律满焊。

(3) 吊车梁、轨道及车档的材料，焊缝连接结构构造及安装要求参见《G514（三）》《G514（五）》的有关部分

图 5-33　钢吊车梁详图

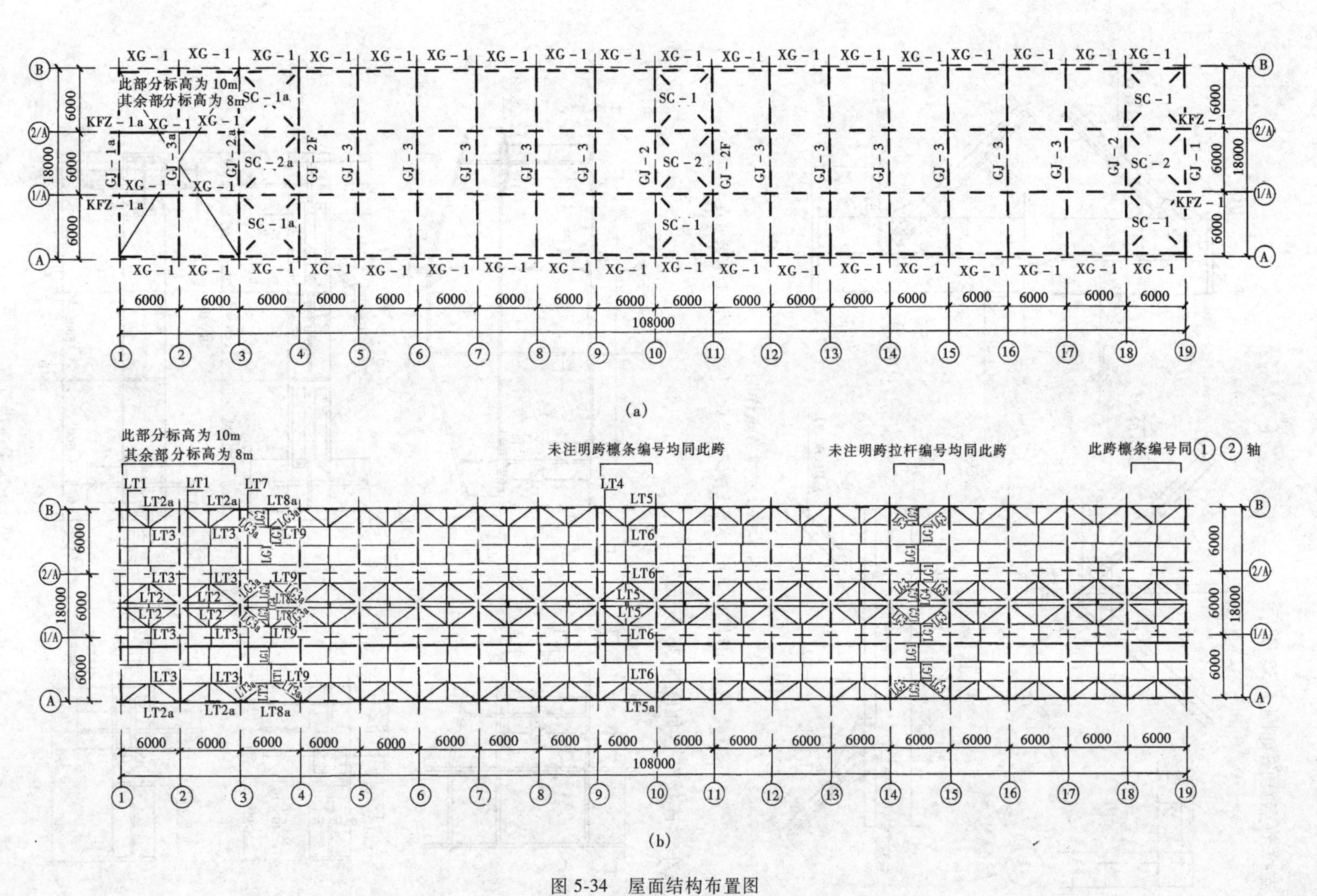

图 5-34 屋面结构布置图

（a）屋面结构布置图；（b）屋面檩条布置图

支撑节点详图如图 5-35 所示。

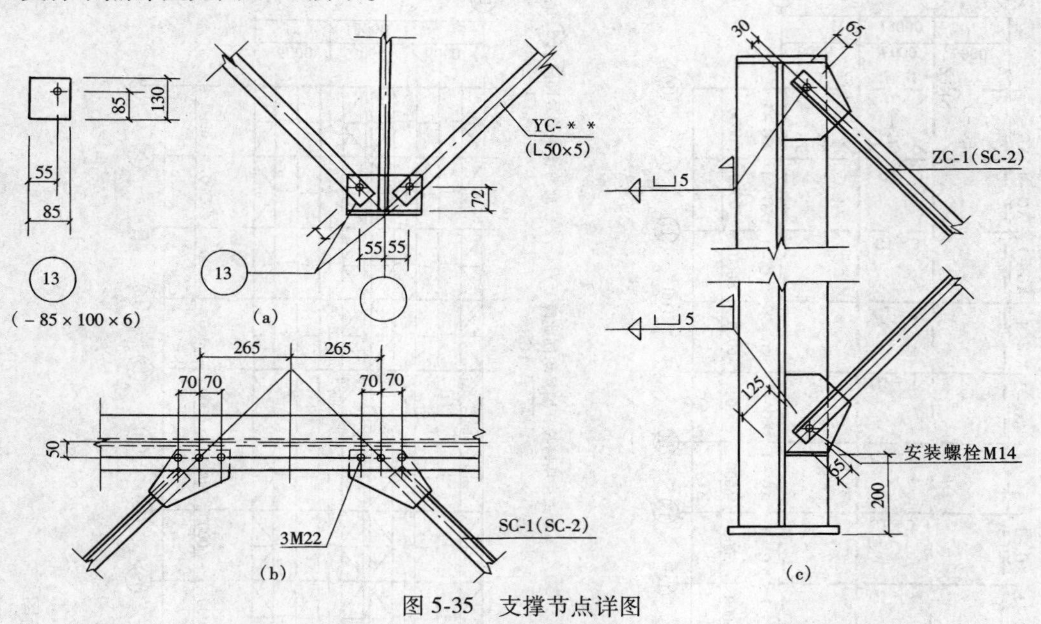

图 5-35 支撑节点详图

(a) 刚架隅撑详图；(b) 水平支撑安装节点；(c) 柱间支撑安装节点

吊车梁连接节点如图 5-36 所示。

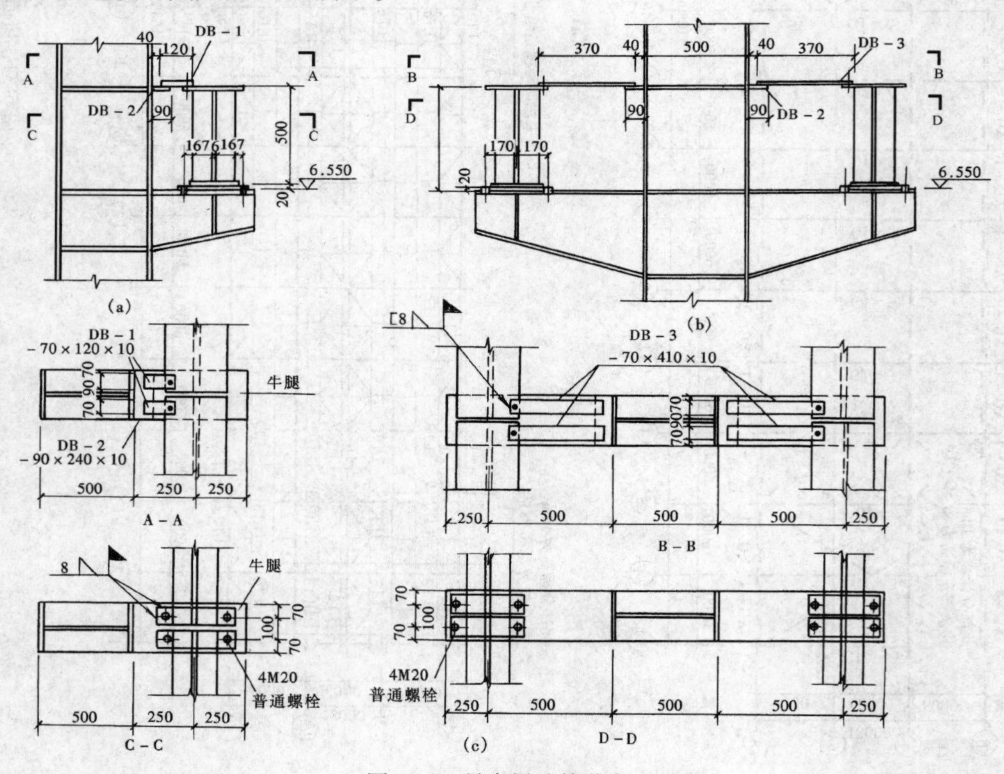

图 5-36 吊车梁连接节点

(a) 吊车梁连接节点（一）；(b) 吊车梁连接节点（二）；(c) 剖面图

刚架连接节点构造如图 5-37 所示。

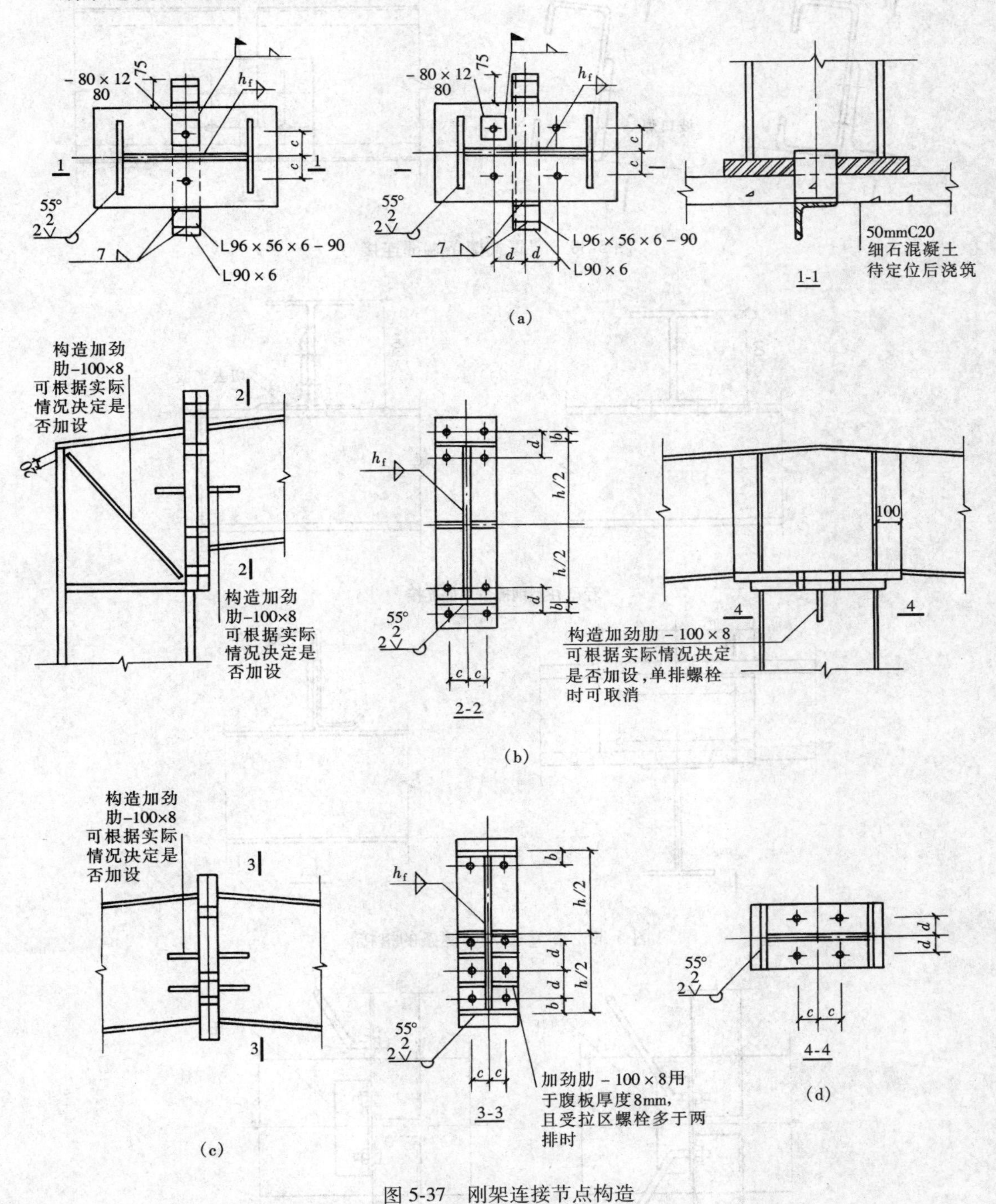

图 5-37 刚架连接节点构造

(a) 柱脚铰接节点；(b) 梁、柱连接节点；(c) 梁中连接节点（一）(单跨刚架跨中节点)；
(d) 梁中连接节点（二）(双跨刚架摇摆柱上端节点)

檩条的连接如图 5-38～图 5-41 所示。

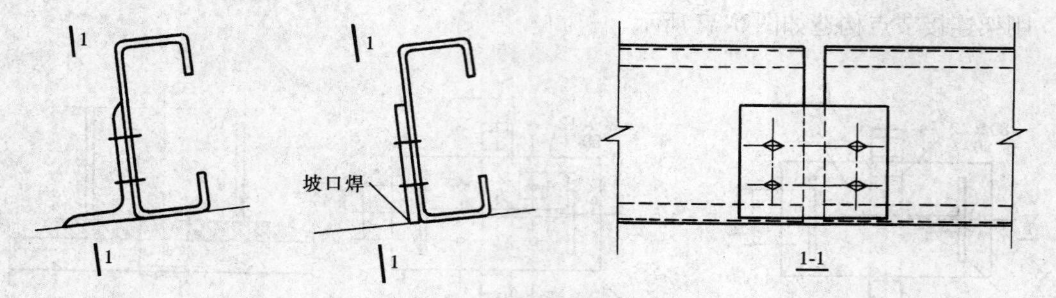

图 5-38　实腹式檩条端部连接

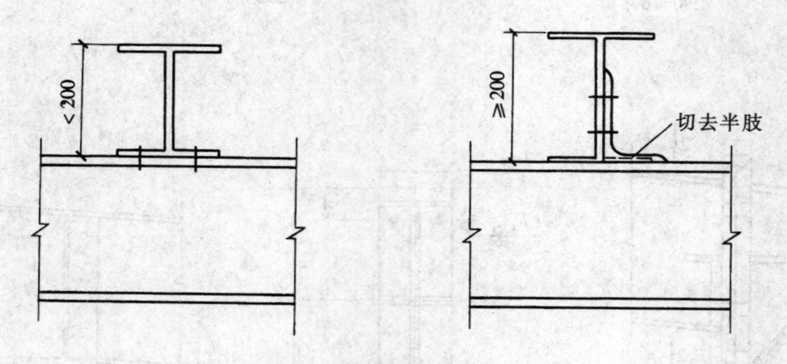

轻型 H 型钢檩条端部连接

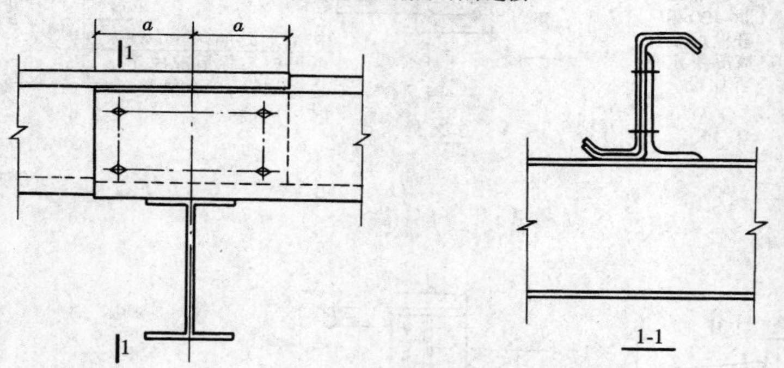

图 5-39　斜卷边 Z 形檩条的搭接

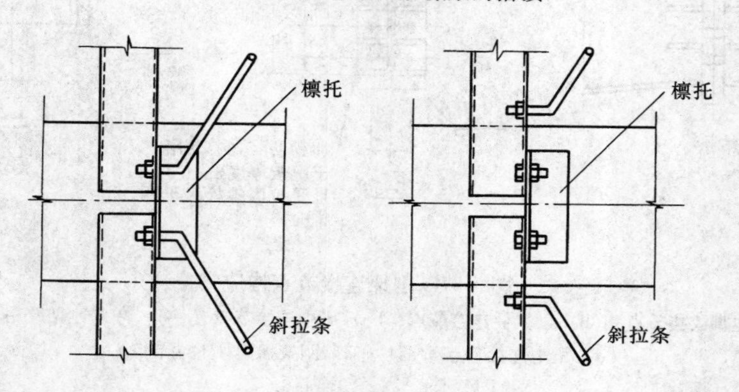

图 5-40　斜拉条与屋架的连接

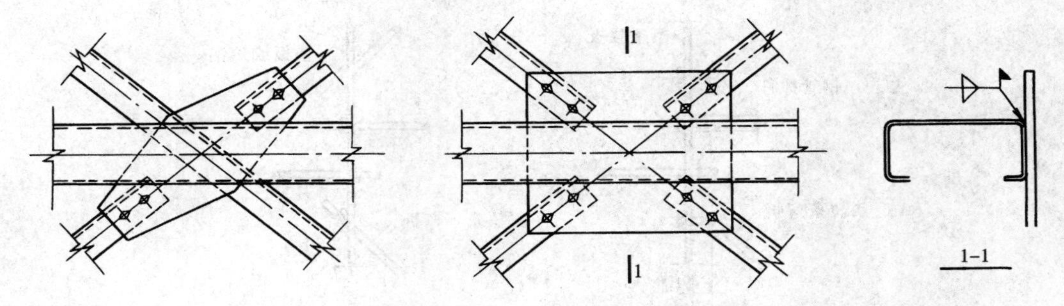

图 5-41　檩条与屋架上弦横向水平支撑的连接

檩条与屋架上弦横向水平支撑的布置如图 5-42 所示。

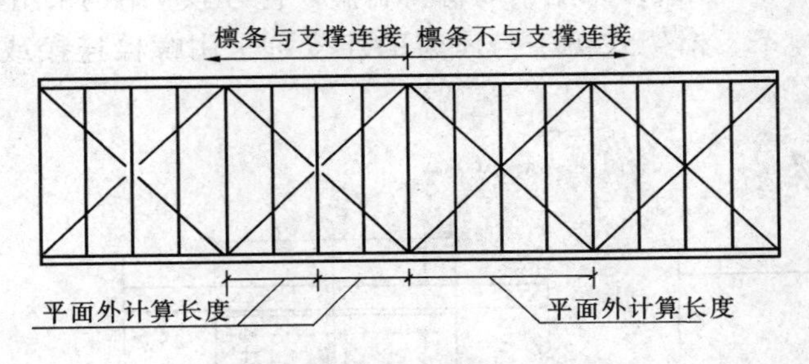

图 5-42　檩条与屋架上弦横向水平支撑的布置

拉条和撑杆的布置如图 5-43 所示，檩条与拉条的连接如图 5-44 所示，拉条与屋架的连接如图 5-45 所示。

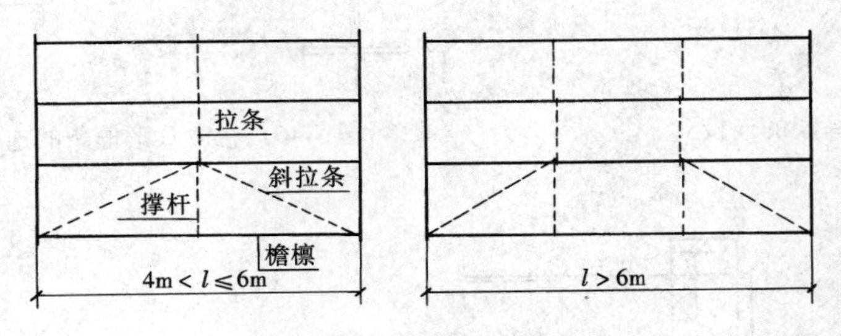

图 5-43　拉条和撑杆布置图

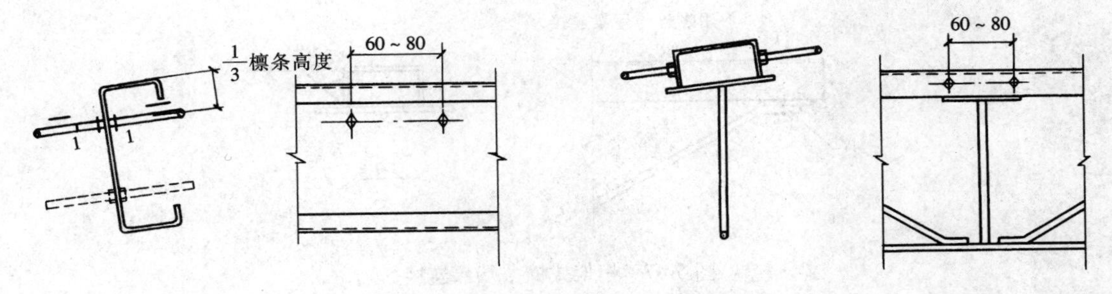

图 5-44　檩条与拉条的连接（一）

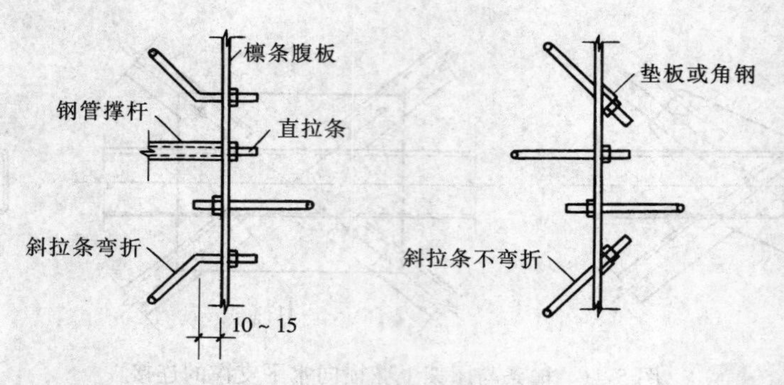

图 5-44　檩条与拉条的连接（二）

轻钢结构中支撑与拉条大多采用钢筋材料制作，它与承重结构采用角钢连接。

轻钢结构 C 形檩条、桁架式檩条与屋架的连接可采用螺栓连接或焊接，如图 5-46 和图 5-47所示。

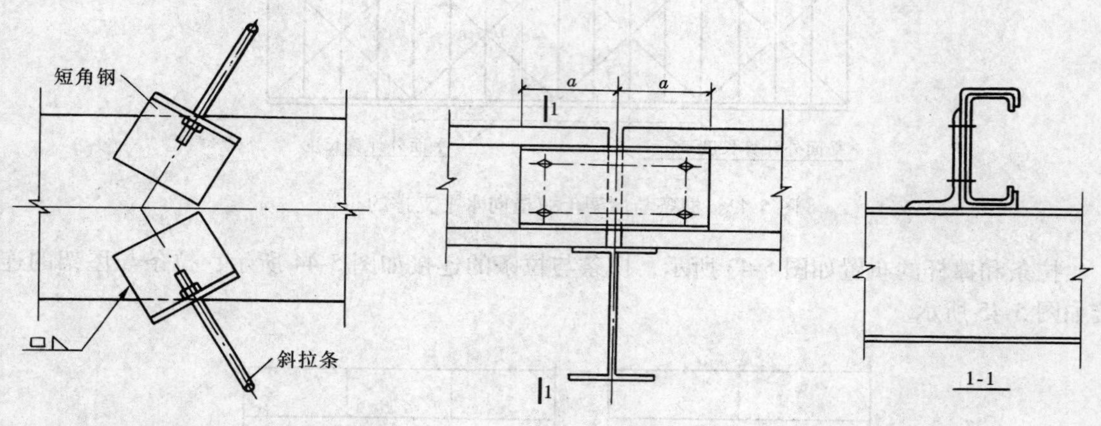

图 5-45　拉条与屋架的连接

图 5-46　卷边 C 形檩条的连接

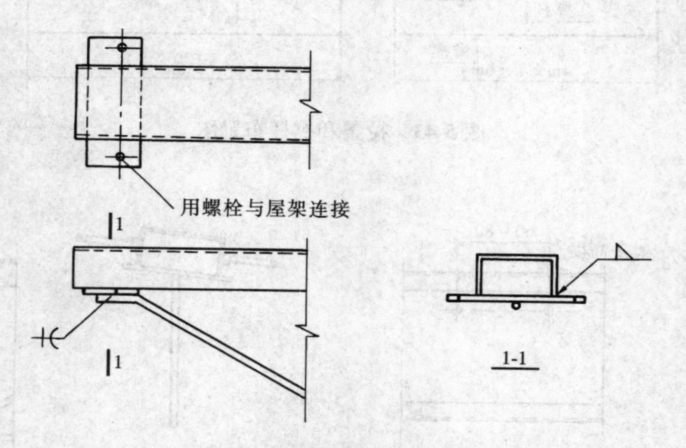

图 5-47　桁架式檩条端部连接

第六章

单层厂房钢结构

第一节　单层厂房钢结构的组成

单层工业厂房是工业与民用建筑中应用钢结构较多的建筑物。厂房结构是由屋盖（屋面板、檩条、天窗、屋架或梁、托架）、柱、吊车梁（包括制动梁或制动桁架）、墙架、各种支撑和基础等构件组合而成的空间刚性骨架（图 6-1），承受作用在厂房结构上的各种荷载，是整个建筑物的承重骨干。

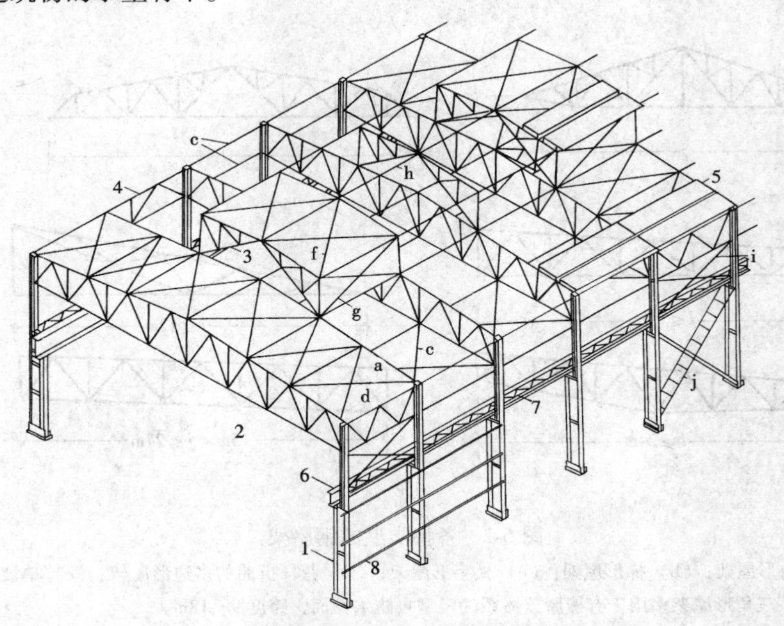

图 6-1　单层厂房钢结构骨架的组成

1—柱；2—屋架；3—天窗架；4—托架；5—屋面板；6—吊车梁；7—吊车制动桁架；8—墙架梁；

a～e—屋架支撑（上弦横向、下弦横向、下弦纵向、垂直支撑、系杆）；

f～h—天窗架支撑（上弦横向、垂直支撑、系杆）；i～j—柱间支撑（上柱柱间、下柱柱间）

（注：下弦横向支撑 b 和系杆 e 未在图上示出）

第二节　钢　屋　架

钢屋架是钢结构屋面的承重构件，它的外观形式也是多种多样的，常用于工业建筑与民用建筑。

钢屋架的外形有三角形、梯形、人字形或多边形等。外形主要是由房间的用途，屋架与柱刚接或铰接，以及屋面的坡度等因素决定的。钢屋架的类型如图 6-2 所示。

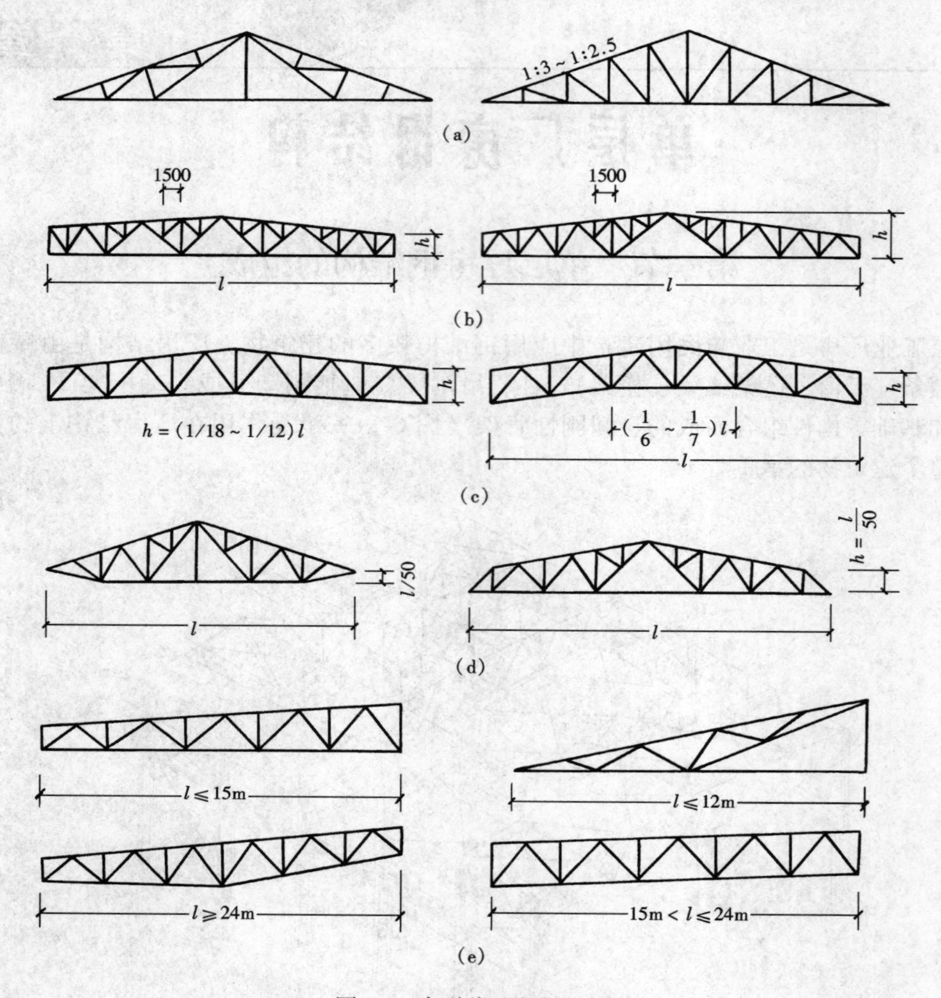

图 6-2 各种类型的钢屋架

（a）三角形屋架；（b）梯形屋架；（c）人字形屋架；（d）弦杆折曲的多边形屋架；（e）单坡屋架

注：1. 三角形屋架多用于有檩屋盖体系的轻型自防水屋面，跨度 9～18m。

2. 梯形屋架适用于跨度≥18m 且屋面坡度较平缓的无檩屋盖体系。

3. 人字形屋架适用于 l≥30m 或柱子不高、采用梯形屋架有压抑感时。

4. 弦杆折曲的多边形屋架适用于中等屋面坡度（1/6～1/3）的屋盖。

5. 单坡屋架适用于外排水房屋的边跨以及锯齿形屋盖

第三节 钢结构屋盖系统

檩条一般用于轻屋面以及瓦屋面，其形式有实腹式和桁架式（包括平面的和空间的）两种。跨度为 6m 时，通常采用槽钢，也可用普通工字钢、双角钢组成的槽形或 Z 型钢。跨度不大于 4m 时，可采用单角钢。跨度超过 6m，可采用宽翼缘 H 型钢或三块板焊成的工字型钢；采用实腹式不经济时，可采用桁架式檩条。

实腹式檩条的截面如图 6-3 所示，常采用工字钢、角钢、槽钢、H 形钢或冷弯型钢制作。

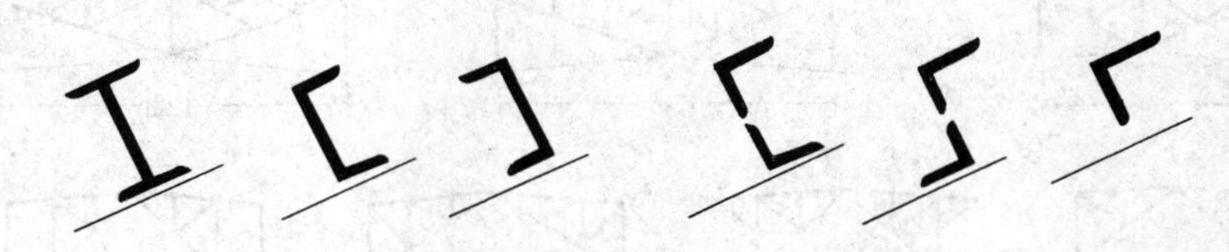

图 6-3　实腹式檩条的截面型式

平面桁架式檩条，如图 6-4 所示，常采用角钢、槽钢或 H 型钢制作。

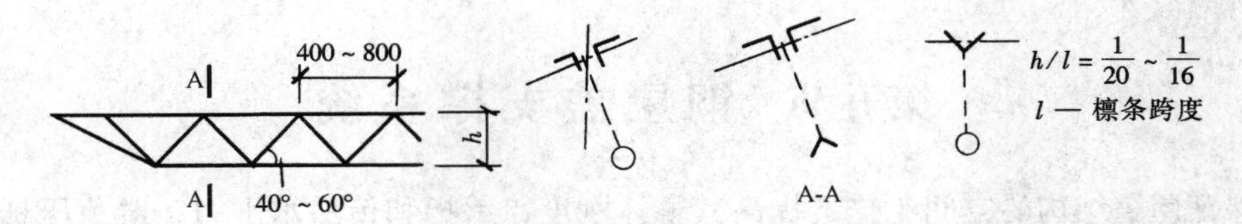

图 6-4　平面桁架式檩条

空间桁架式檩条，如图 6-5 所示，常采用角钢、槽钢、H 形钢、钢管等材料制作。

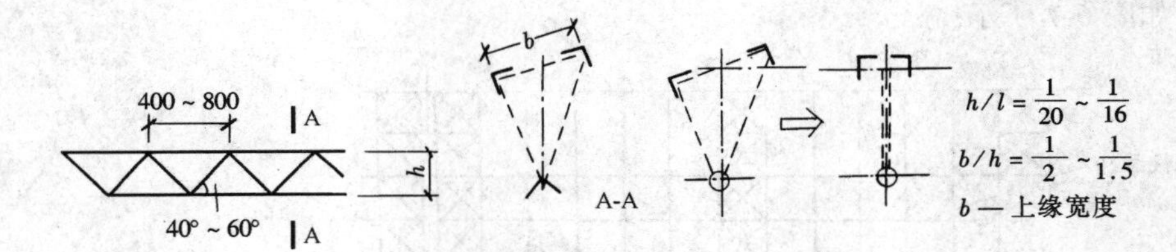

图 6-5　空间桁架式檩条

第四节　天窗架的类型

天窗的类型由工艺和建筑要求决定，一般有四种：纵向上承式矩形天窗、纵向三角形天窗、横向下沉式天窗和井式天窗。三角形天窗一般是将陡坡屋架的一侧上弦延长后作为天窗架，有时也有单独的天窗架。下沉式和井式天窗则是利用屋架的空间，将屋面构件分别间隔地放置在屋架的上弦和下弦，形成天窗，无单独天窗架构件。纵向上承式矩形天窗有天窗架，如图 6-6 所示。

(1) 多竖杆式天窗架。由支承在屋架节点上的竖杆、上弦杆以及斜腹杆组成。

(2) 三支点式天窗架。由支承在屋架脊上和两侧柱的桁架组成。

(3) 三铰拱式天窗架。通常用于钢筋混凝土屋架上，跨度为 6～9m。

天窗架有门形、M 形、三角形等多种类型，它与屋面板、天窗等形成建筑的天窗。

天窗架常采用钢结构，它由角钢、槽钢、T 形钢和 H 形钢组成。

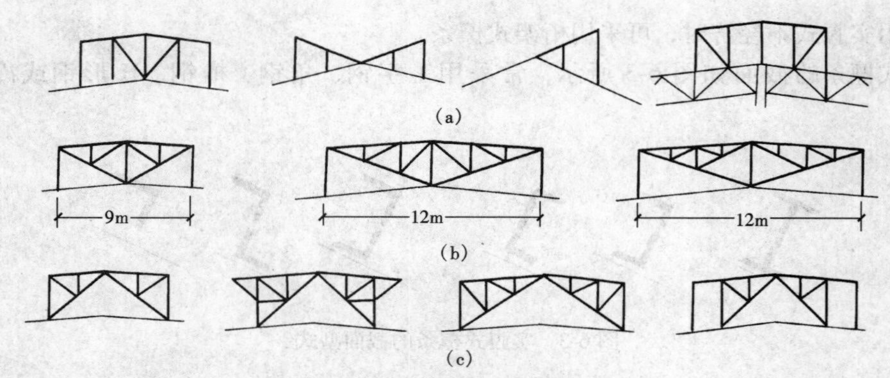

图 6-6　各类上承式纵向天窗架

（a）多竖杆式天窗架；（b）三支点式天窗架；（c）三铰拱式天窗架

第五节　钢屋盖支撑系统

为保证屋盖结构的空间工作，提高其整体刚度，承担和传递水平力，避免压杆侧向失稳，防止拉杆产生过大振动，保证结构在安装时的稳定性等，应根据屋盖结构形式（有无檩条、有无托架）、厂房内吊车的设置情况、有无振动设备以及房屋的跨度和高度等因素，设置可靠的屋盖支撑系统。它包括：横向支撑、纵向支撑、垂直支撑和系杆。屋盖支撑系统的布置，如图 6-7 所示。

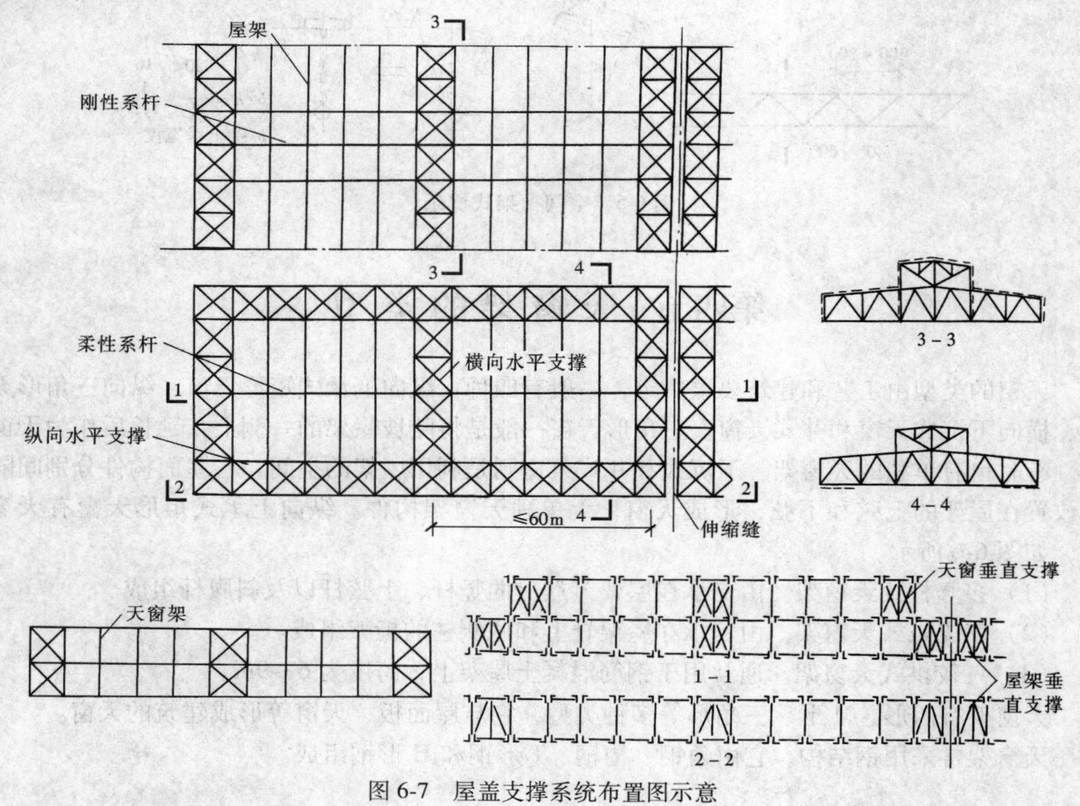

图 6-7　屋盖支撑系统布置图示意

第六节　钢结构框架柱及柱间支撑

一、柱网布置

柱网的布置应满足生产工艺、建筑功能以及结构的要求，尽可能减少用钢量。在一般厂房内，当吊车起重量 $Q \leqslant 100t$、轨顶标高不超过 14m 时，边柱宜采用 4m 柱距，中列柱可采用 6m 或 12m 柱距；当吊车起重量 $Q \geqslant 125t$、轨顶标高超过 16m，或因地基条件较差且处理较困难时，其边柱或中列柱的柱距宜采用 12m。若生产工艺有特殊要求，可按需采用更大柱距。

二、温度伸缩缝

温度变化将使结构产生应力。当厂房平面尺寸很大时，为避免温度应力，应在厂房的横向或纵向设置伸缩缝。如温度区段长度不超过表 6-1 中数值，可不计算温度应力。

表 6-1　　温度区段长度值

结构情况	温度区段长度（m）		
	纵向温度区段（垂直屋架或构架跨度方向）	横向温度区段（沿屋架或构架跨度方向）	
		柱顶为刚接	柱顶为铰接
采暖房屋和非采暖地区的房屋	220	120	150
热车间和采暖地区的非采暖房屋	180	100	125
露天结构	120	—	—

温度伸缩缝一般采用设置双柱的办法处理。两相邻柱的中心线的距离 e 取决于柱脚外形尺寸和两相邻柱脚间的净空尺寸（不小于 40mm）的要求，设计时可按下列数值参考采用：中、轻型厂房取 $e=1000mm$；重型厂房取 $e=1500mm$ 或 2000mm。

三、柱子的截面形式

框架柱按截面形式，可分为实腹式柱和格构式柱两种；按结构形式，可分为等截面柱、阶形柱和分离式柱三种。

第七节　钢柱的类型

实腹式柱常采用钢板焊接或采用 H 形钢、角钢、槽钢等钢材焊接，其截面形式如图 6-8 所示。

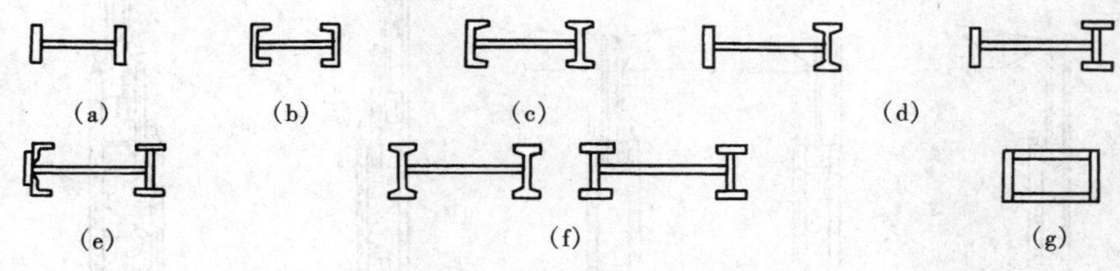

图 6-8　实腹式柱的截面形式

（a）等截面柱；（b）$Q \leqslant 10t$ 的等截面柱；（c）$Q \leqslant 20t$ 的边柱；（d）$Q \leqslant 30t$ 的阶形边柱；（e）$Q \leqslant 30t$ 的阶形柱下段；（f）单层厂房中列柱的下段；（g）特殊情况时用

格构式柱可采用钢板焊接，也可选用钢管、H 形钢、角钢、槽钢等钢材焊接，如图 6-9 所示。

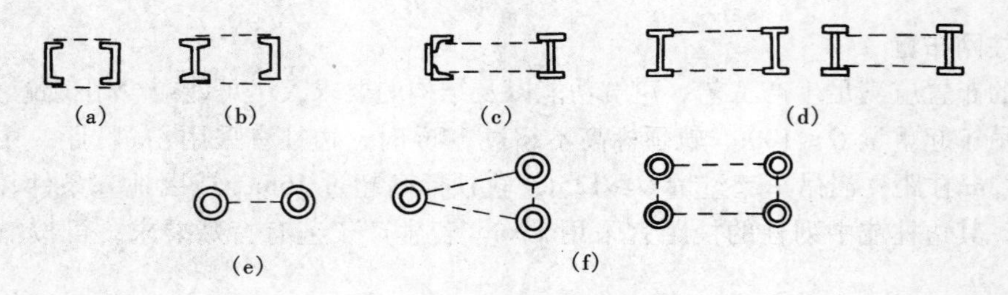

图 6-9　格构式柱的截面形式

（a）$Q \leqslant 10t$ 的等截面柱；（b）$Q \leqslant 15t$ 的厂房边列阶形柱下段；（c）$Q \geqslant 30t$ 的厂房边列柱下段；（d）中列柱下段；（e）一般用；（f）一般仅用于无吊车或吊车起重量 $Q \leqslant 20t$ 的轻型厂房

等截面柱如图 6-10 所示。

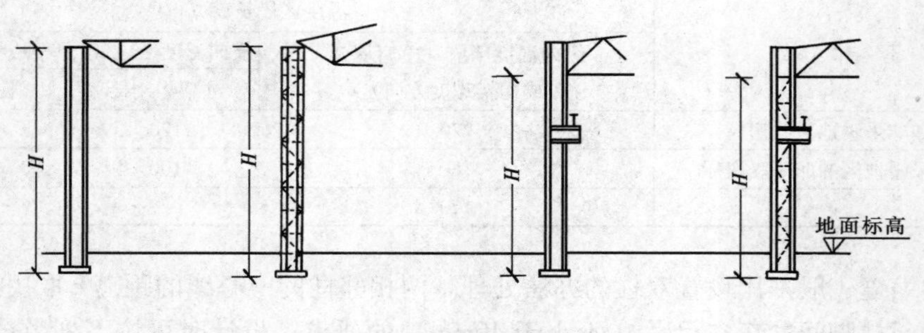

图 6-10　等截面柱

第八节　阶形柱、分离式柱与吊车梁系统

阶形柱如图 6-11 所示，分离式柱如图 6-12 所示。

吊车梁系统的结构通常是由吊车梁（桁架）、制动结构、辅助桁架及支撑等构件组成，如图 6-13 所示。

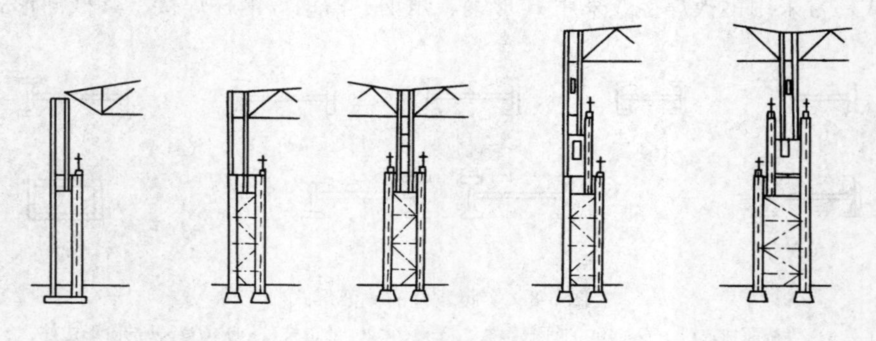

图 6-11　阶形柱

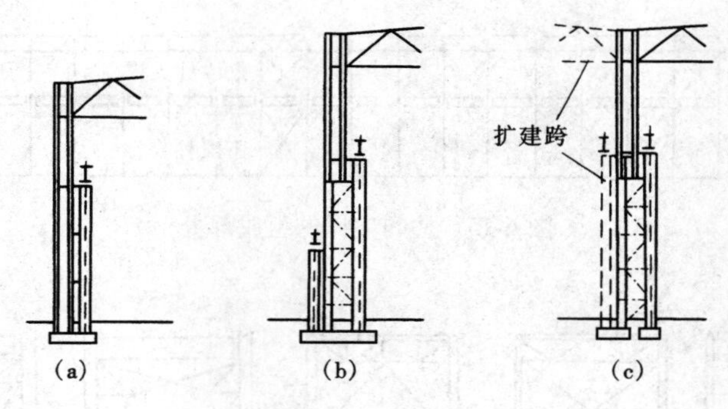

图 6-12 分离式柱

(a) 用于轨顶标高较低，而吊车起重量又较大时；(b) 相邻跨轨顶标高相差悬殊时；(c) 预留扩建跨时

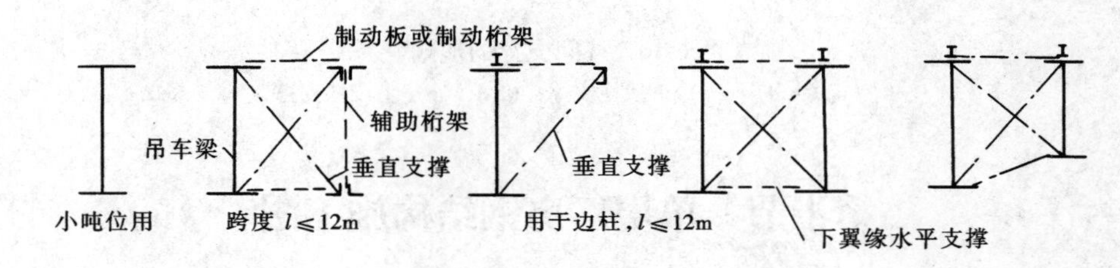

图 6-13 吊车梁系统的结构组成简图

第九节 吊车梁与柱间支撑

吊车梁与吊车桁架的类型如图 6-14 所示。

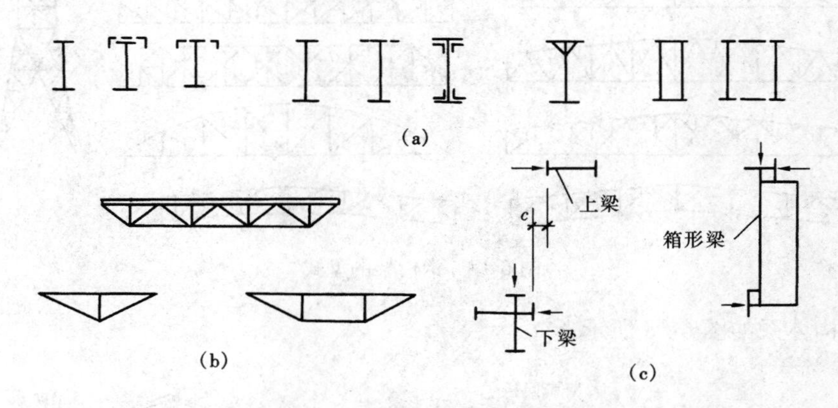

图 6-14 吊车梁和吊车桁架的类型

(a) 吊车梁的截面形式；(b) 桁架式吊车梁；(c) 壁行吊车梁

柱间支撑的作用是保证房屋的纵向刚度，传递与承受纵向的作用力，并提供框架平面外的支撑，支撑的组成部分如图 6-15 所示。其布置应满足生产净空的要求，尽可能与屋盖横向水平支撑的布置相协调。柱间支撑的形式如图 6-16 所示。

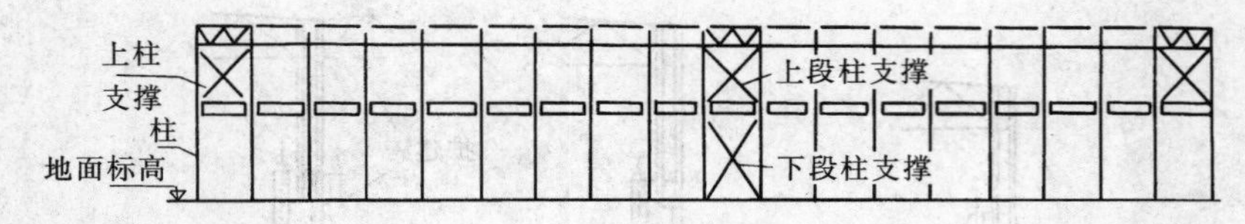

图 6-15　柱间支撑的组成部分

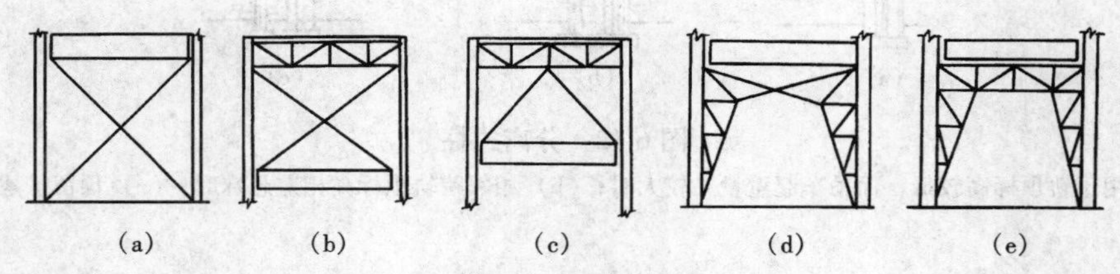

图 6-16　柱间支撑的形式

(a)、(d)、(e) 下段柱支撑；(b)、(c) 上段柱支撑

第十节　单层厂房钢结构施工图

钢桁架的型式如图 6-17 所示。

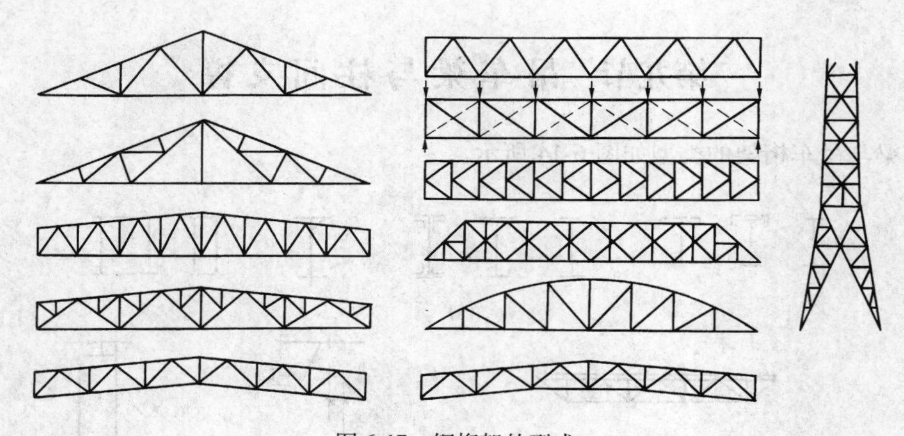

图 6-17　钢桁架的型式

屋盖结构体系如图 6-18 所示。

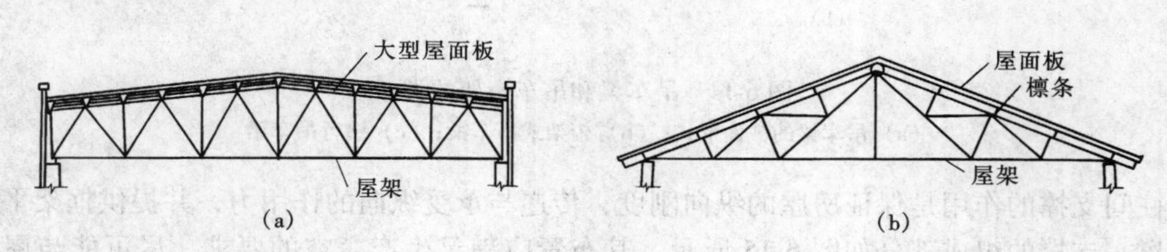

图 6-18　屋盖结构体系

(a) 无檩体系；(b) 有檩体系

屋盖支撑作用示意如图 6-19 所示。

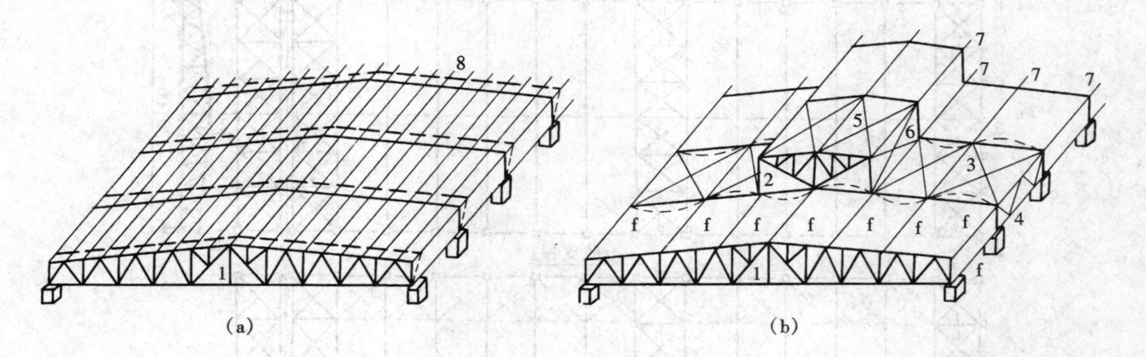

图 6-19　屋盖支撑作用示意

（a）无支撑情况；（b）有支撑情况

1—屋架；2—天窗架；3—上弦横向水平支撑；4—垂直支撑；5—天窗架上弦横向水平支撑；6—天窗架垂直支撑；7—系杆（f 应采用刚性系杆）；8—檩条或屋面板

托架支承中间屋架示意如图 6-20 所示。

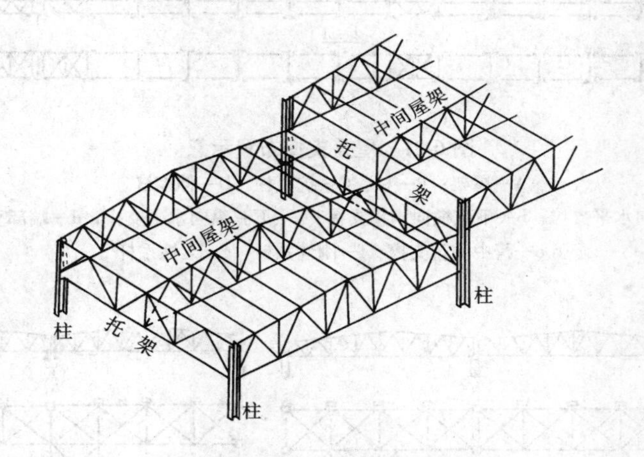

图 6-20　托架支承中间屋架示意

屋盖支撑布置示意如图 6-21 所示。

屋架下弦支撑示意如图 6-22 所示。

屋架垂直支撑示意如图 6-23 所示。

屋架上弦水平支撑示意如图 6-24 所示，屋架下弦水平支撑示意如图 6-25 所示。

屋架下弦拼接节点示意如图 6-26 所示，屋架上弦拼接节点示意如图 6-27 所示。

成对桁架的支撑示意如图 6-28 所示，桁架的支座节点示意如图 6-29 所示。

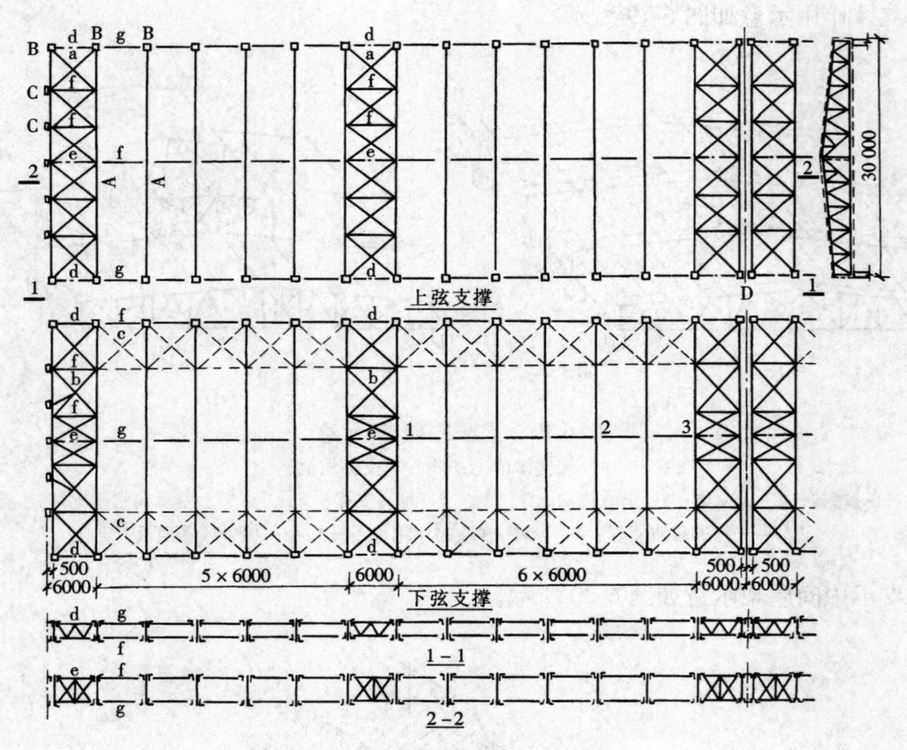

图 6-21　屋盖支撑布置示意

A—屋架；B—柱；C—抗风柱；D—伸缩缝

a—上弦横向水平支撑；b—下弦横向水平支撑；c—下弦纵向水平支撑；d—端部垂直支撑；e—跨中垂直支撑；f—刚性系杆；g—柔性系杆

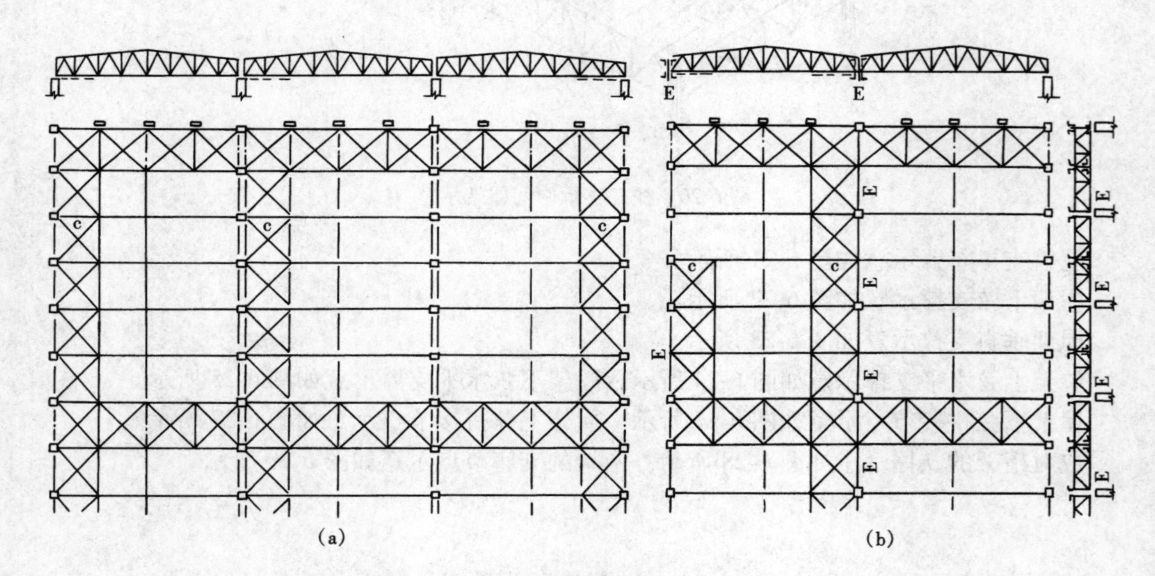

图 6-22　屋架下弦支撑示意

（a）等高三跨厂房屋架下弦支撑布置；（b）设有托架时屋架下弦支撑布置

E—托架；c—下弦纵向水平支撑

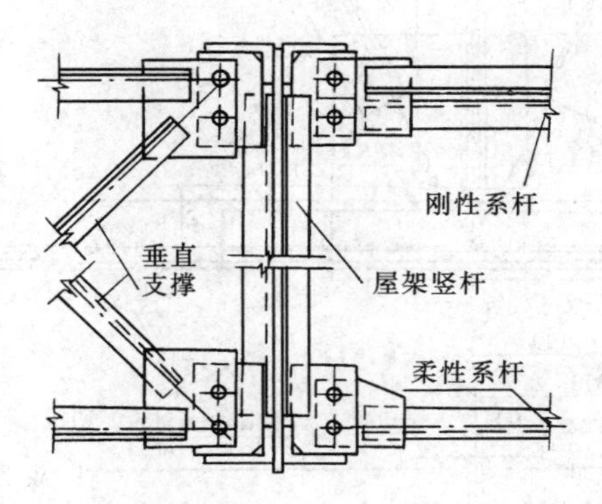

图 6-23　屋架垂直支撑示意

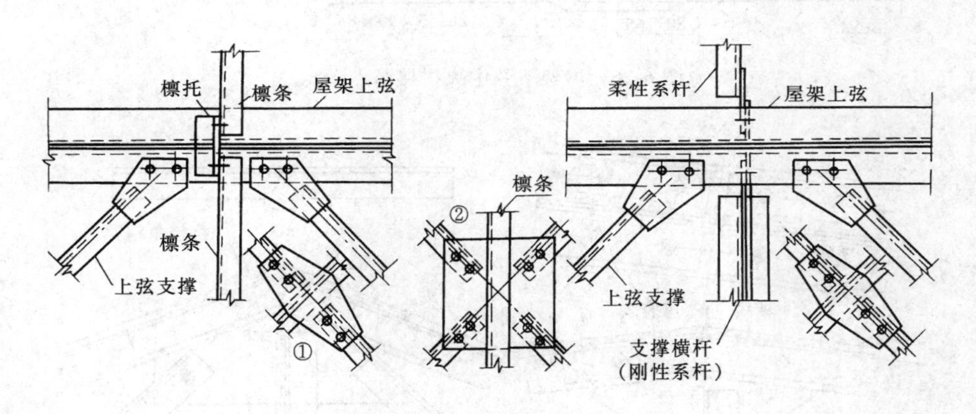

图 6-24　屋架上弦水平支撑示意

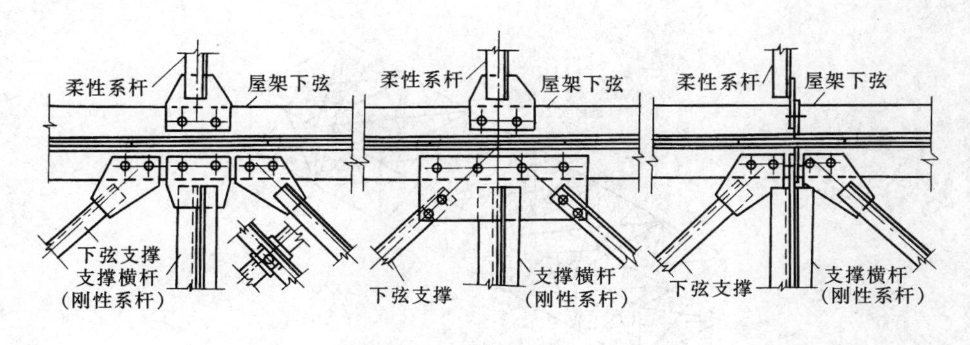

图 6-25　屋架下弦水平支撑示意

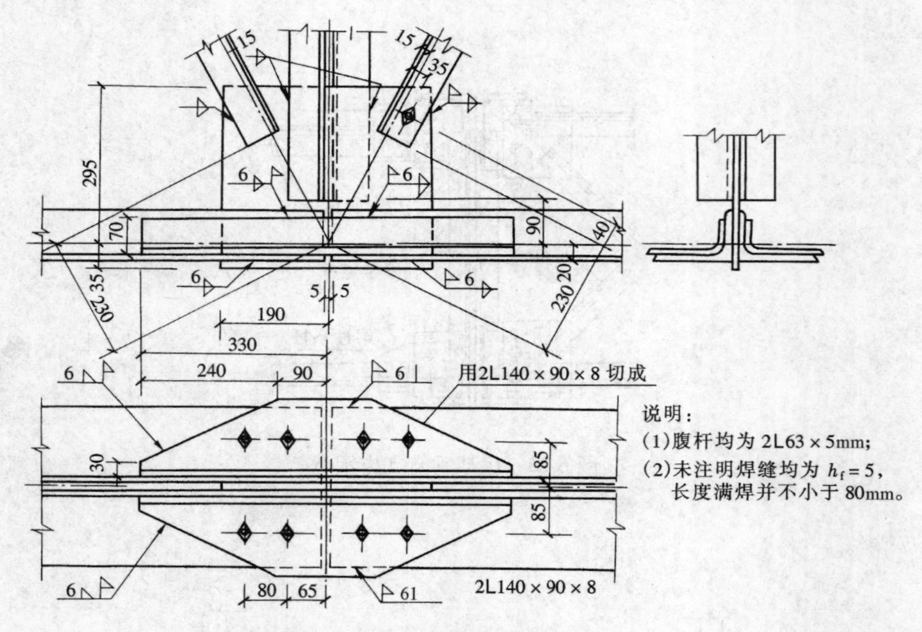

图 6-26　屋架下弦中央拼接节点示意

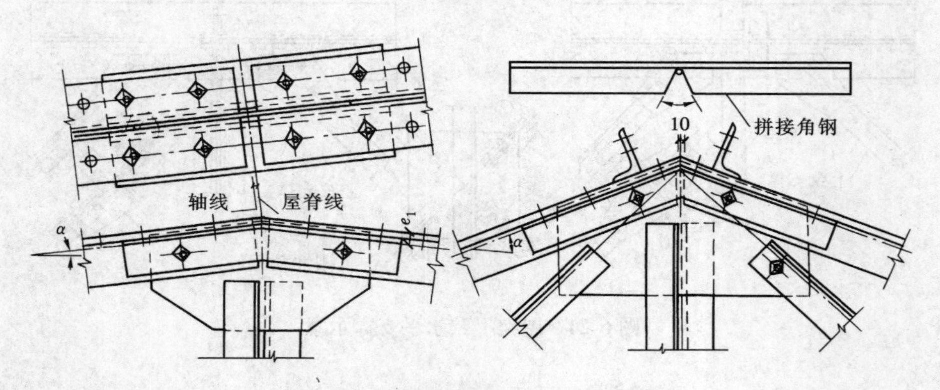

图 6-27　屋架上弦中央拼接节点示意

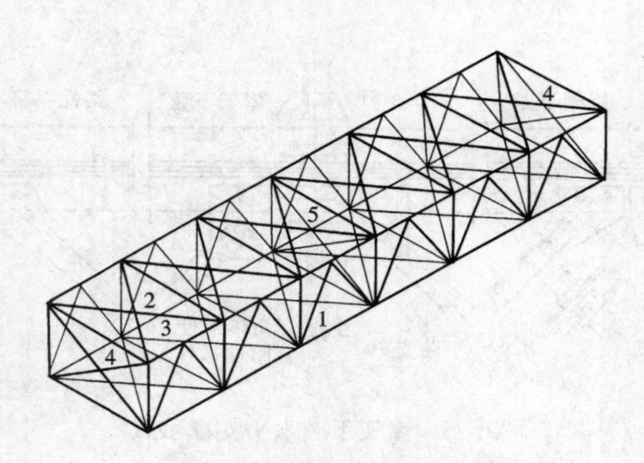

图 6-28　成对桁架的支撑示意

1—桁架；2—上弦水平支撑；3—下弦水平支撑；4—端部垂直支撑；5—跨中垂直支撑

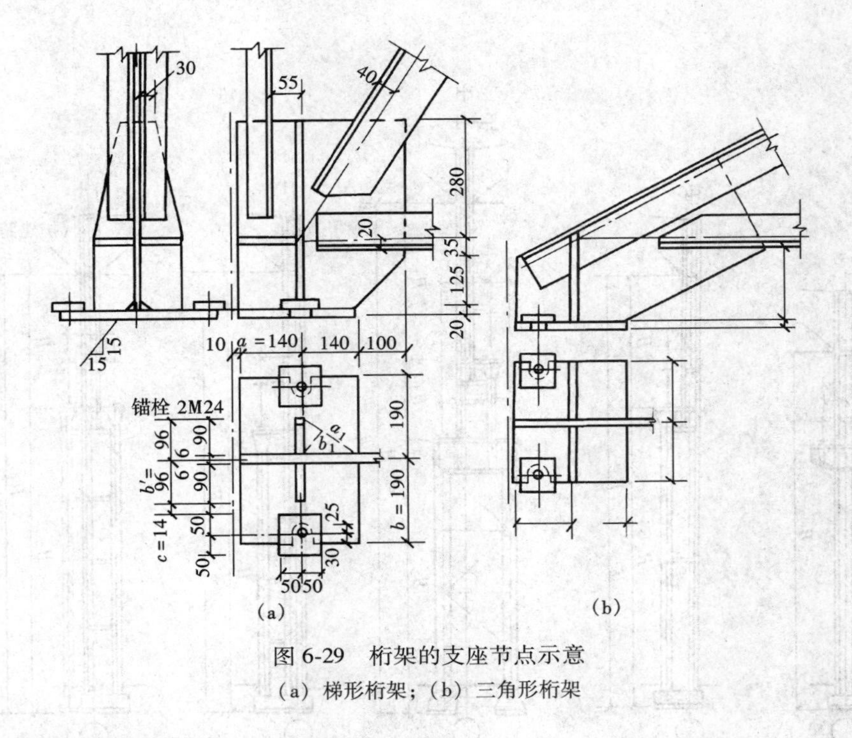

图 6-29　桁架的支座节点示意
（a）梯形桁架；（b）三角形桁架

横向框架的主要尺寸如图 6-30 所示。

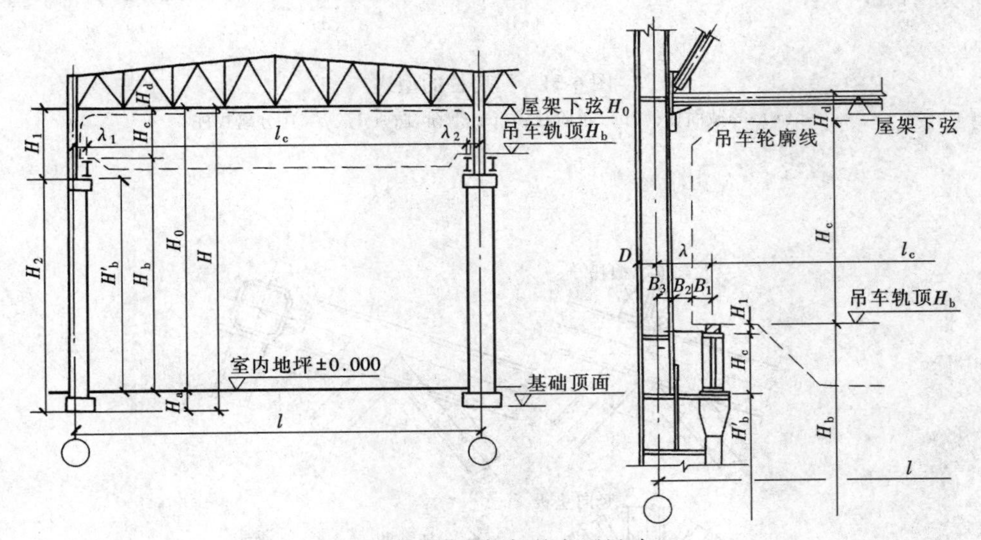

图 6-30　横向框架的主要尺寸

厂房柱的型式如图 6-31 所示。

方管屋架节点如图 6-32 所示，方管屋架支座节点如图 6-33 所示，屋架屋脊节点如图 6-34 所示。

柱间支撑的型式和布置如图 6-35～图 6-37 所示。

有人孔的柱如图 6-38 所示。

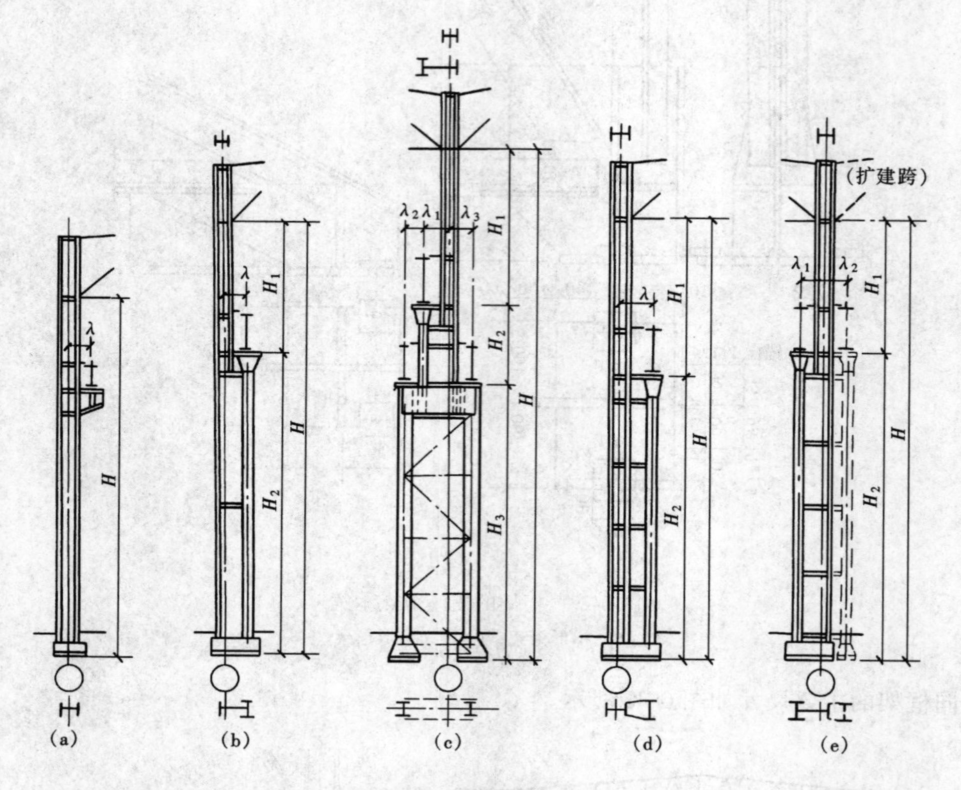

图 6-31　厂房柱的型式

(a) 等截面柱；(b) 单阶柱；(c) 双阶柱；(d)、(e) 分离式柱

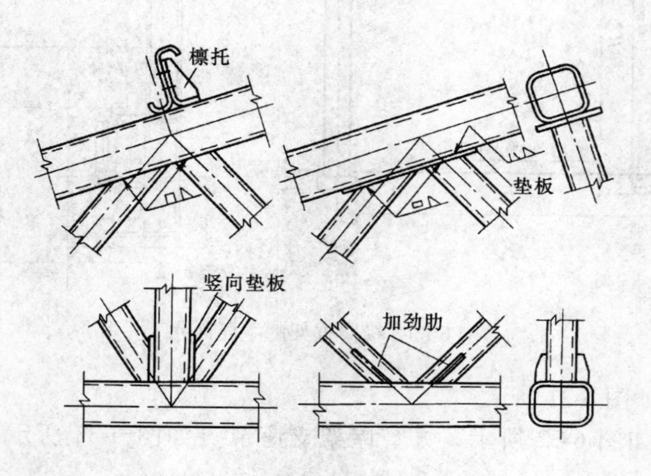

图 6-32　方管屋架节点构造

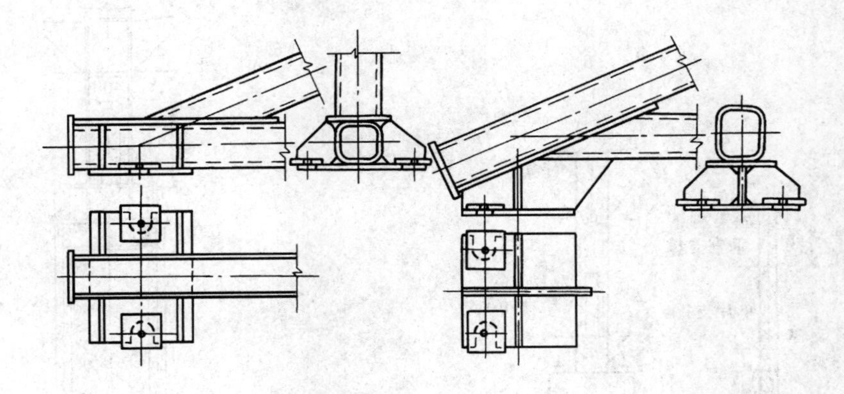

图 6-33　方管屋架支座节点

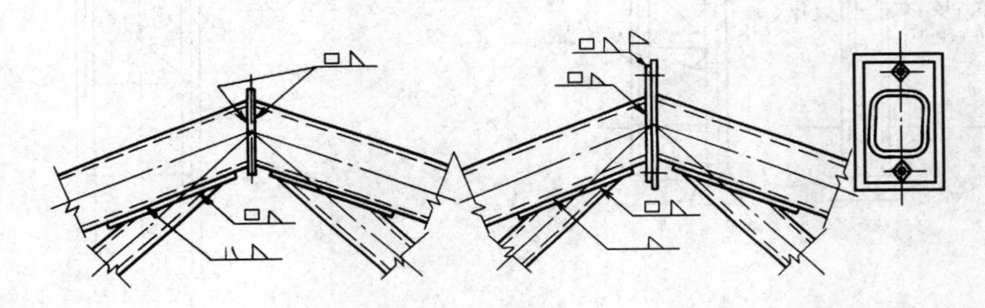

图 6-34　方管屋架屋脊节点

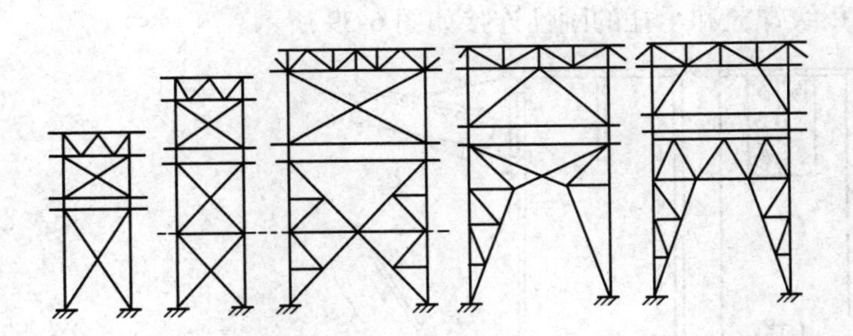

图 6-35　柱间支撑的型式

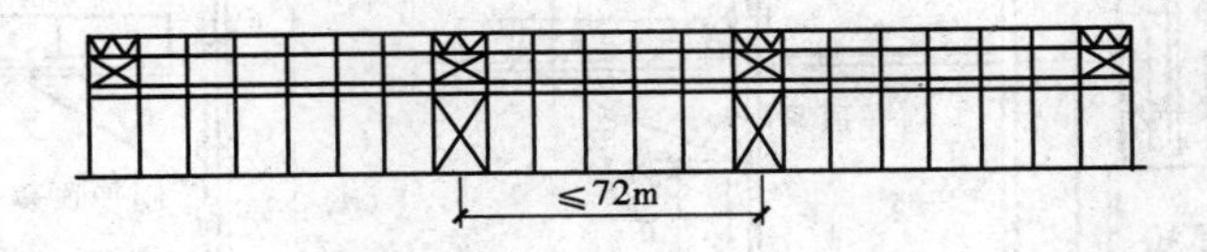

图 6-36　柱间支撑布置图

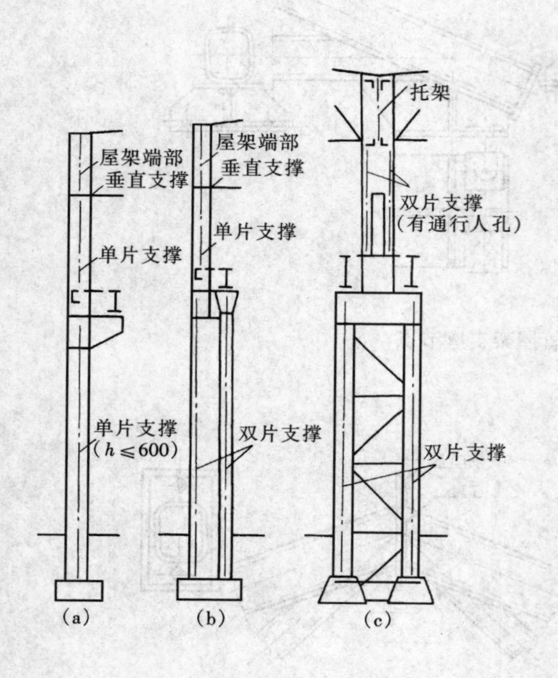

图 6-37　柱间支撑在柱侧面的位置图

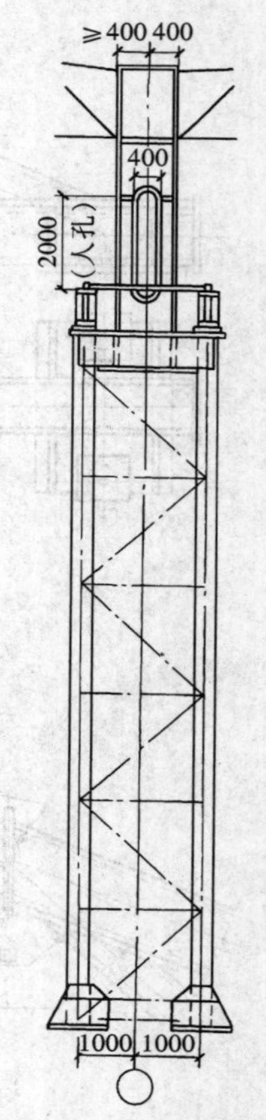

图 6-38　有人孔的柱

屋架与柱用 C 级螺栓和承托的刚性连接如图 6-39 所示。

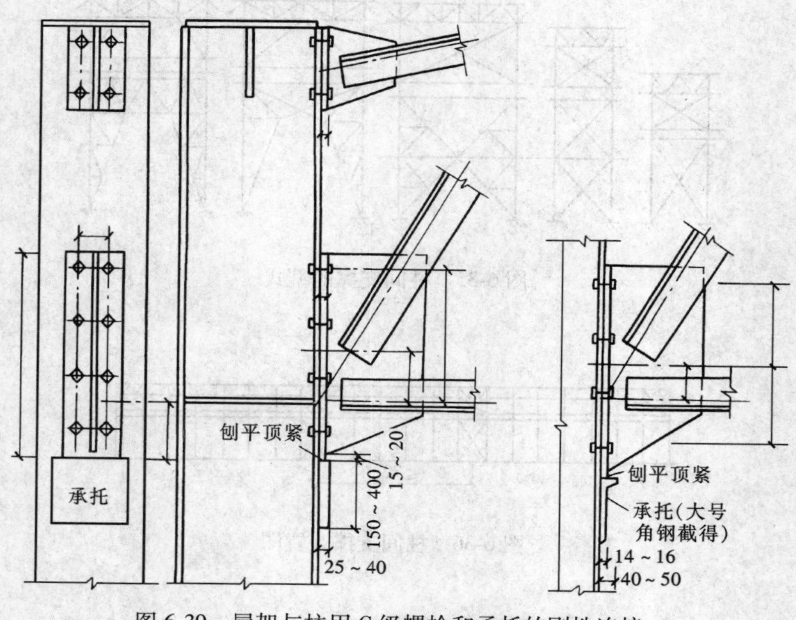

图 6-39　屋架与柱用 C 级螺栓和承托的刚性连接

屋架与托架的连接如图 6-40 所示。

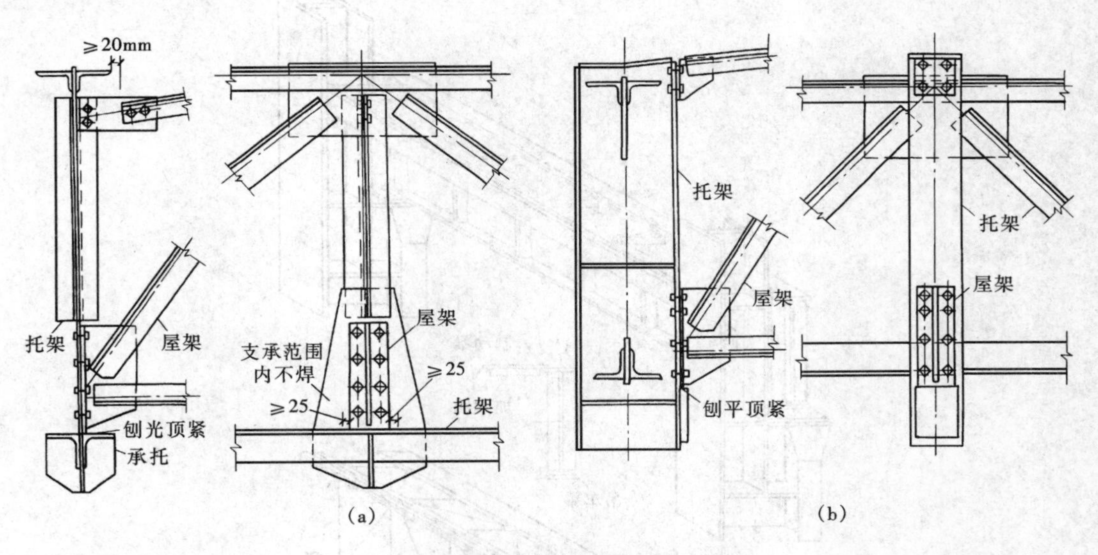

图 6-40　屋架与托架的连接

（a）托架竖杆十字形截面；（b）托架竖杆工字形截面

设水平抗风桁架的山墙墙架如图 6-41 所示，山墙墙架柱与屋架的连接如图 6-42 所示。

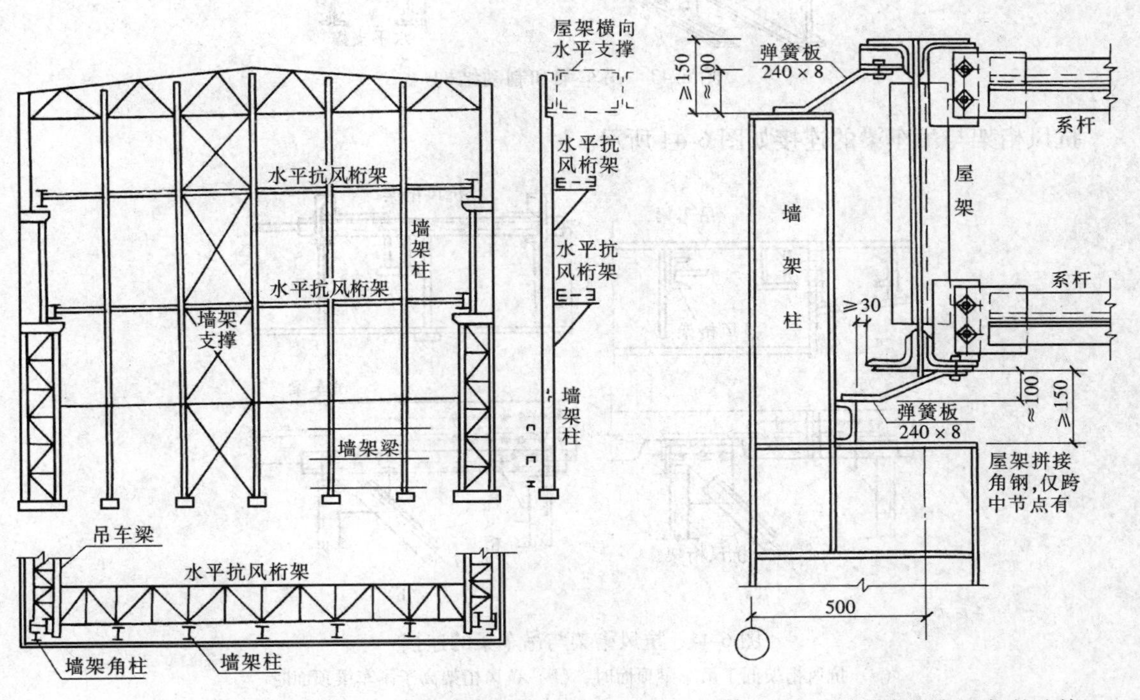

图 6-41　设水平抗风桁架的山墙墙架

图 6-42　山墙墙架柱与屋架的连接

吊车梁和制动结构如图 6-43 所示。

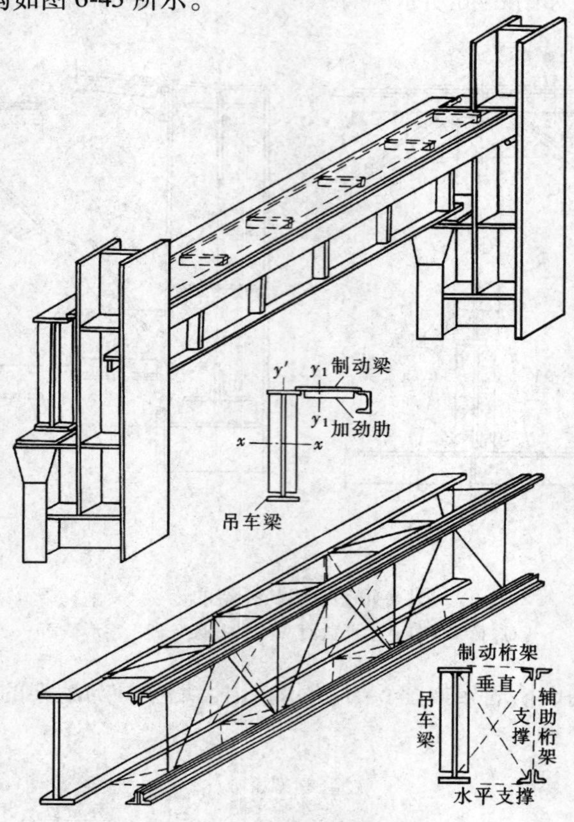

图 6-43 吊车梁和制动结构

抗风桁架与吊车梁的连接如图 6-44 所示。

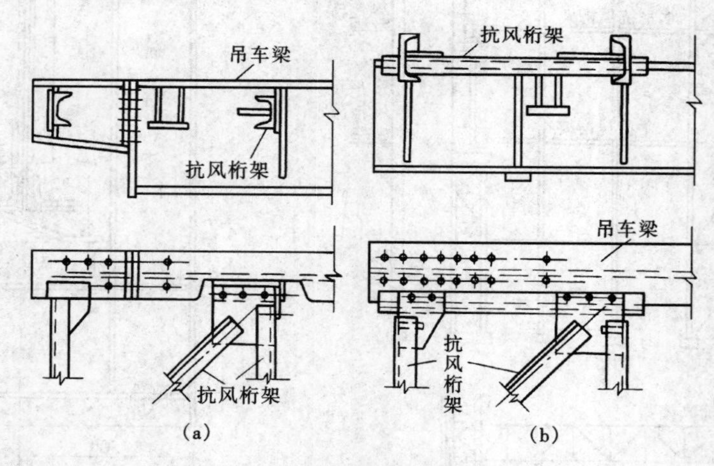

图 6-44 抗风桁架与吊车梁的连接

(a) 抗风桁架低于吊车梁顶面时；(b) 抗风桁架高于吊车梁顶面时

屋架详图如图 6-45 和图 6-46 所示。

屋架支撑布置如图 6-47 所示。

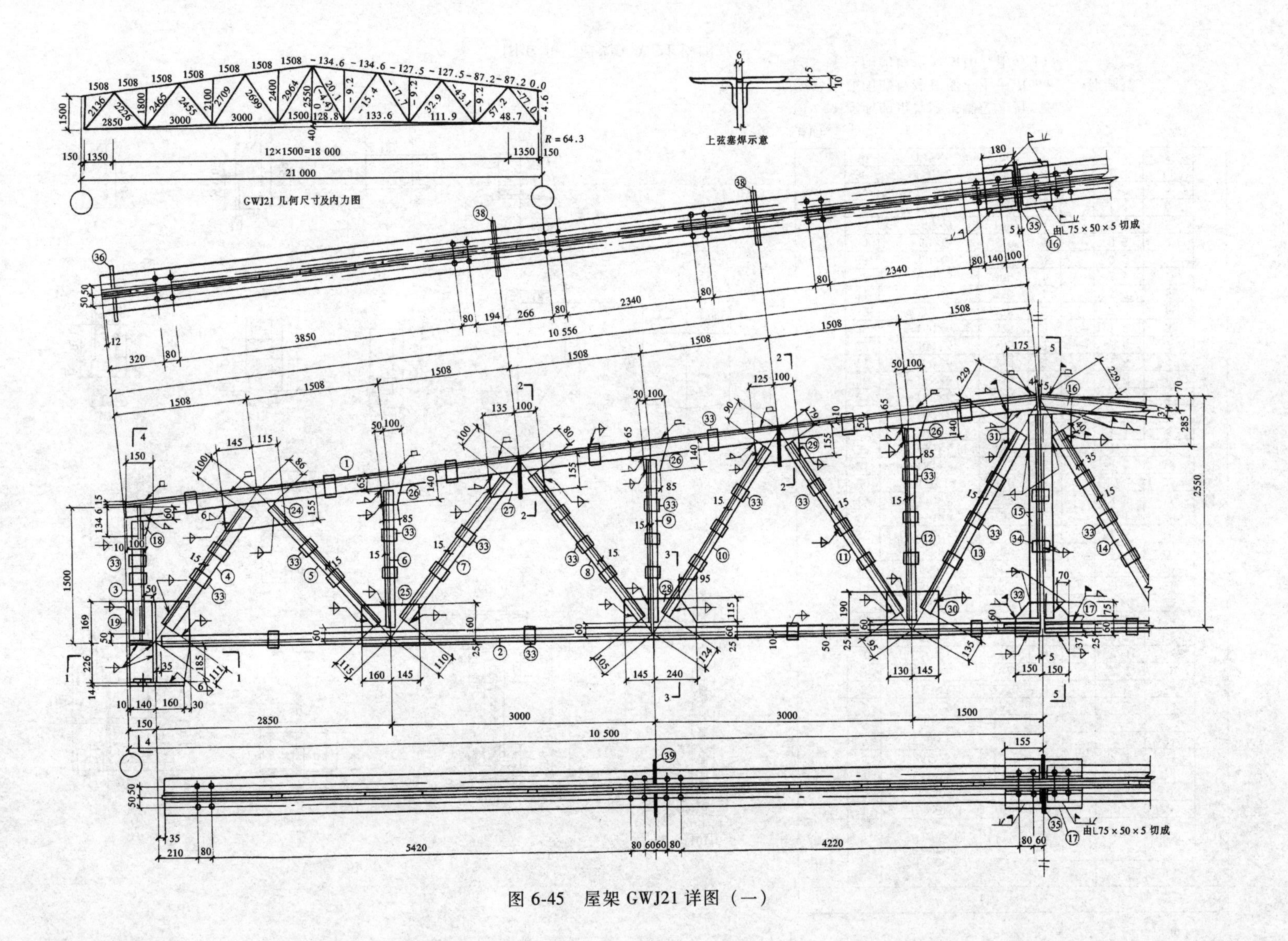

图 6-45　屋架 GWJ21 详图（一）

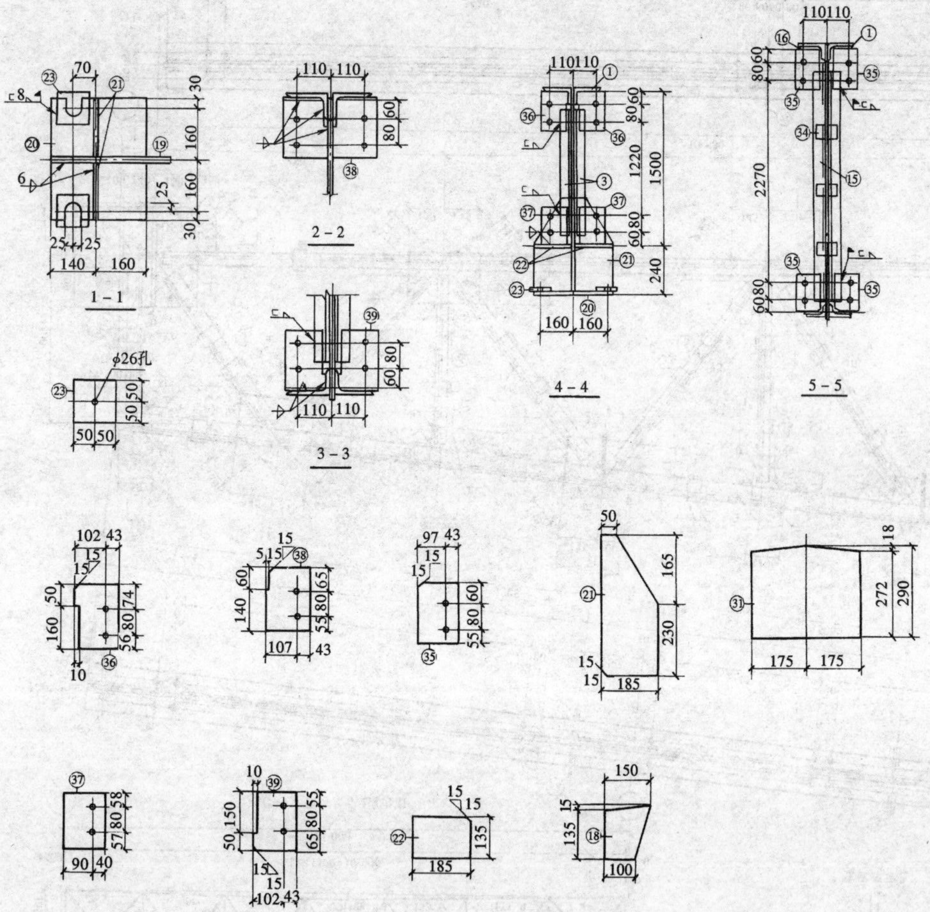

1-1

2-2

3-3

4-4

5-5

材 料 表

构件编号	零件号	断 面	长度（mm）	数量 正	数量 反	质量（kg） 单个质量	质量（kg） 共计	质量（kg） 合计
GWJ21	1	L75×50×5	10540	2	2	50.7	203	956
	2	L75×50×5	10310	2	2	49.6	198	
	3	L56×5	1390	4		5.9	24	
	4	L56×5	1925	4		8.2	33	
	5	L50×5	2025	4		7.6	31	
	6	L50×5	1675	4		6.3	25	
	7	L50×5	2255	4		8.5	34	
	8	L50×5	2270	4		8.6	34	
	9	L50×5	1975	4		7.4	30	
	10	L50×5	2495	4		9.4	38	
	11	L50×5	2525	4		9.5	38	
	12	L50×5	2275	4		8.6	34	
	13	L56×5	2600	2		11.0	22	
	14	L56×5	2600	1	1	11.0	22	
	15	L56×5	2420	2		10.3	21	
	16	L75×50×5	360	2		1.7	3	
	17	L75×50×5	310	2		1.5	3	
	18	-150×6	155	2		1.1	2	
	19	-330×8	395	2		8.2	16	
	20	-300×14	380	2		12.5	25	
	21	-185×8	395	4		4.6	18	
	22	-135×6	185	4		1.2	5	
	23	-100×14	100	4		1.1	4	
	24	-160×6	260	2		2.0	4	
	25	-185×6	305	2		2.7	5	
	26	-145×6	150	6		1.0	6	
	27	-160×6	235	2		1.8	4	
	28	-200×6	385	2		3.6	7	
	29	-160×6	225	2		1.7	3	
	30	-215×6	275	2		2.8	6	
	31	-290×6	350	1		4.8	5	
	32	-160×6	300	1		2.3	2	
	33	-60×6	80	78		0.2	18	
	34	-60×6	90	5		0.3	2	
	35	-140×6	195	4		1.3	5	
	36	-145×6	210	4		1.4	6	
	37	-130×6	195	4		1.2	5	
	38	-150×6	200	8		1.4	11	
	39	-145×6	200	4		1.4	5	

说明：

（1）未注明的角焊缝焊脚尺寸为5mm。

（2）未注明的焊缝长度不小于70mm，一律满焊。

（3）未注明的螺栓为M16，孔为ϕ17

图 6-46　屋架 GWJ21 详图（二）

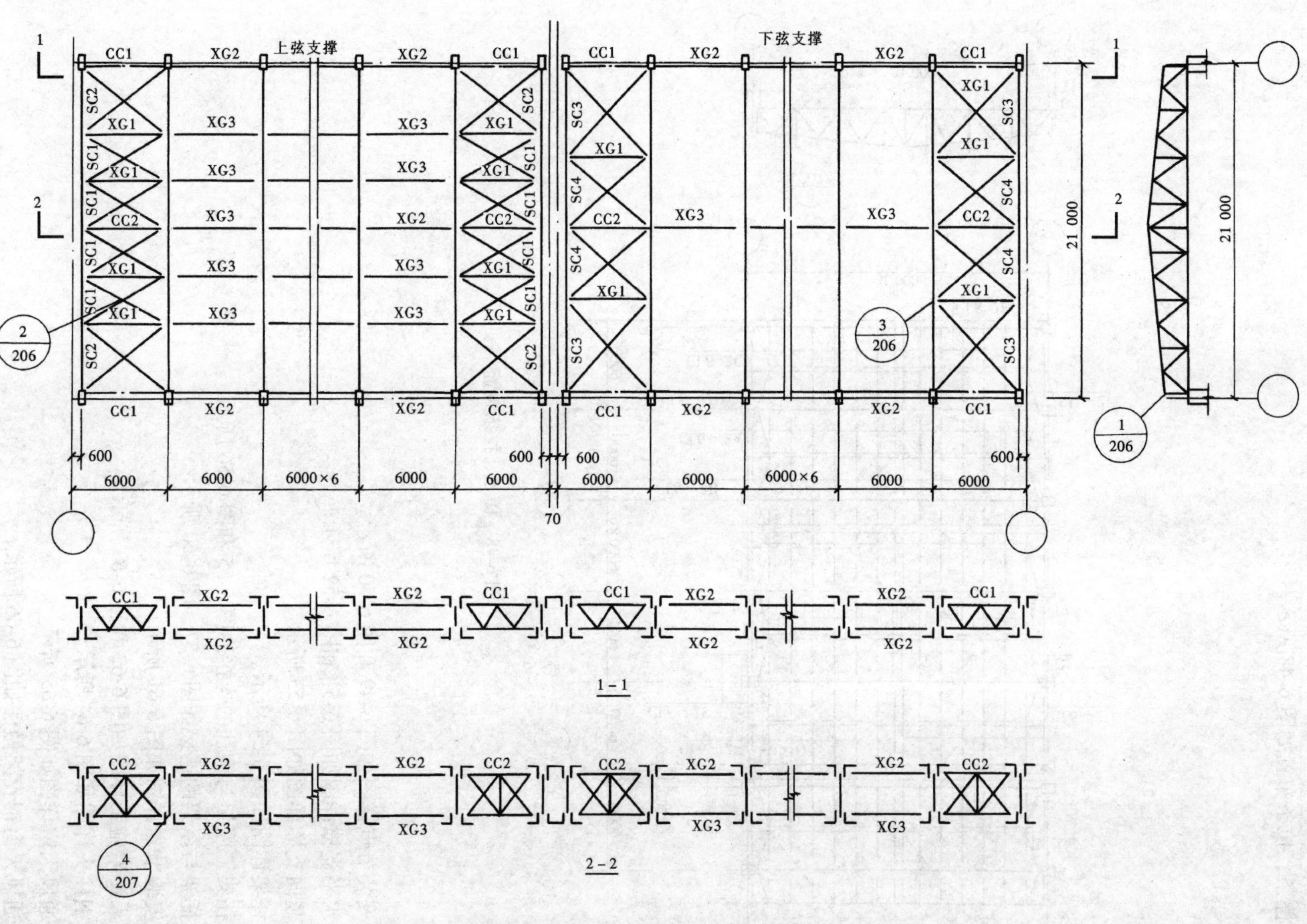

图 6-47　屋架支撑布置（柱间支撑开间应增设端部竖向支撑）

檩条、拉条布置如图 6-48 所示。

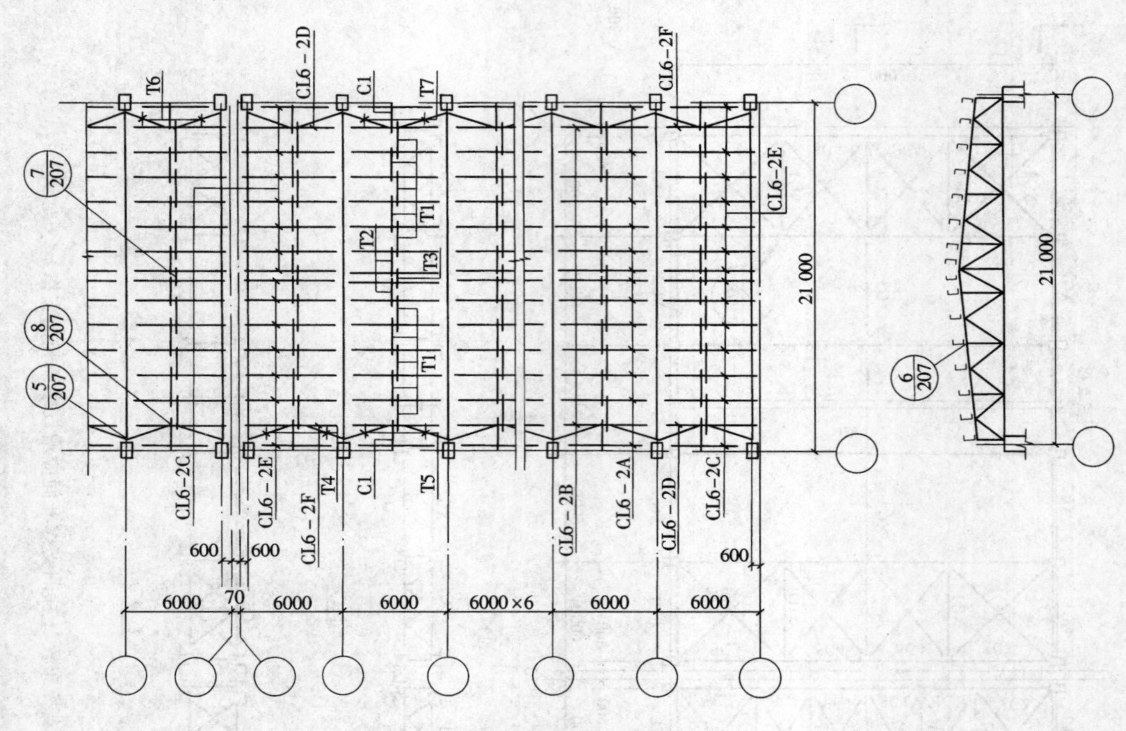

图 6-48 檩条、拉条布置

安装节点详图如图 6-49 和图 6-50 所示。

水平支撑详图如图 6-51 和图 6-52 所示。

竖向支撑详图如图 6-53 所示。

托架详图如图 6-54 所示。

托架、屋架与钢柱的连接如图 6-55 和图 6-56 所示。

托架与屋架的连接如图 6-57～图 6-60 所示。

安装节点详图如图 6-61 所示。

天窗架施工详图如图 6-62 和图 6-63 所示。

钢柱头详图如图 6-64 所示。

通风天窗详图如图 6-65 所示。

通风天窗钢骨架做法如图 6-66 所示。

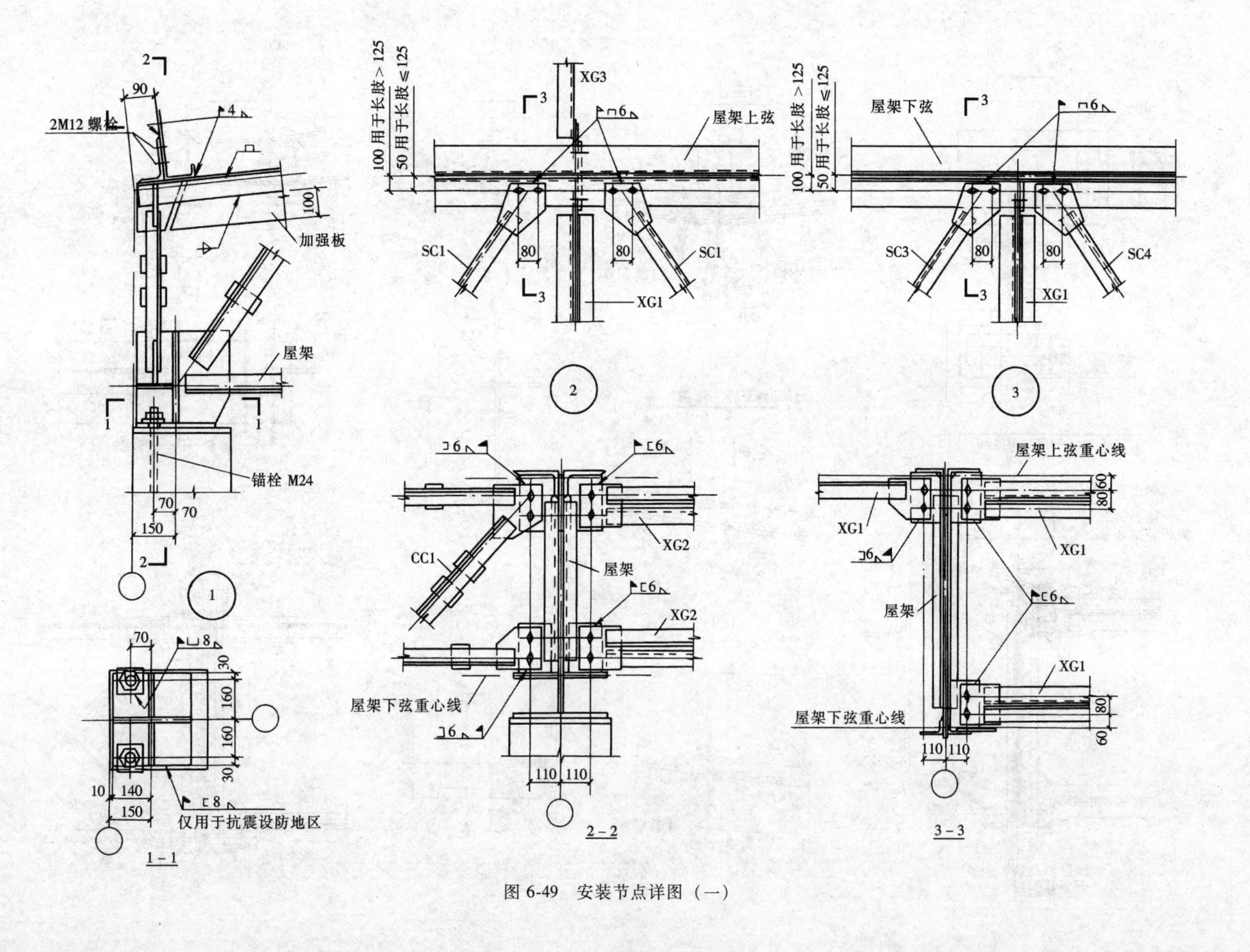

图 6-49　安装节点详图（一）

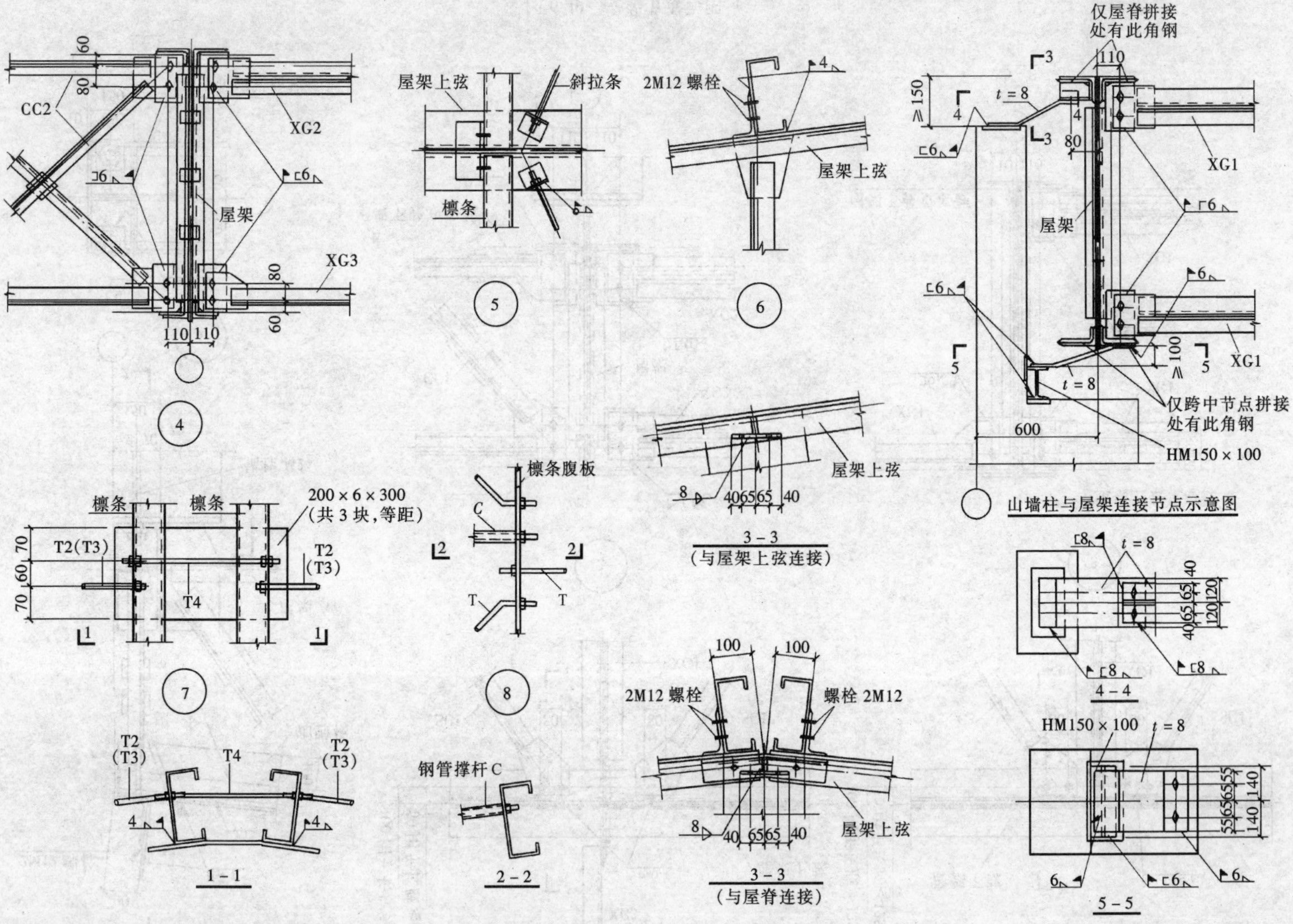

CC2
XG2
XG3
屋架
110 110
4

屋架上弦
斜拉条
檩条
5

2M12 螺栓
屋架上弦
6

仅屋脊拼接
处有此角钢
$t=8$
屋架
XG1
仅跨中节点拼接
处有此角钢
HM150 × 100
600
山墙柱与屋架连接节点示意图

檩条
200 × 6 × 300
(共 3 块，等距)
T2(T3)
T4
7

檩条腹板
C
T
8

屋架上弦
3 – 3
(与屋架上弦连接)

$t=8$
4 – 4

1 – 1
T2
(T3)
T4

钢管撑杆 C
2 – 2

2M12 螺栓
螺栓 2M12
屋架上弦
3 – 3
(与屋脊连接)

HM150 × 100
$t=8$
5 – 5

图 6-50 安装节点详图（二）

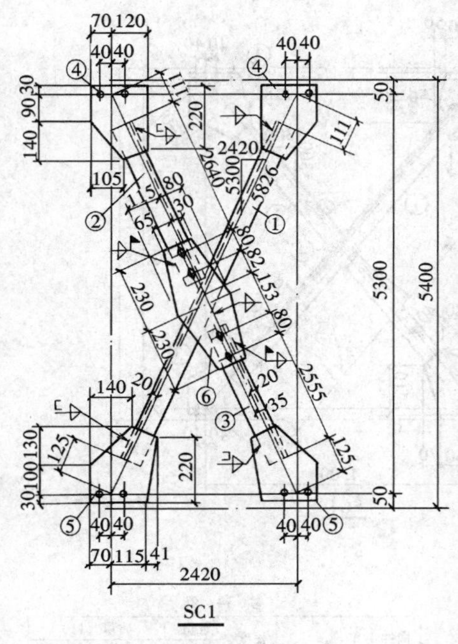

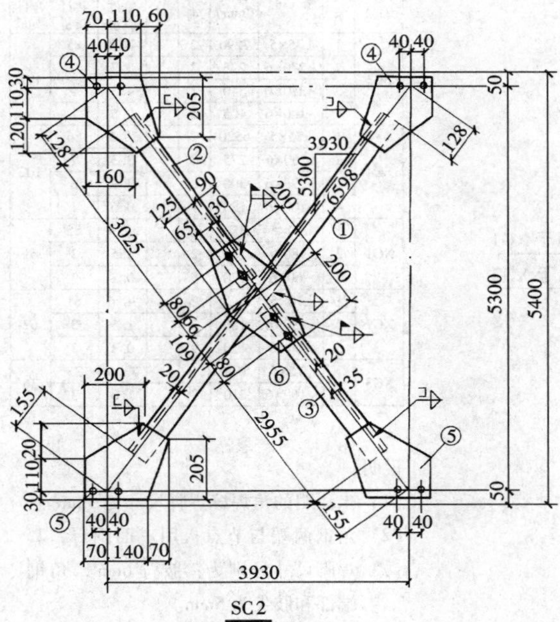

材 料 表

构件编号	零件号	断面	长度（mm）	数量		质量（kg）		
				正	反	每个	共计	合计
SC1	1	L70×5	5590	1		30.2	30	73
	2	L70×5	2750	1		14.9	15	
	3	L70×5	2665	1		14.4	14	
	4	−190×6	260	2		2.3	5	
	5	−225×6	260	2		2.7	5	
	6	−195×6	460	1		4.2	4	
SC2	1	L70×5	6315	1		34.1	34	86
	2	L70×5	3135	1		17.9	18	
	3	L70×5	3065	1		16.6	17	
	4	−240×6	260	2		2.9	6	
	5	−260×6	280	2		3.4	7	
	6	−215×6	400	1		4.0	4	

说明：

(1) 未注明的角焊缝焊脚尺寸为5mm。

(2) 角钢两端与节点板用三面围焊，其焊脚尺寸分别为：肢背6mm，角钢端部和肢尖为5mm。

(3) 未注明长度的焊缝一律满焊。

(4) 未注明的螺栓为M16，孔为ϕ17

图 6-51 水平支撑 SC1、SC2 详图

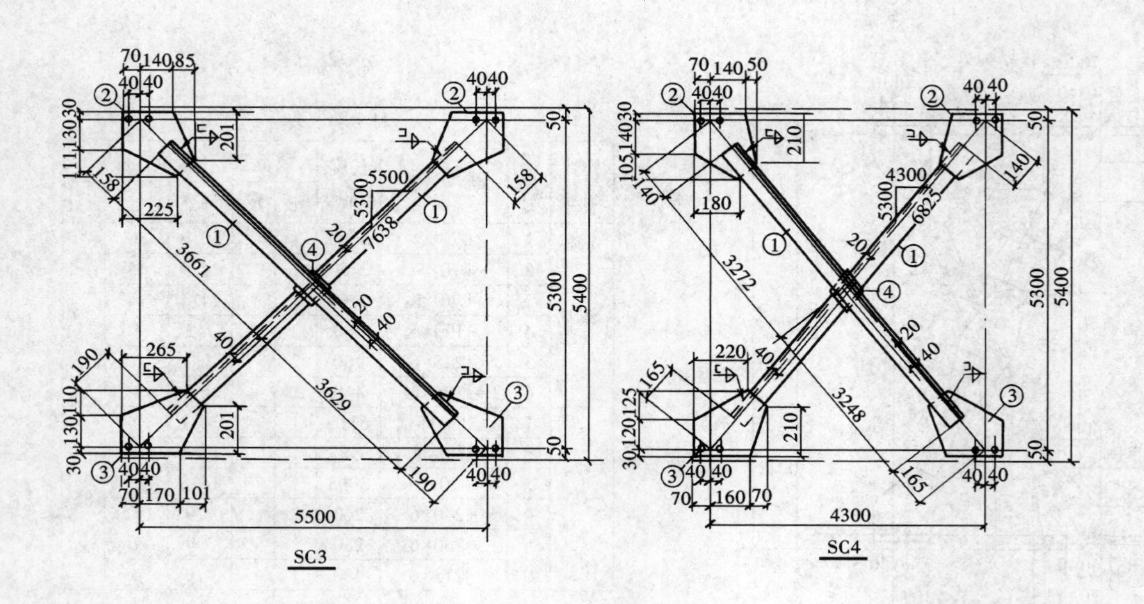

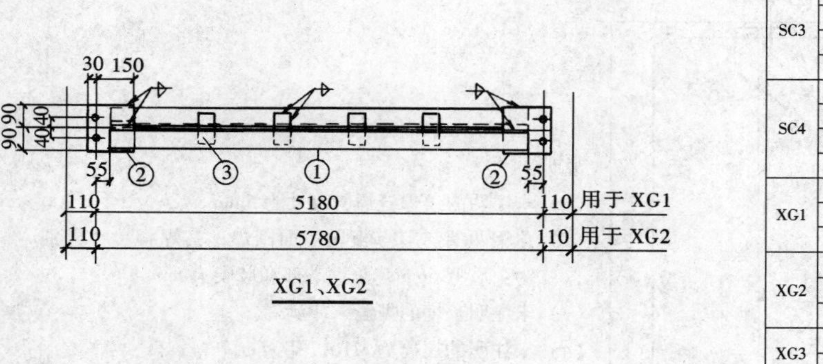
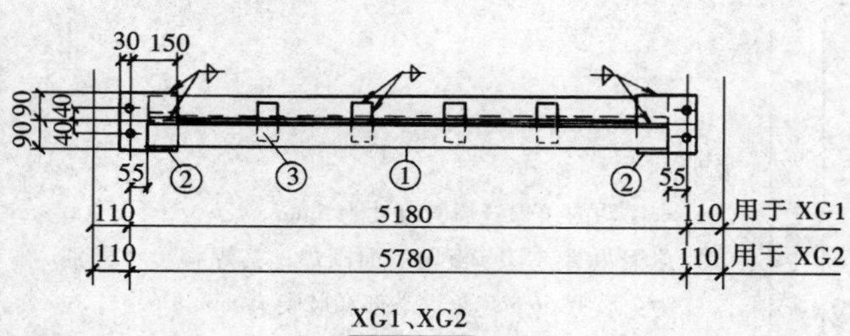

材 料 表

构件编号	零件号	断 面	长度(mm)	数量		质量(kg)		
				正	反	单件质量	共计质量	合计质量
SC3	1	L75×5	7290	2		42.4	85	102
	2	−270×6	295	2		3.7	7	
	3	−270×6	340	2		4.3	9	
	4	−100×6	105	1		0.5	1	
SC4	1	L75×5	6520	2		37.9	86	102
	2	L260×6	275	2		3.3	7	
	3	−275×6	300	2		3.9	8	
	4	−100×6	125	1		0.6	1	
XG1	1	L70×5	5070	2		27.4	55	61
	2	−180×6	180	2		1.5	3	
	3	−60×6	120	9		0.3	3	
XG2	1	L70×5	5670	2		30.6	61	67
	2	−180×6	180	2		1.5	3	
	3	−60×6	120	9		0.3	3	
XG3	1	L75×5	5670	1		33.0	33	36
	2	−160×6	210	2		1.6	3	

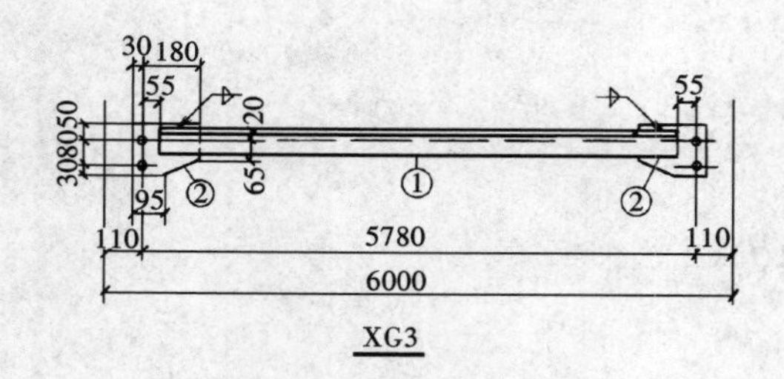

说明：

(1) 未注明的角焊缝焊脚尺寸为 5mm。

(2) 角钢两端与节点板用三面围焊，其焊脚尺寸分别为：肢背 6mm，角钢端部和肢尖为 5mm。

(3) 未注明长度的焊缝一律满焊。

(4) 未注明的螺栓为 M16，孔为 ϕ17

图 6-52 水平支撑 SC3、SC4，系杆 XG1～XG3 详图

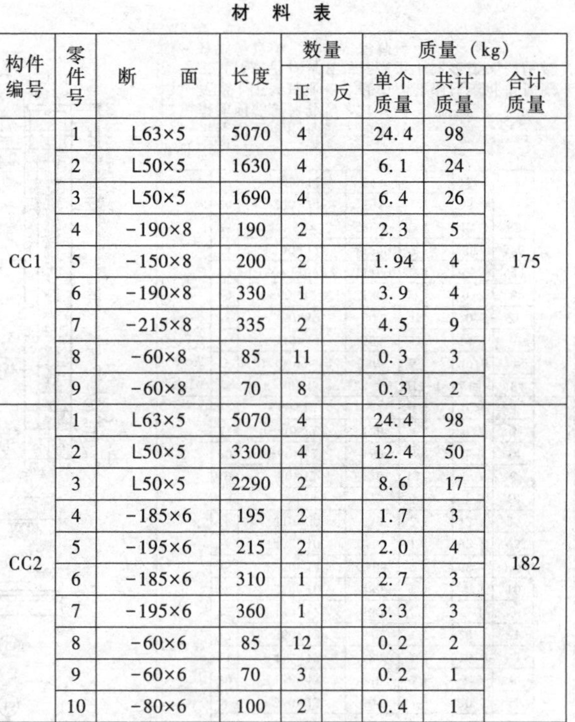

材 料 表

构件编号	零件号	断 面	长度	数量 正	数量 反	质量（kg） 单个质量	质量（kg） 共计质量	质量（kg） 合计质量
CC1	1	L63×5	5070	4		24.4	98	175
	2	L50×5	1630	4		6.1	24	
	3	L50×5	1690	4		6.4	26	
	4	−190×8	190	2		2.3	5	
	5	−150×8	200	2		1.94	4	
	6	−190×8	330	1		3.9	4	
	7	−215×8	335	2		4.5	9	
	8	−60×8	85	11		0.3	3	
	9	−60×8	70	8		0.3	2	
CC2	1	L63×5	5070	4		24.4	98	182
	2	L50×5	3300	4		12.4	50	
	3	L50×5	2290	2		8.6	17	
	4	−185×6	195	2		1.7	3	
	5	−195×6	215	2		2.0	4	
	6	−185×6	310	1		2.7	3	
	7	−195×6	360	1		3.3	3	
	8	−60×6	85	12		0.2	2	
	9	−60×6	70	3		0.2	1	
	10	−80×6	100	2		0.4	1	

说明：

（1）未注明的角焊缝焊脚尺寸为5mm。

（2）未注明长度的焊缝一律满焊。

（3）未注明的螺栓为M16，孔为ϕ17。

（4）所有杆件均三面围焊

CC1

CC2

图 6-53　竖向支撑 CC1、CC2 详图

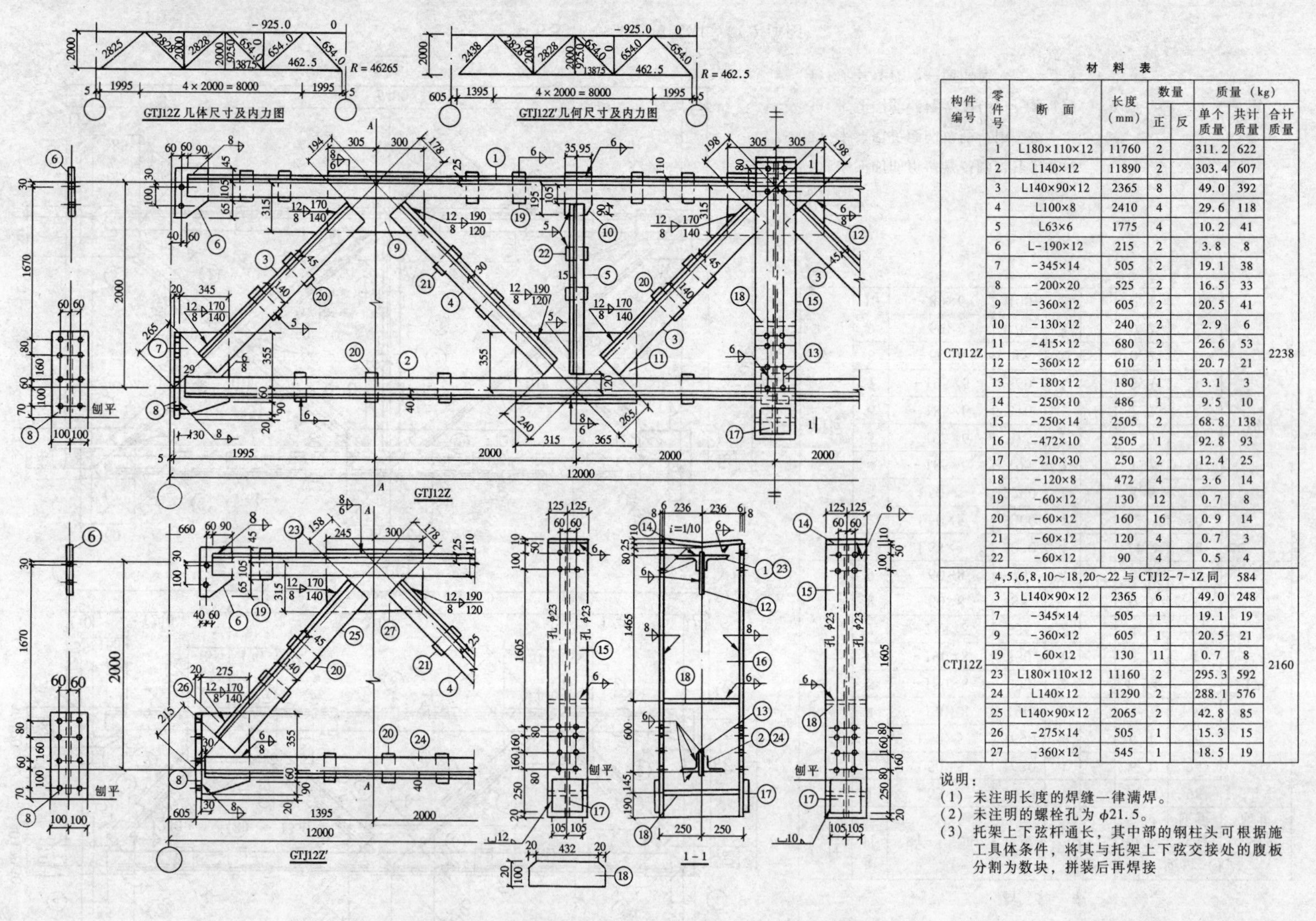

材 料 表

构件编号	零件号	断 面	长度(mm)	数量 正	数量 反	质量(kg) 单个质量	质量(kg) 共计质量	合计质量
CTJ12Z	1	L180×110×12	11760	2		311.2	622	2238
	2	L140×12	11890	2		303.4	607	
	3	L140×90×12	2365	8		49.0	392	
	4	L100×8	2410	4		29.6	118	
	5	L63×6	1775	4		10.2	41	
	6	L-190×12	215	2		3.8	8	
	7	-345×14	505	2		19.1	38	
	8	-200×20	525	2		16.5	33	
	9	-360×12	605	2		20.5	41	
	10	-130×12	240	2		2.9	6	
	11	-415×12	680	2		26.6	53	
	12	-360×12	610	1		20.7	21	
	13	-180×12	180	1		3.1	3	
	14	-250×10	486	1		9.5	10	
	15	-250×14	2505	2		68.8	138	
	16	-472×10	2505	1		92.8	93	
	17	-210×30	250	2		12.4	25	
	18	-120×8	472	4		3.6	14	
	19	-60×12	130	12		0.7	8	
	20	-60×12	160	16		0.9	14	
	21	-60×12	120	4		0.7	3	
	22	-60×12	90	4		0.5	4	
CTJ12Z	4,5,6,8,10~18,20~22 与 CTJ12-7-1Z 同						584	2160
	3	L140×90×12	2365	6		49.0	248	
	7	-345×14	505	1		19.1	19	
	9	-360×12	605	1		20.5	21	
	19	-60×12	130	11		0.7	8	
	23	L180×110×12	11160	2		295.3	592	
	24	L140×12	11290	2		288.1	576	
	25	L140×90×12	2065	2		42.8	85	
	26	-275×14	505	1		15.3	15	
	27	-360×12	545	1		18.5	19	

说明：
(1) 未注明长度的焊缝一律满焊。
(2) 未注明的螺栓孔为 ϕ21.5。
(3) 托架上下弦杆通长，其中部的钢柱头可根据施工具体条件，将其与托架上下弦交接处的腹板分割为数块，拼装后再焊接

图 6-54 托架详图（仅适用于中间柱 Z 型、边柱 B 型）

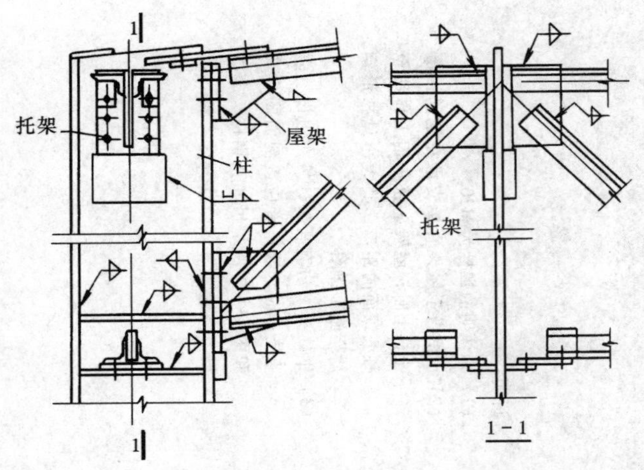

图 6-55　托架、屋架与钢柱的连接（一）

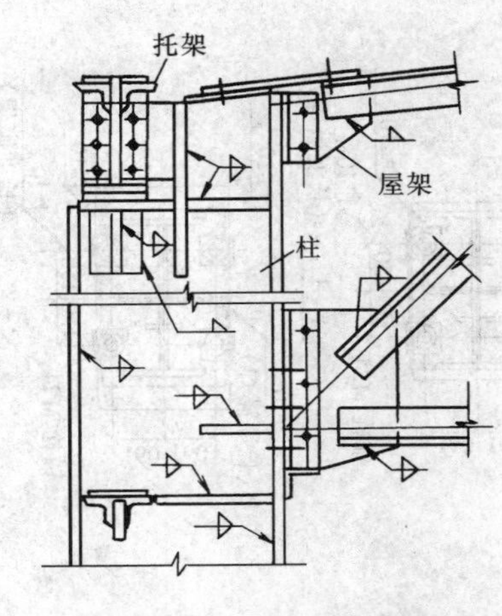

图 6-56　托架、屋架与钢柱的连接（二）

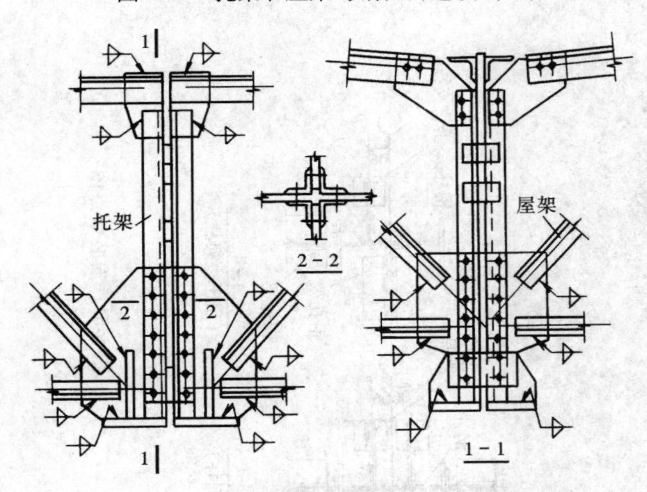

图 6-57　托架与屋架（与柱铰接）的连接（一）

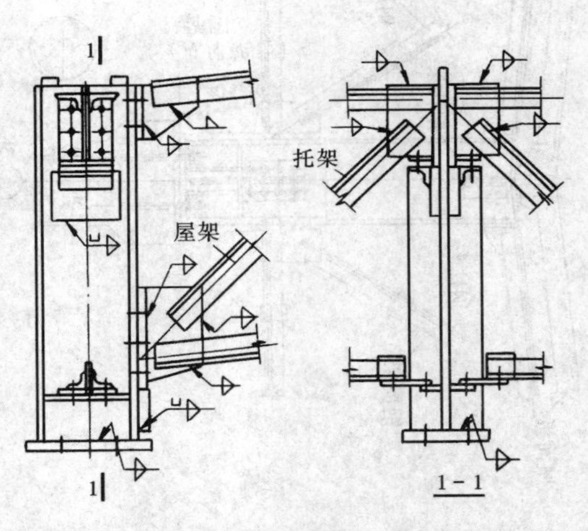

图 6-58　托架与屋架（与柱铰接）的连接（二）

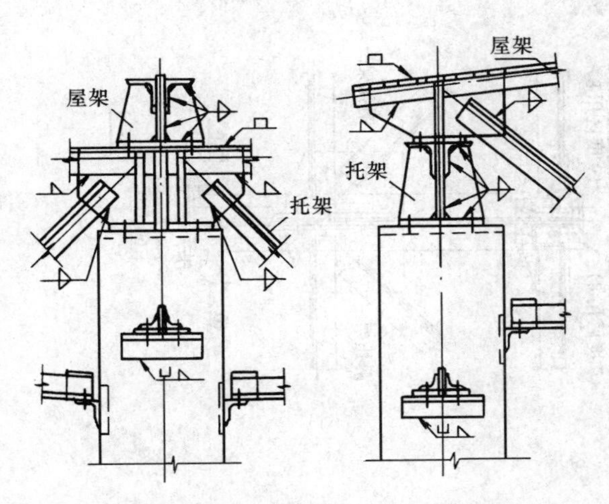

图 6-59　托架与屋架（与柱铰接）的连接（三）

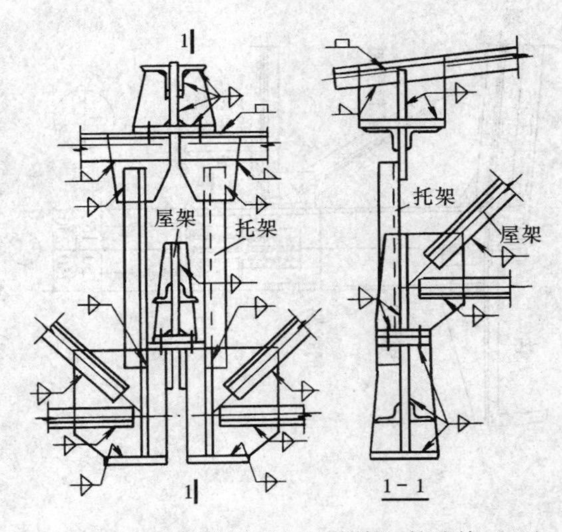

图 6-60　托架与屋架（与柱铰接）的连接（四）

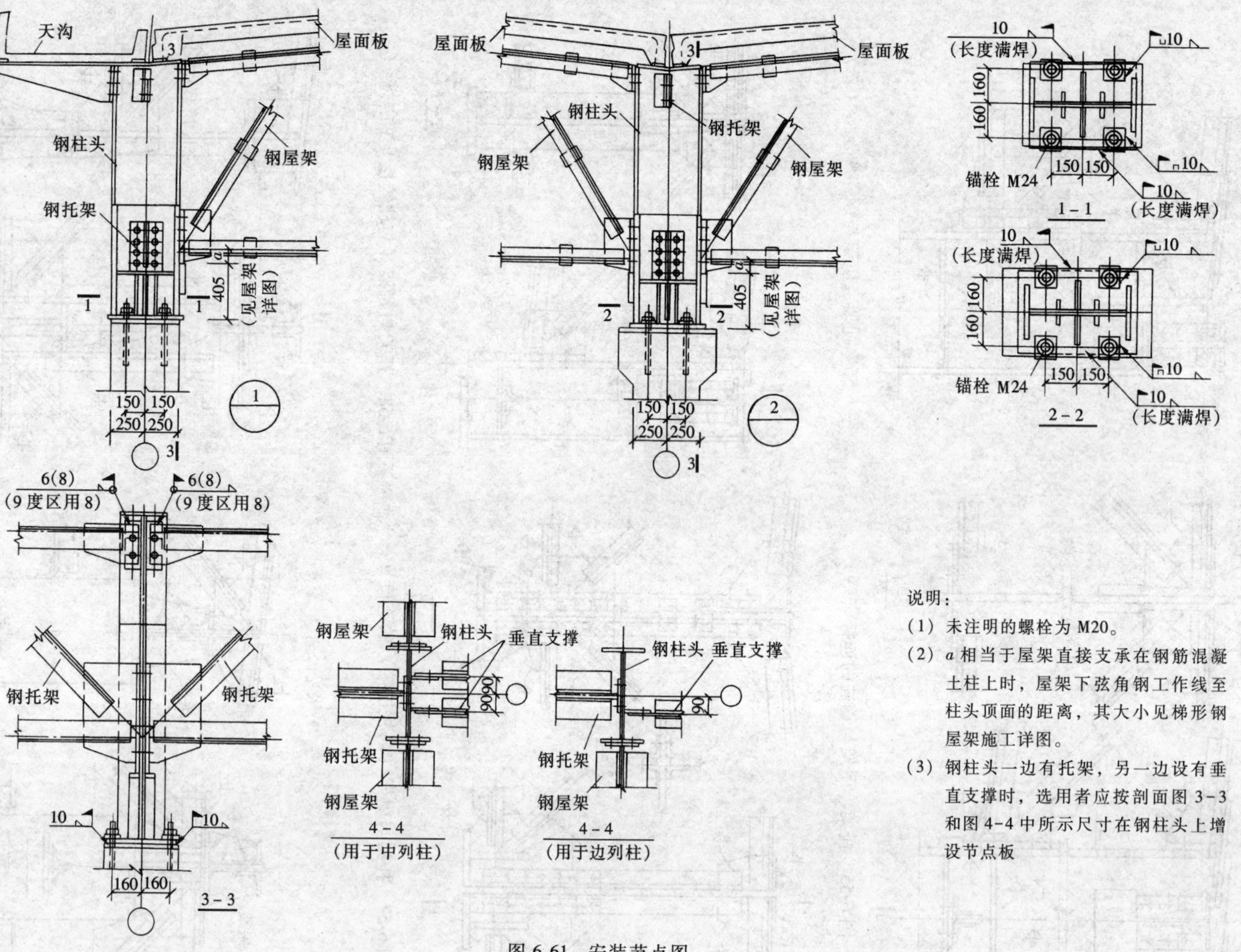

图 6-61　安装节点图

说明：

(1) 未注明的螺栓为 M20。

(2) a 相当于屋架直接支承在钢筋混凝土柱上时，屋架下弦角钢工作线至柱头顶面的距离，其大小见梯形钢屋架施工详图。

(3) 钢柱头一边有托架，另一边设有垂直支撑时，选用者应按剖面图 3-3 和图 4-4 中所示尺寸在钢柱头上增设节点板

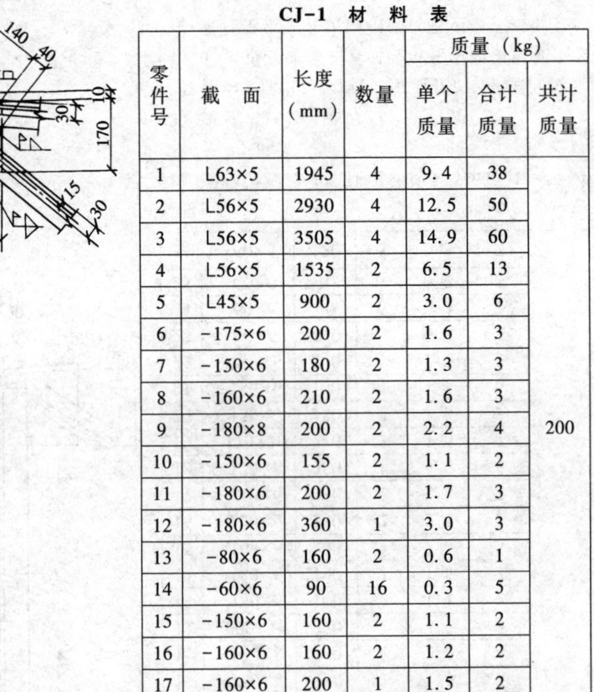

图 6-62　天窗架（CJ-1）施工详图

CJ-1　材　料　表

零件号	截　面	长度（mm）	数量	质量（kg）		
				单个质量	合计质量	共计质量
1	L63×5	1945	4	9.4	38	200
2	L56×5	2930	4	12.5	50	
3	L56×5	3505	4	14.9	60	
4	L56×5	1535	2	6.5	13	
5	L45×5	900	2	3.0	6	
6	−175×6	200	2	1.6	3	
7	−150×6	180	2	1.3	3	
8	−160×6	210	2	1.6	3	
9	−180×8	200	2	2.2	4	
10	−150×6	155	2	1.1	2	
11	−180×6	200	2	1.7	3	
12	−180×6	360	1	3.0	3	
13	−80×6	160	2	0.6	1	
14	−60×6	90	16	0.3	5	
15	−150×6	160	2	1.1	2	
16	−160×6	160	2	1.2	2	
17	−160×6	200	1	1.5	2	

说明：

（1）②、③零件中一半有孔，且有正反之分，可另编号。

（2）焊缝焊脚尺寸除注明外均为5mm，长度不小于70mm。

（3）螺栓 M16，孔 ϕ17。

（4）图中未标出与窗档、檩条、支撑连接的零件及孔位置。

（5）⑨零件另一方向两个孔中距由屋架上弦尺寸确定，孔边距相等，不小于30mm

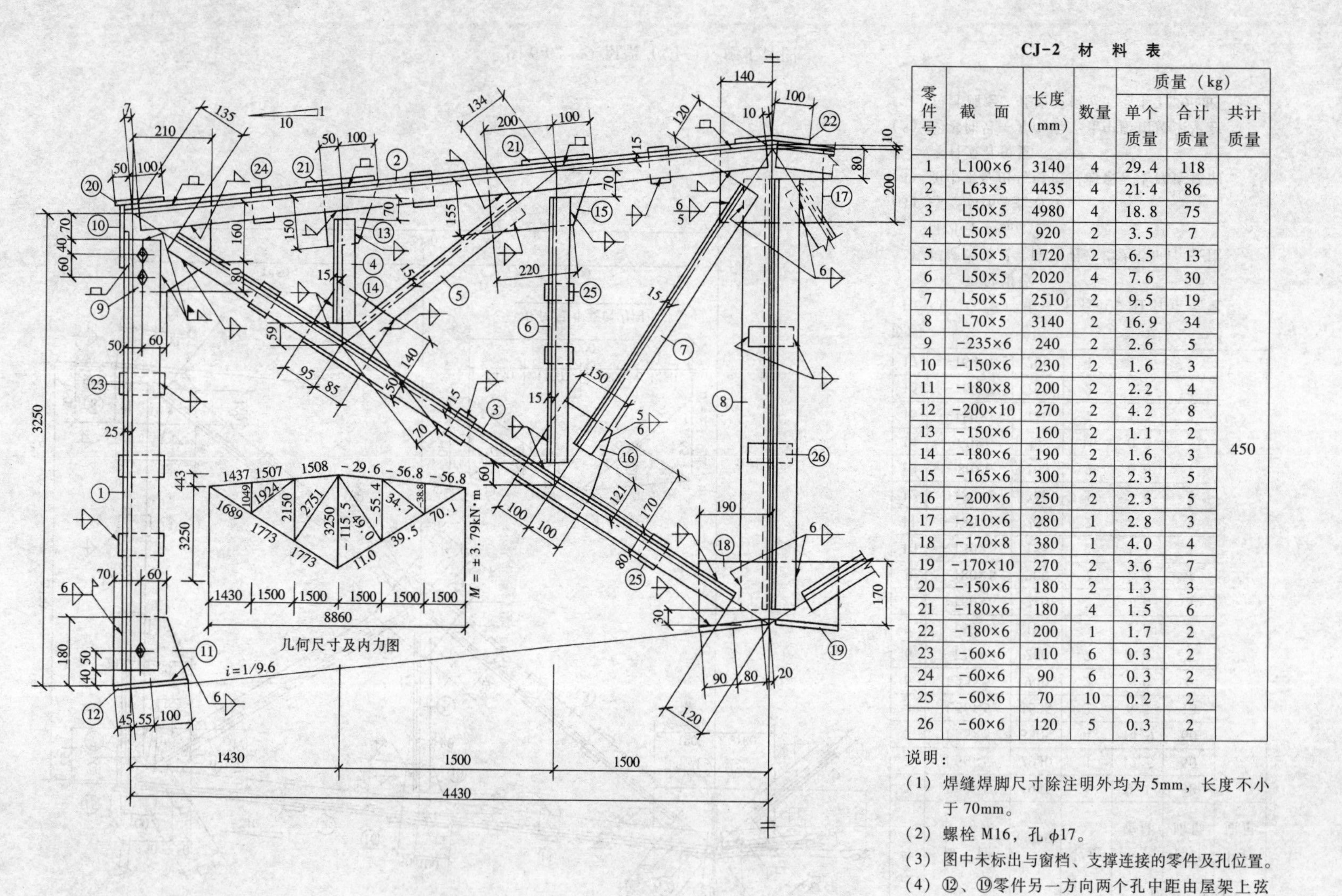

CJ-2 材 料 表

零件号	截　面	长度（mm）	数量	质量（kg）单个质量	合计质量	共计质量
1	L100×6	3140	4	29.4	118	450
2	L63×5	4435	4	21.4	86	
3	L50×5	4980	4	18.8	75	
4	L50×5	920	2	3.5	7	
5	L50×5	1720	2	6.5	13	
6	L50×5	2020	4	7.6	30	
7	L50×5	2510	2	9.5	19	
8	L70×5	3140	2	16.9	34	
9	−235×6	240	2	2.6	5	
10	−150×6	230	2	1.6	3	
11	−180×8	200	2	2.2	4	
12	−200×10	270	2	4.2	8	
13	−150×6	160	2	1.1	2	
14	−180×6	190	2	1.6	3	
15	−165×6	300	2	2.3	5	
16	−200×6	250	2	2.3	5	
17	−210×6	280	1	2.8	3	
18	−170×8	380	1	4.0	4	
19	−170×10	270	2	3.6	7	
20	−150×6	180	2	1.3	3	
21	−180×6	180	4	1.5	6	
22	−180×6	200	1	1.7	2	
23	−60×6	110	6	0.3	2	
24	−60×6	90	6	0.3	2	
25	−60×6	70	10	0.2	2	
26	−60×6	120	5	0.3	2	

说明：

（1）焊缝焊脚尺寸除注明外均为 5mm，长度不小于 70mm。

（2）螺栓 M16，孔 ϕ17。

（3）图中未标出与窗档、支撑连接的零件及孔位置。

（4）⑫、⑲零件另一方向两个孔中距由屋架上弦尺寸确定，孔边距相等，不小于 35mm

图 6-63　天窗架（CJ-2）施工详图

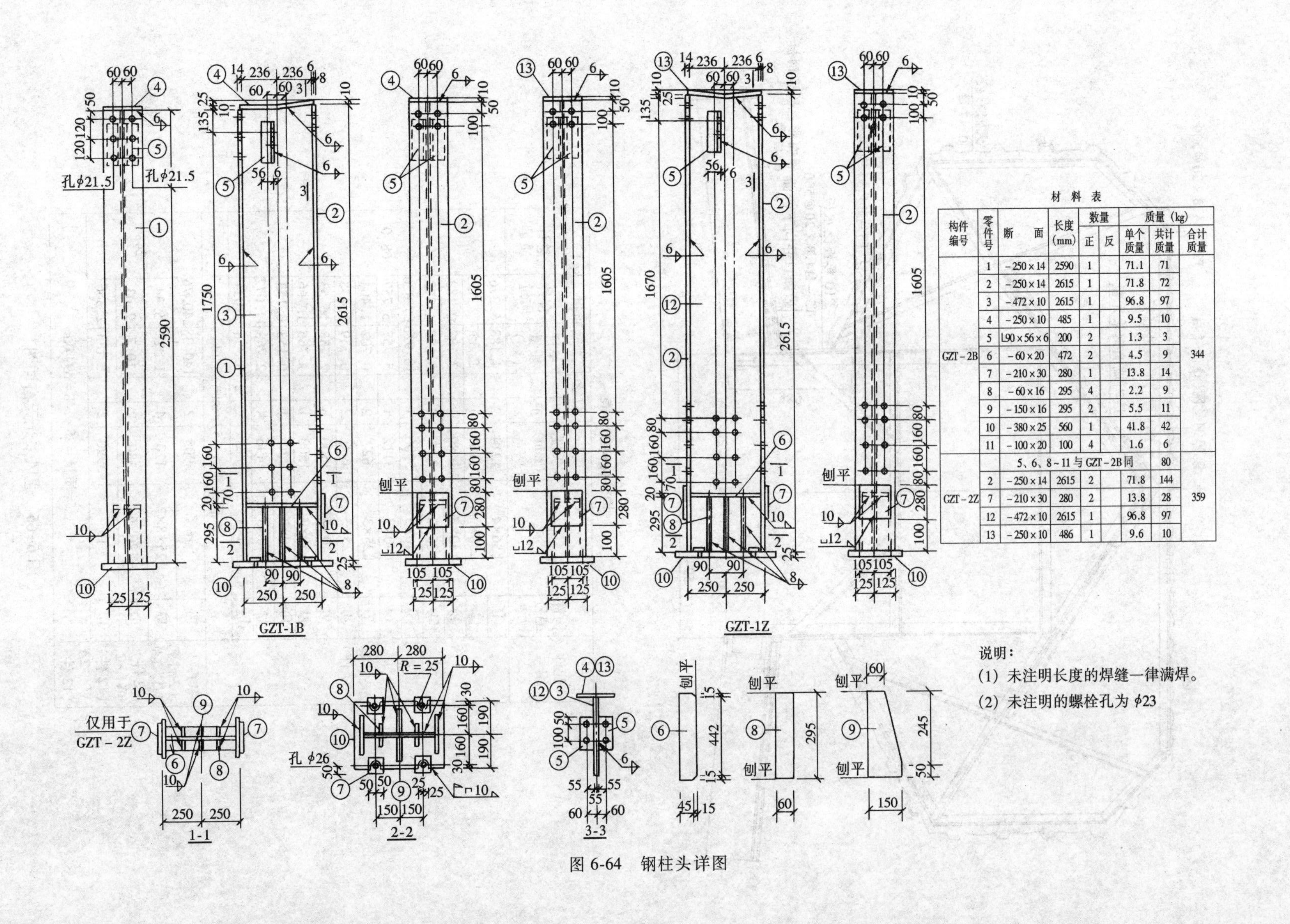

材 料 表

构件编号	零件号	断 面	长度(mm)	数量 正	数量 反	质量(kg) 单个质量	质量(kg) 共计质量	质量(kg) 合计质量
GZT－2B	1	－250×14	2590	1		71.1	71	344
	2	－250×14	2615	1		71.8	72	
	3	－472×10	2615	1		96.8	97	
	4	－250×10	485	1		9.5	10	
	5	L90×56×6	200	2		1.3	3	
	6	－60×20	472	2		4.5	9	
	7	－210×30	280	1		13.8	14	
	8	－60×16	295	4		2.2	9	
	9	－150×16	295	2		5.5	11	
	10	－380×25	560	1		41.8	42	
	11	－100×20	100	4		1.6	6	
GZT－2Z	5、6、8～11与GZT－2B同						80	359
	2	－250×14	2615	2		71.8	144	
	7	－210×30	280	2		13.8	28	
	12	－472×10	2615	1		96.8	97	
	13	－250×10	486	1		9.6	10	

说明：

(1) 未注明长度的焊缝一律满焊。

(2) 未注明的螺栓孔为 ϕ23

图 6-64 钢柱头详图

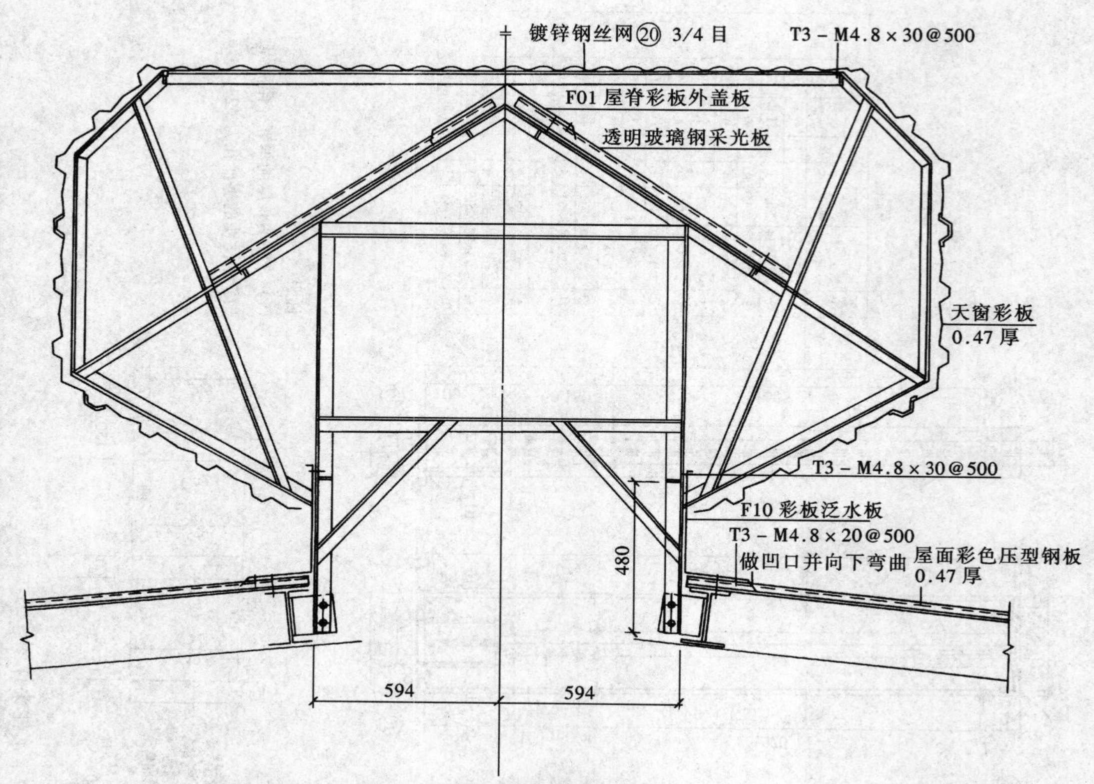

构件材料统计表

配件编号	构件编号	规格型号	长度(mm)	数量 正	数量 反	单件质量(kg)	合计质量	总计质量
天窗架(57件)	①	L56×4	1214	2		4.188	8.376	68.0
	②	L30×3	1180	1		2.55	2.55	
	③	L40×3	1180	1		2.183	2.183	
	④	L25×3	615	2		0.689	1.378	
	⑤	L40×3	5906	1		10.926	10.926	
	⑥	L40×3	3112	1		5.757	5.757	
	⑦	L25×3	627	2		0.702	1.404	
	⑧	L25×3	660	2		0.739	1.478	
	⑨	L40×3	1500	6		2.755	16.53	
	⑩	－50×3	1500	1		1.766	1.766	
	⑪	－50×3	130	1		0.153	0.153	
	⑫	L40×3	1496	4		2.768	11.072	
	⑬	L30×3	552	2	2	0.756	3.024	
	总计质量＝57×68＝3876kg							
WL－1(2件) WL－1A(2件) WL－2(12件) WL－2A(12件)	⑭	[16	6905	2		120.38	240.76	248
	⑮	[125×8×7	120	4		1.328	5.34	
	⑯	－120×6	180	2		10.7	2.03	
	⑰	[16	5990	2		1.183	2.366	
	总计质量＝28×248＝6944kg							

图 6－65　通风采光天窗详图

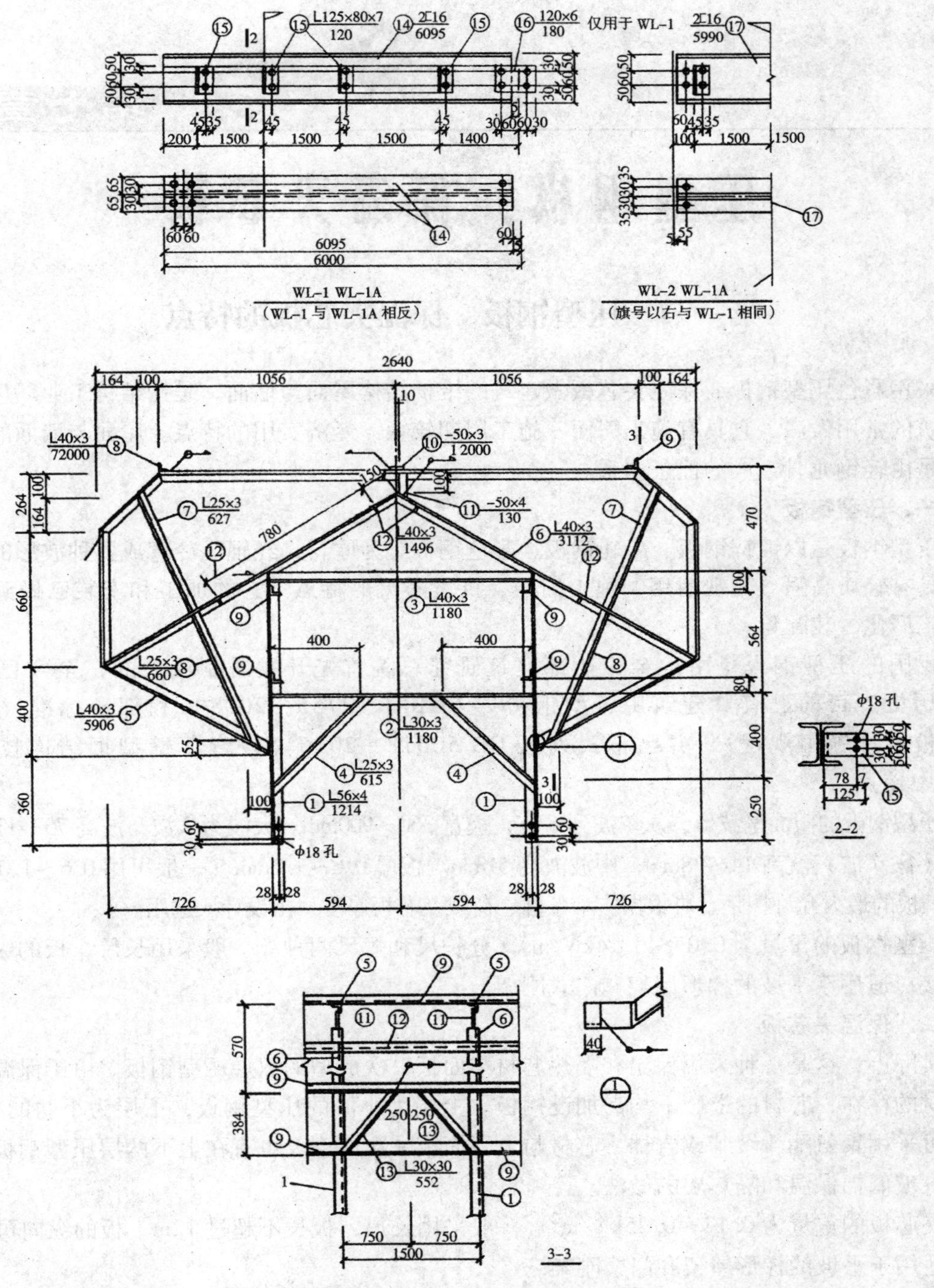

图 6-66 通风采光天窗钢骨架做法

第七章

压型钢板、保温夹芯板

第一节　压型钢板、保温夹芯板的特点

采用彩色压型钢板或保温夹芯板做建筑的维护结构屋面与墙面，是钢结构工业厂房与民用建筑的常用做法，它具有施工简便、施工周期较短、经济实用的特点。屋面与墙面的承重结构是由轻钢龙骨组成的檩条体系。

一、压型钢板

压型钢板是以镀锌钢板、冷轧钢板、彩色钢板等为原料，经辊压冷弯成各种波形的压型板，具有轻质高强、美观耐用、施工简便、抗震防火的特点。它的加工和安装已做到标准化、工厂化、装配化。

我国的压型钢板是由冶金工业部建筑研究总院首先开发研制成功的，至今已有十多年历史。目前已有《建筑用压型钢板》（GB/T 12755—2008）和部颁标准《压型金属板设计施工规程》，并已正式列入 GB 50018—2016《冷弯薄壁型钢结构技术规范》中使用。

压型钢板的截面呈波形，从单波到 6 波，板宽 360～900mm。大波为 2 波，波高 75～130mm；小波（4～7 波）波高 14～38mm；中波波高 51mm。板厚 0.6～1.6mm（一般可用 0.6～1.0mm）。压型钢板的最大允许檩距，可根据支承条件、荷载及芯板厚度，由设计人选用。

压型钢板的重量为 0.07～0.14kN/m^2。分长尺和短尺两种。一般采用长尺，板的纵向可不搭接。适用于平坡的梯形屋架和门式刚架。

二、保温夹芯板

实际上，这是一种采用保温和隔热芯材与面板一次成型的双层压型钢板。由于保温和隔热芯材的存在，芯材的上、下均需加设钢板。上层为小波的压型钢板，下层为小肋的平板。芯材可采用聚氨酯、聚苯或岩棉，芯材与上下面板一次成型。也有在上下两层压型钢板间现场增设玻璃棉保温和隔热层的做法。

夹芯板的重量为 0.12～0.25kN/m^2。一般采用长尺，板长不超过 12m。板的纵向可不搭接，适用于平坡的梯形屋架和门式刚架。

第二节　压型钢板、夹心板的规格

常用的压型钢板板型及檩距见表 7-1。

表 7-1　　　　常用压型钢板型及檩距

板型	截面形状（mm）	荷载（kN/m²）/檩距（m）					
		钢板厚度（mm）	支撑条件	荷载（kN/m²）			
				0.5	1.0	1.5	2.0
YX51-360（角弛Ⅱ）	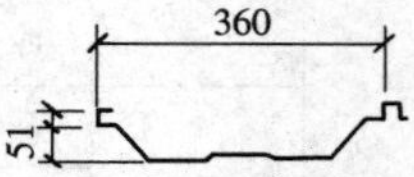 适用于：屋面板	0.6	悬臂	1.54	1.26	1.12	0.98
			简支	3.36	2.66	2.38	2.10
			连续	4.06	3.22	2.80	2.52
		0.8	悬臂	1.68	1.40	1.12	1.10
			简支	3.78	2.94	2.52	2.38
			连续	4.48	3.50	3.08	2.80
		1.0	悬臂	1.82	1.40	1.26	1.12
			简支	4.06	3.22	2.80	2.52
			连续	4.76	3.78	3.22	2.94
YX51-380-760（角弛Ⅱ）	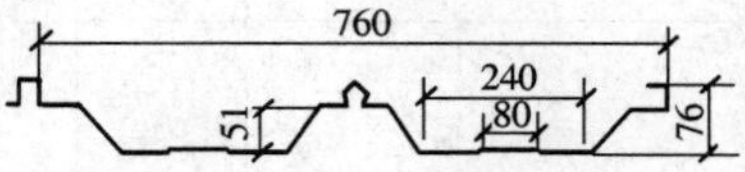 适用于：屋面板	0.6	悬臂	1.53	1.25	1.11	0.97
			简支	3.34	2.64	2.36	2.09
			连续	4.03	3.20	2.78	2.50
		0.8	悬臂	1.58	1.32	1.16	1.05
			简支	3.56	2.77	2.38	2.24
			连续	4.22	3.30	2.90	2.64
		1.0	悬臂	1.66	1.28	1.19	1.12
			简支	3.71	2.94	2.56	2.30
			连续	4.35	3.46	2.94	2.69
YX130-300-600（W600）	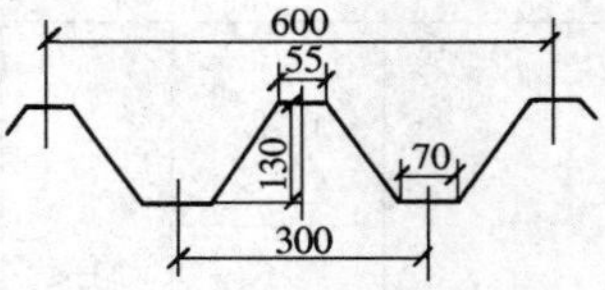 适用于：屋面板	0.6	悬臂	2.8	2.2	1.9	1.7
			简支	6.0	4.7	4.1	3.7
			连续	7.1	5.6	4.9	4.4
		0.8	悬臂	3.1	2.5	2.1	1.9
			简支	6.7	5.3	4.6	4.2
			连续	7.9	6.3	5.5	5.0
		1.0	悬臂	3.4	2.7	2.3	2.1
			简支	7.3	5.8	5.0	4.6
			连续	8.6	6.8	6.0	5.4
YX114-333-666	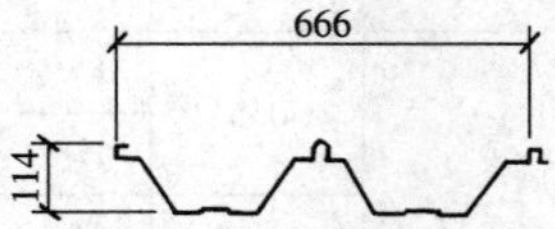 适用于：屋面板	0.6	简支	4.5	3.5	3.1	2.8
			连续	5.3	4.2	3.7	3.3
		0.8	简支	5.0	4.0	3.5	3.2
			连续	5.9	4.7	4.1	3.8
		1.0	简支	5.5	4.1	3.8	3.5
			连续	6.5	5.1	4.5	4.1
YX35-190-760	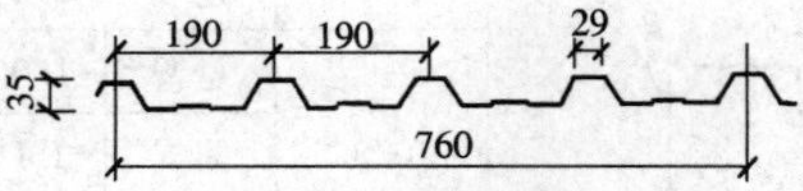 适用于：屋面板	0.6	悬臂	1.0	0.8	0.7	0.6
			简支	2.3	1.8	1.6	1.4
			连续	2.8	2.4	1.9	1.7
		0.8	悬臂	1.1	0.9	0.7	0.7
			简支	2.6	2.0	1.7	1.6
			连续	3.1	2.4	2.1	1.9
		1.0	悬臂	1.2	0.9	0.8	0.7
			简支	2.8	2.2	1.9	1.7
			连续	3.3	2.6	2.2	2.0

板型	截面形状 （mm）	钢板厚度 （mm）	支撑条件	荷载（kN/m²）/檩距（m） 荷载（kN/m²）0.5	1.0	1.5	2.0
YX35-125-750	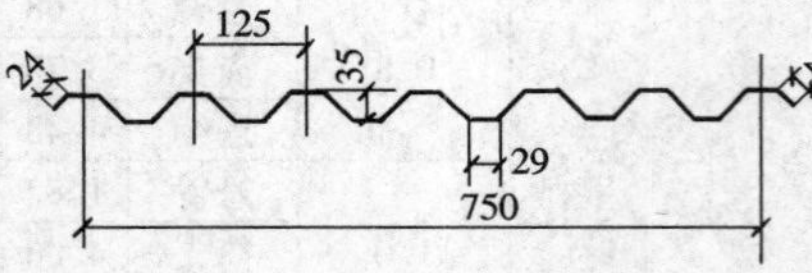 适用于：屋面板（或墙板）	0.6	悬臂	1.1	0.9	0.8	0.7
			简支	2.4	1.9	1.7	1.5
			连续	2.9	2.3	2.0	1.8
		0.8	悬臂	1.2	1.0	0.8	0.8
			简支	2.7	2.1	1.8	1.7
			连续	3.2	2.5	2.2	2.0
		1.0	悬臂	1.3	1.0	0.9	0.8
			简支	2.9	2.3	2.0	1.8
			连续	3.4	2.7	2.3	2.1
YX75-175-600（AP600）	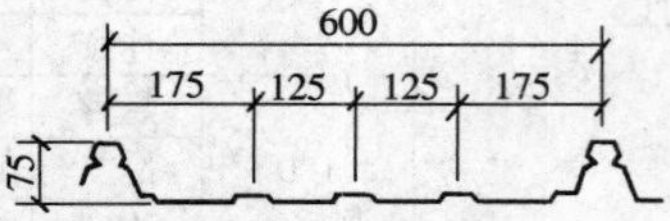 适用于：屋面板	0.47	简支		2.2 1.8	风荷载0.5 风荷载1.0	
		0.53			3.0 2.0	风荷载0.5 风荷载1.0	
		0.65			3.7 2.2	风荷载0.5 风荷载1.0	
YX28-200-740（AP740）	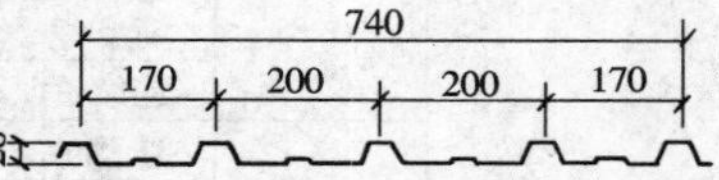 适用于：屋面板	0.47	简支		1.0 1.0	风荷载0.5 风荷载1.0	
		0.53			1.5 1.45	风荷载0.5 风荷载1.0	
		—					
YX52-600（U600）	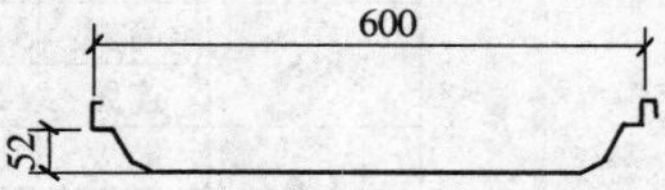 适用于：屋面板	0.5	简支	2.5	1.9	1.6	1.4
			连续	3.0	2.3	2.0	1.8
		0.6	简支	2.7	2.1	1.8	1.6
			连续	3.3	2.5	2.2	1.9
YX28-150-750	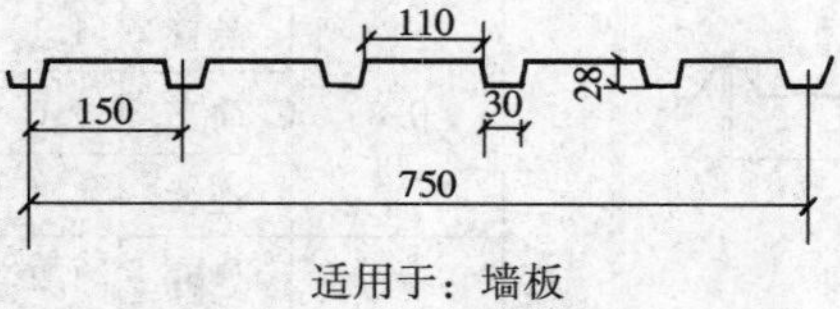 适用于：墙板	0.6	悬臂	0.9	0.7	0.6	0.5
			简支	1.9	1.5	1.3	1.2
			连续	2.2	1.8	1.5	1.4
		0.8	悬臂	1.0	0.8	0.7	0.6
			简支	2.1	1.7	1.5	1.3
			连续	2.6	2.0	1.8	1.6
		1.0	悬臂	1.1	0.9	0.7	0.7
			简支	2.4	1.9	1.6	1.5
			连续	2.8	2.2	1.9	1.8

续表

板型	截面形状（mm）	荷载（kN/m²）/檩距（m）					
		钢板厚度（mm）	支撑条件	荷载（kN/m²）			
				0.5	1.0	1.5	2.0
YX28-205-820	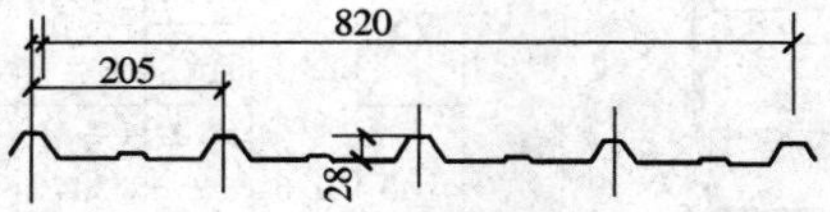 适用于：墙板	0.6	悬臂	1.10	0.91	0.73	0.51
			简支	2.21	1.75	1.56	1.38
			连续	2.67	2.12	1.84	1.66
		0.8	悬臂	1.10	0.92	0.74	0.73
			简支	2.48	1.93	1.66	1.56
			连续	2.94	2.30	2.02	1.84
		1.0	悬臂	1.20	0.92	0.83	0.74
			简支	2.67	2.12	1.84	1.66
			连续	3.13	2.48	2.12	1.93
YX51-250-750	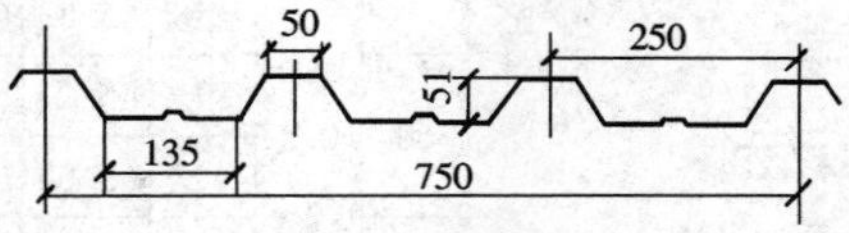 适用于：墙板	0.6	悬臂	1.1	1.1	1.0	0.9
			简支	3.1	2.5	2.2	1.9
			连续	3.7	2.9	2.6	2.3
		0.8	悬臂	1.6	1.2	1.1	1.0
			简支	3.4	2.7	2.4	2.1
			连续	4.1	3.2	2.8	2.5
		1.0	悬臂	1.7	1.4	1.2	1.1
			简支	3.8	3.0	2.6	2.4
			连续	4.5	3.5	3.1	2.8
YX24-210-840	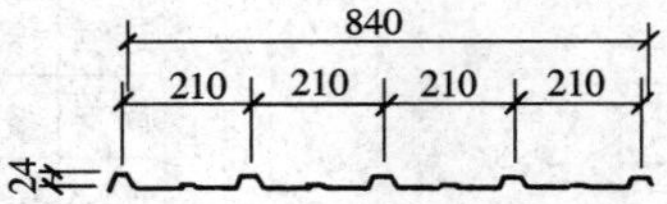 适用于：墙板	0.5	简支	0.9	0.7	0.6	0.5
			连续	2.0	1.8	1.6	1.5
		0.6	简支	1.0	0.8	0.7	0.6
			连续	2.2	1.9	1.8	1.7
		1.0	简支	1.5	1.2	1.1	1.0
			连续	2.5	2.3	2.1	2.0
YX15-225-900	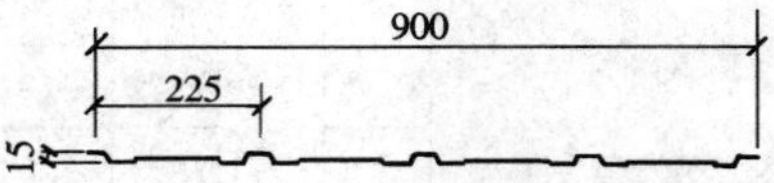 适用于：墙板	0.6	简支	1.3	1.2	1.0	1.0
			连续	1.6	1.5	1.3	1.2
		0.8	简支	1.5	1.4	1.1	1.1
			连续	1.9	1.6	1.4	1.3
		1.0	简支	1.6	1.5	1.3	1.2
			连续	2.0	1.7	1.6	1.4
YX15-118-826	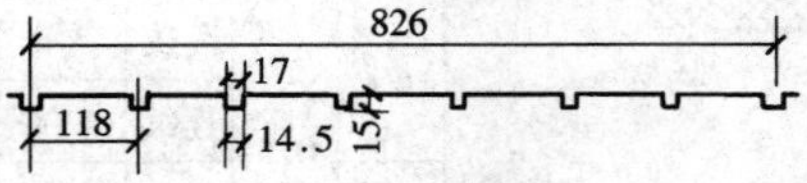 适用于：墙板	0.6	悬臂	0.60	0.55	0.52	0.45
			简支	1.34	1.20	1.03	0.95
			连续	1.61	1.45	1.34	1.15
		0.8	悬臂	0.71	0.60	0.51	0.50
			简支	1.48	1.35	1.12	1.05
			连续	1.88	1.60	1.43	1.25
		1.6	悬臂	0.72	0.65	0.57	0.50
			简支	1.64	1.45	1.34	1.15
			连续	1.97	1.70	1.55	1.35

注 表中屋面板的荷载为标准值，含板自重，其檩距按挠跨比 1/300 确定；若按 1/250 考虑时可将表中数值乘以 1.06，按 1/200 考虑时乘以 1.15。表中墙板檩距按挠跨比 1/200 确定。

常用夹芯板板型及檩距见表 7-2。

表 7-2　　常用夹芯板板型及檩距

板型	截面形状（mm）	板厚 S（mm）	面板厚（mm）	支撑条件	荷载（kN/m^2）/檩距（m） 0.5（0.6）	1.0	1.5	2.0
JxB45-500-1000	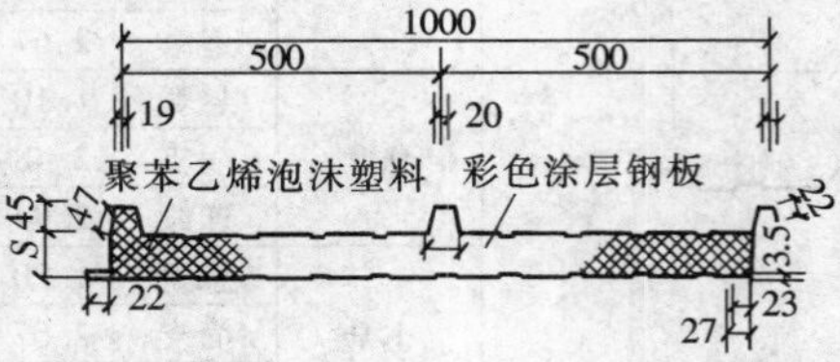 1000；500；500；19；20；聚苯乙烯泡沫塑料；彩色涂层钢板；S45；47；22；3.5；22；27；23 适用于：屋面板	75	0.6	简支	5.0	3.8	3.1	2.4
				连续				
		100		简支	5.4	4.0	3.4	2.8
				连续				
		150		简支	6.5	4.9	4.0	3.3
				连续				
JxB42-333-1000	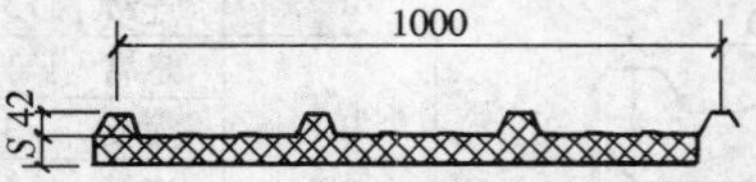 1000；S42 适用于：屋面板	50	0.5	简支	（4.7）	（3.6）	（3.0）	
				连续	（5.3）	（4.1）	（3.3）	
		60		简支	（5.0）	（3.9）	（3.1）	
				连续	（5.6）	（4.3）	（3.5）	
		80		简支	（5.5）	（4.4）	（3.4）	
				连续	（6.2）	（4.8）	（3.9）	
JxB-Qy-1000	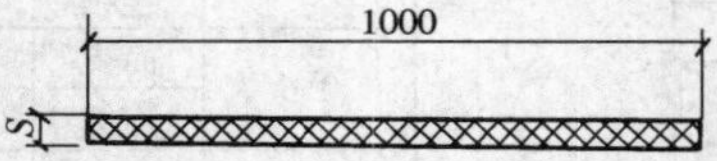 1000；S 适用于：墙板	50	0.5	简支	3.4	2.9	2.4	
				连续	3.9	3.4	2.7	
		60		简支	3.8	3.3	2.6	
				连续	4.4	3.7	3.0	
		80		简支	4.5	3.7	2.9	
				连续	5.2	4.2	3.3	
	 彩色涂层钢板；聚苯乙烯；S 拼接式加芯墙板	50	0.5	简支	3.4	2.9	2.4	
				连续	3.9	3.4	2.7	
		60		简支	3.8	3.3	2.6	
				连续	4.4	3.7	3.0	
		80		简支	4.5	3.7	2.9	
				连续	5.2	4.2	3.3	
JxB-Q-1000	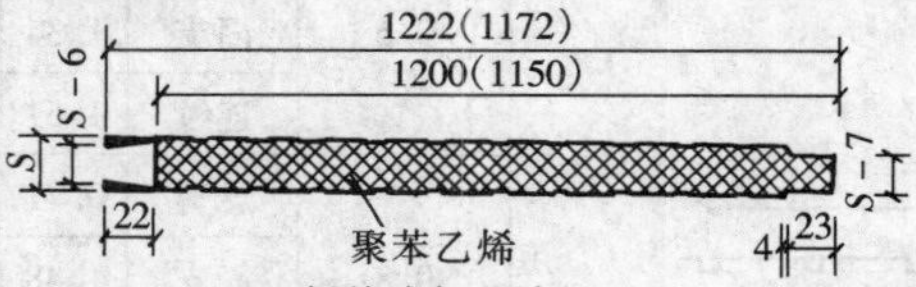 1222（1172）；1200（1150）；S-6；S；S-7；22；4；23；聚苯乙烯 插接式加芯墙板 1000；25；28；S；24；岩棉 插接式加芯墙板	50	0.5	简支	3.4	2.9	2.4	
				连续	3.9	3.4	2.7	
		60		简支	3.8	3.3	2.6	
				连续	4.4	3.7	3.0	
		80		简支	4.5	3.7	2.9	
				连续	5.2	4.2	3.3	

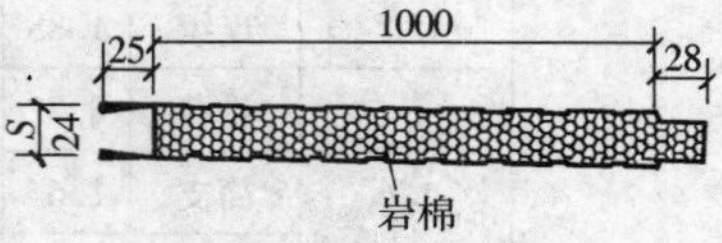

注　表中屋面板的荷载为标准值，含板自重。墙板为风荷载标准值，均按挠跨比 1/200 确定檩距。当挠跨比为 1/250 时，表中檩距应乘以系数 0.9。

第三节　压型钢板、夹芯板的施工图

（1）厂房屋面板、墙板、天窗安装示意如图 7-1 所示。

（2）天窗剖面如图 7-2 所示。

（3）屋面板连接示意如图 7-3 所示。

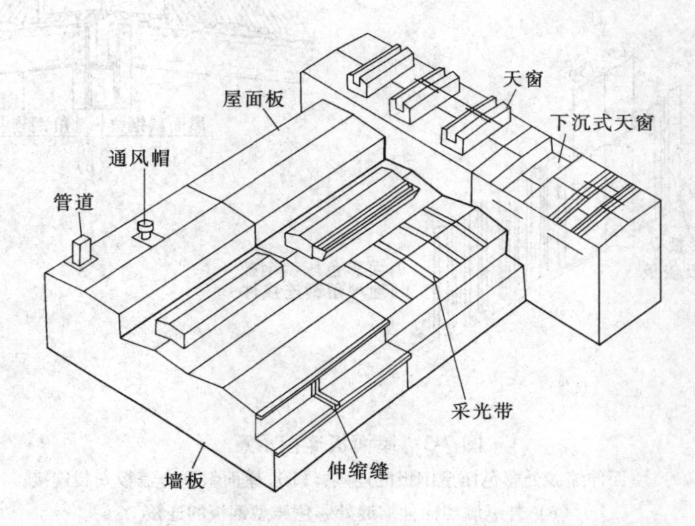

图 7-1　厂房屋面板、墙板、天窗安装示意

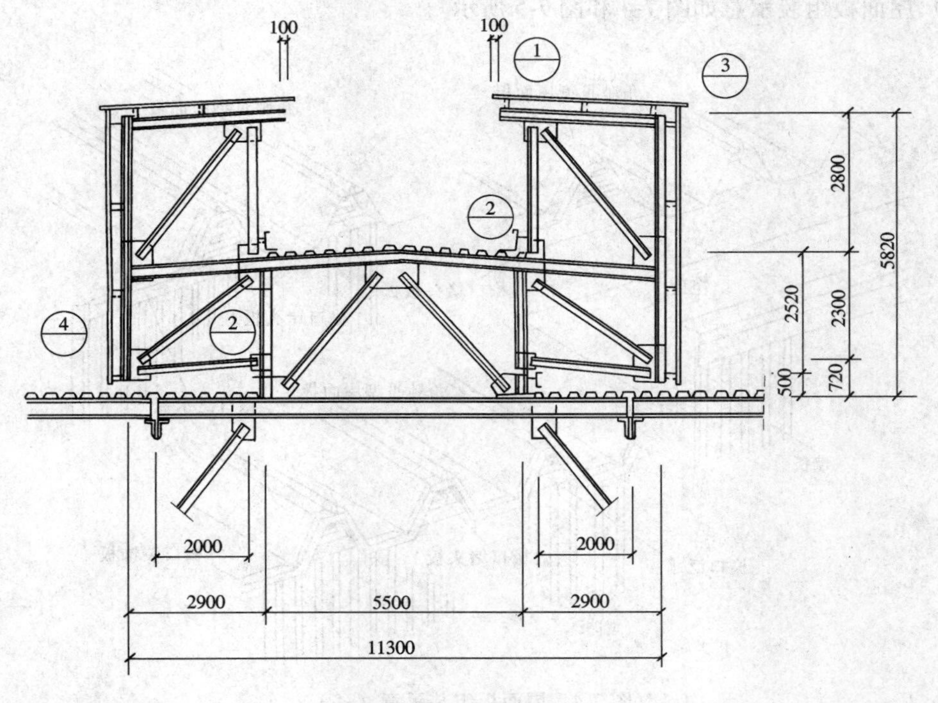

图 7-2　天窗剖面

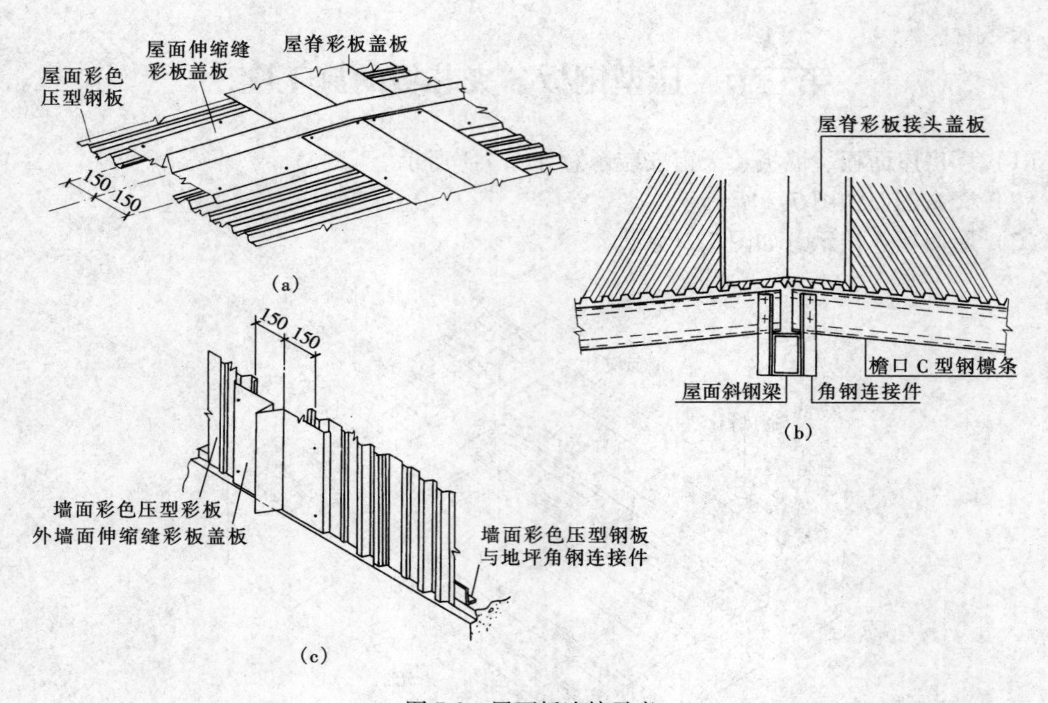

图 7-3 屋面板连接示意

（a）屋面伸缩缝处彩色压型钢板的连接；（b）屋面斜屋脊盖板安装连接；

（c）外纵墙墙面伸缩缝处彩色压型钢板的连接

（4）屋面板组装示意如图 7-4 和图 7-5 所示。

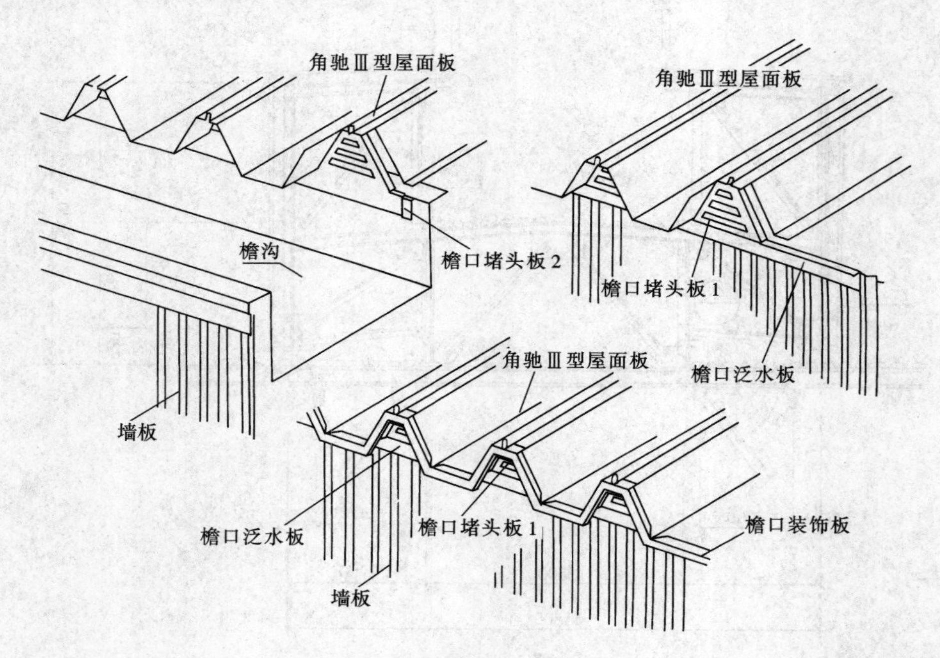

图 7-4 屋面板组装示意（一）

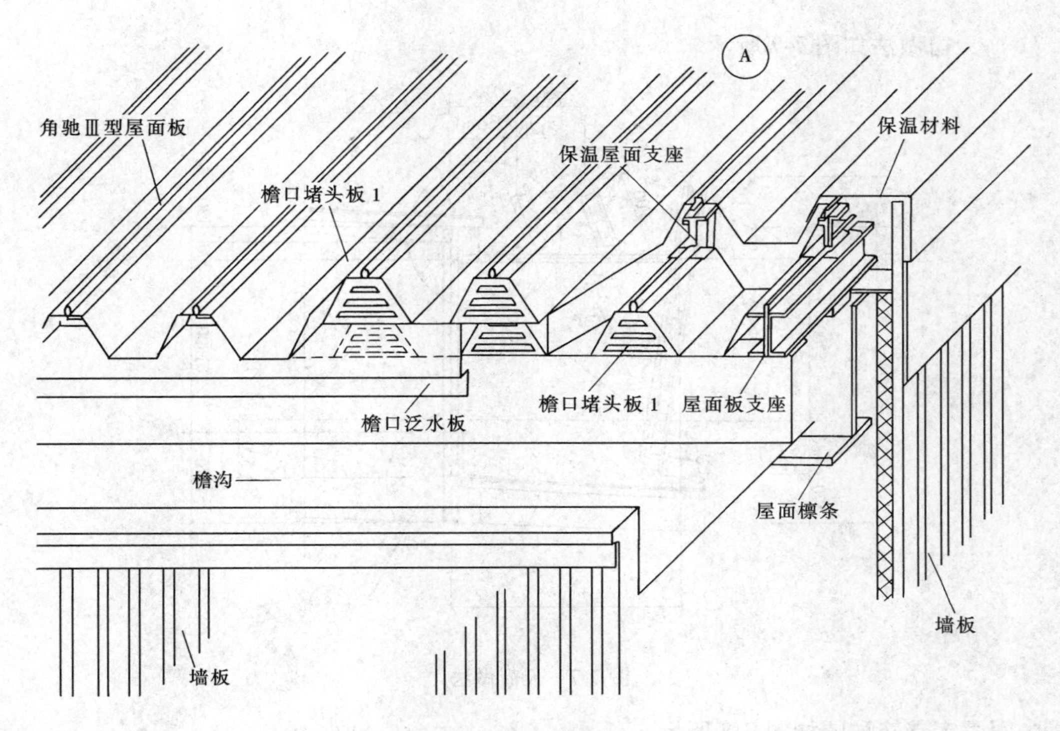

图 7-5　屋面板组装示意（二）

（5）纵向通风天窗局部内排水节点如图 7-6 所示。

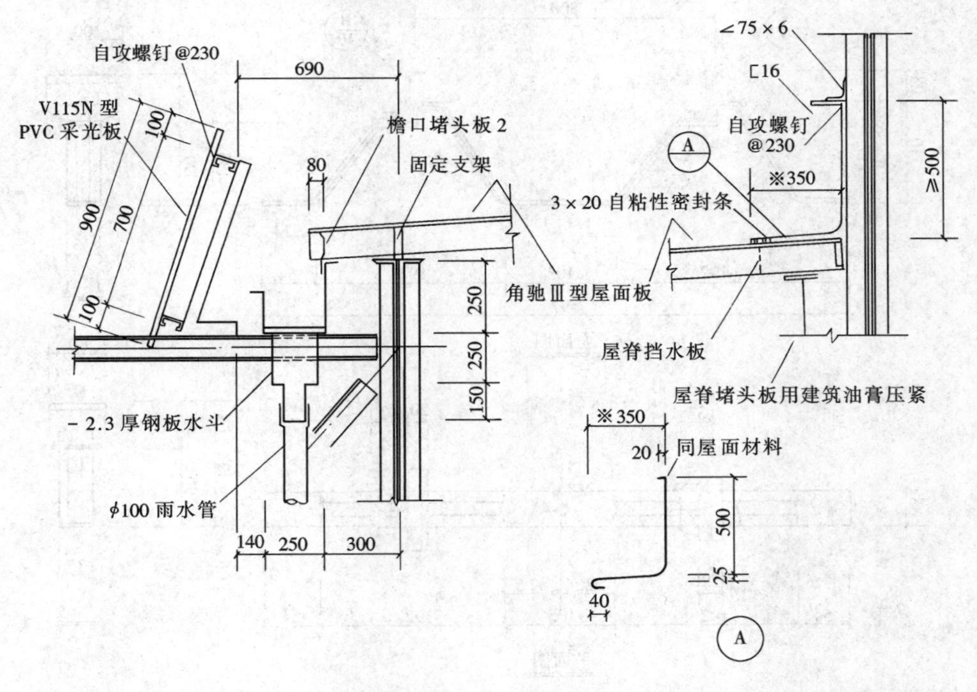

图 7-6　纵向通风天窗局部内排水节点

（6）天窗做法如图 7-7 所示。

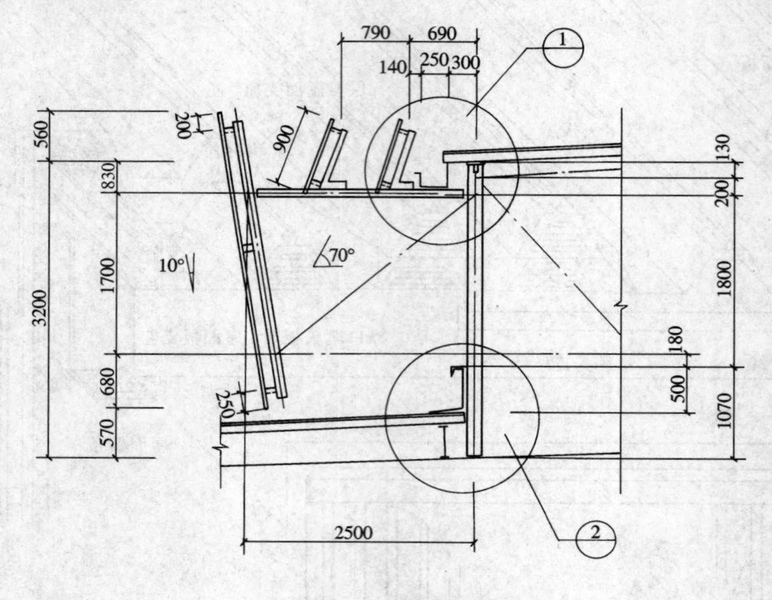

图 7-7　天窗做法

中间固定支架详图如图 7-8 所示。

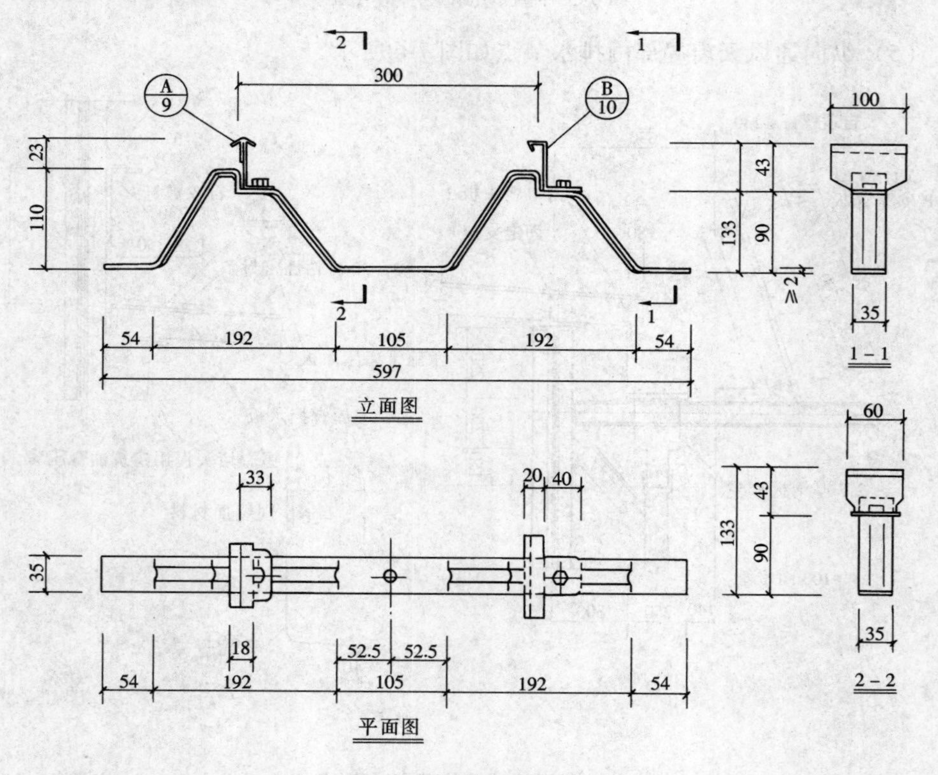

图 7-8　中间固定支架详图

(7) 屋面板做法如图 7-9 所示。

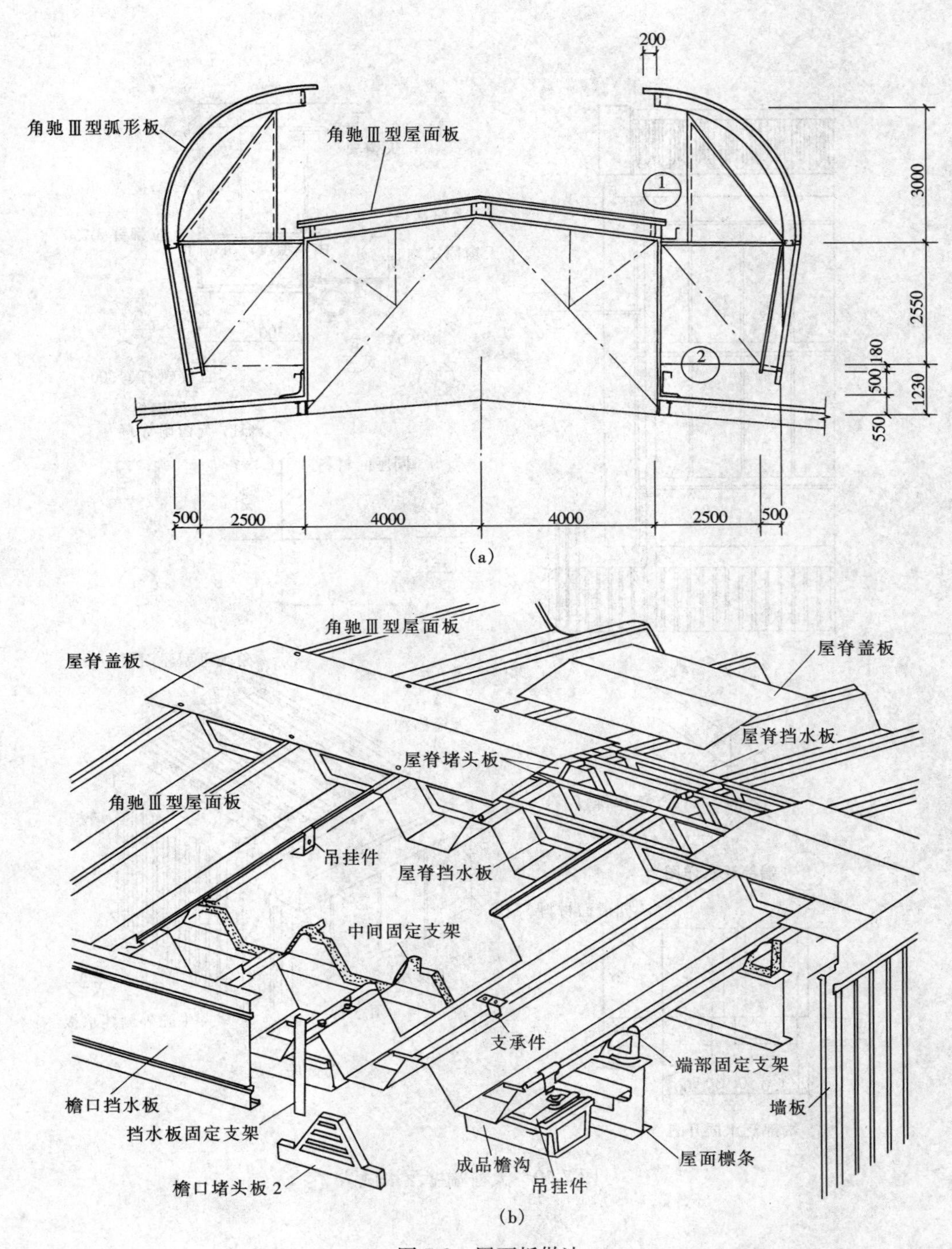

图 7-9 屋面板做法

（8）天窗端壁泛水做法如图 7-10 所示。

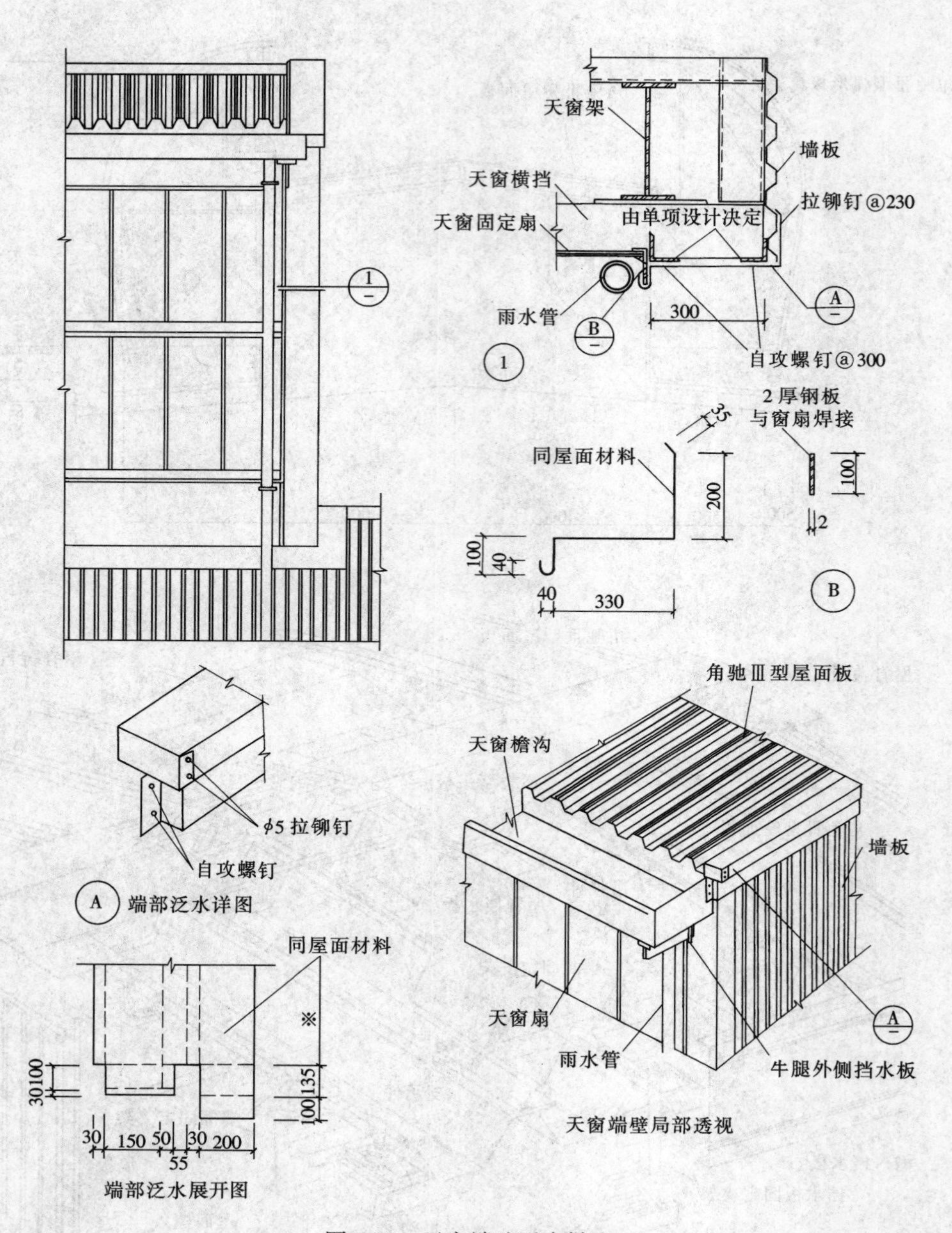

图 7-10　天窗端壁泛水做法

（9）屋面做法如图 7-11 所示。

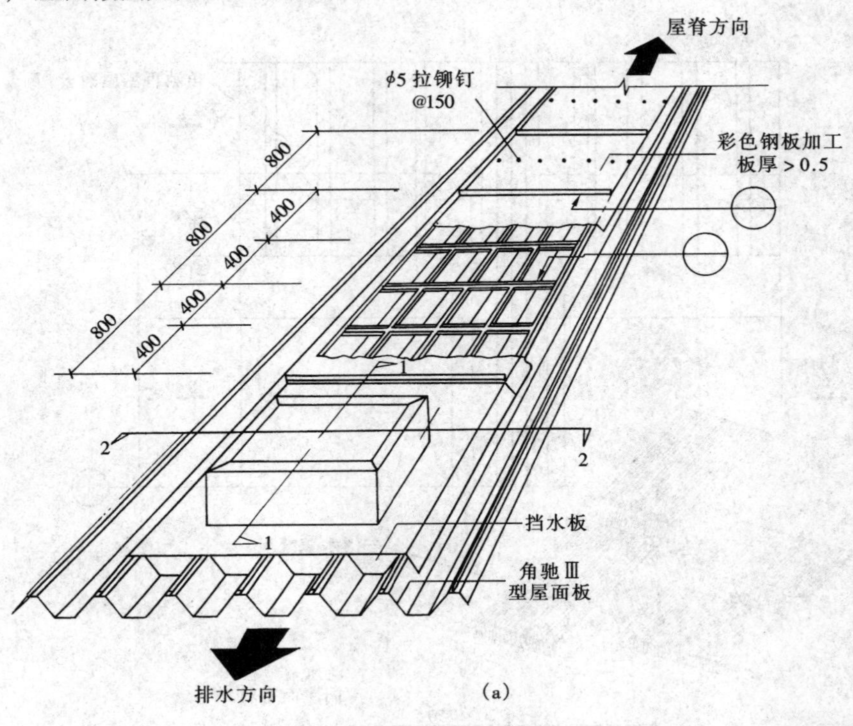

（a）

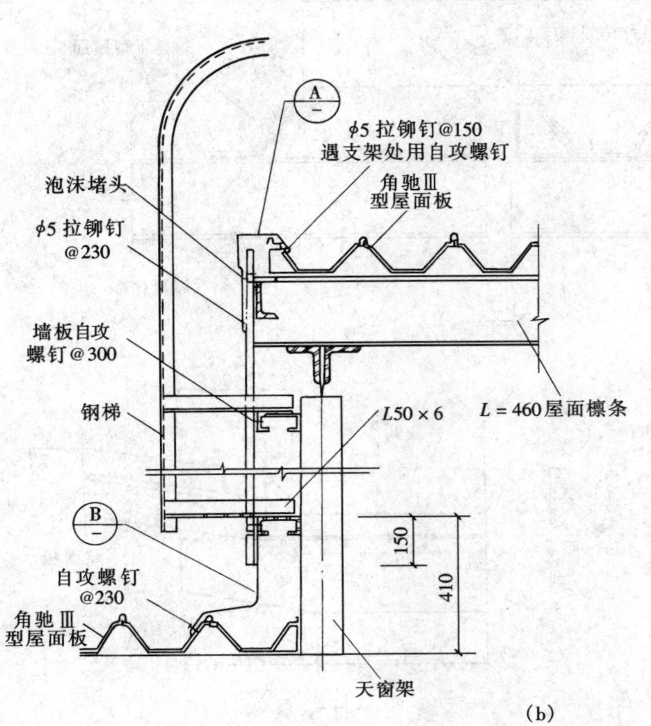

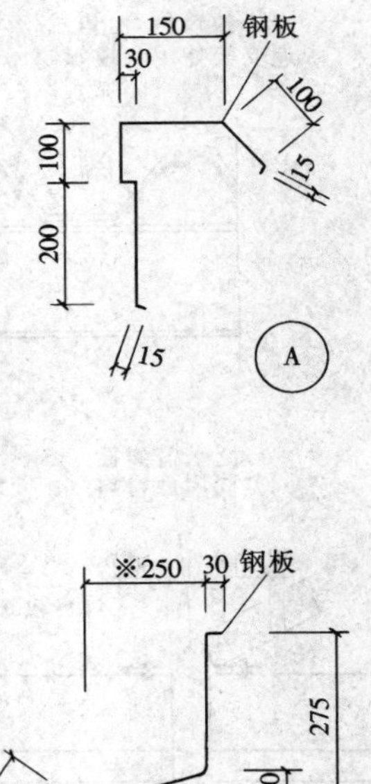

（b）

图 7-11　屋面做法

（10）泛水盖板做法如图 7-12 所示。

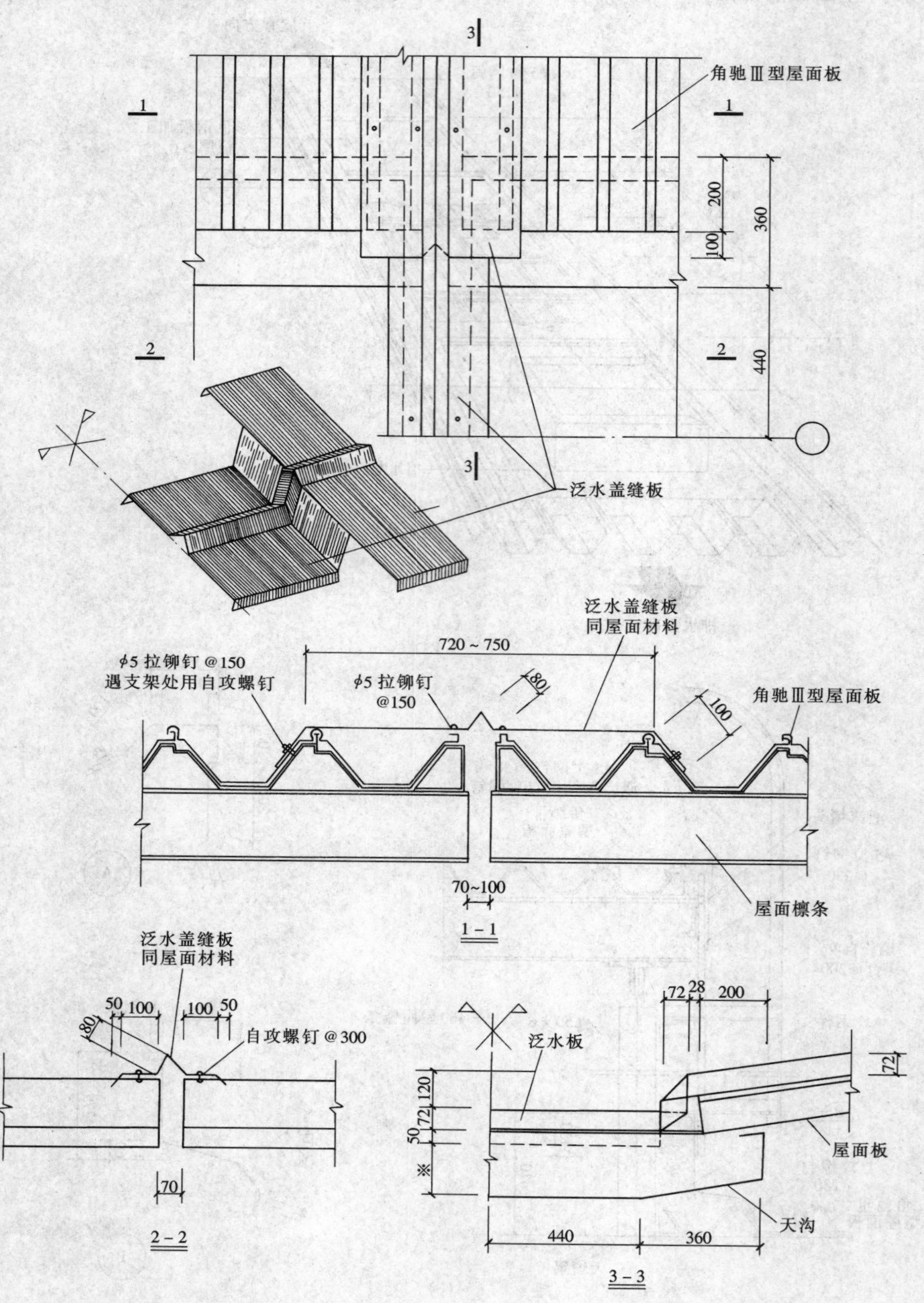

图 7-12　泛水盖板做法

（11）檐沟端部做法如图 7-13 所示。

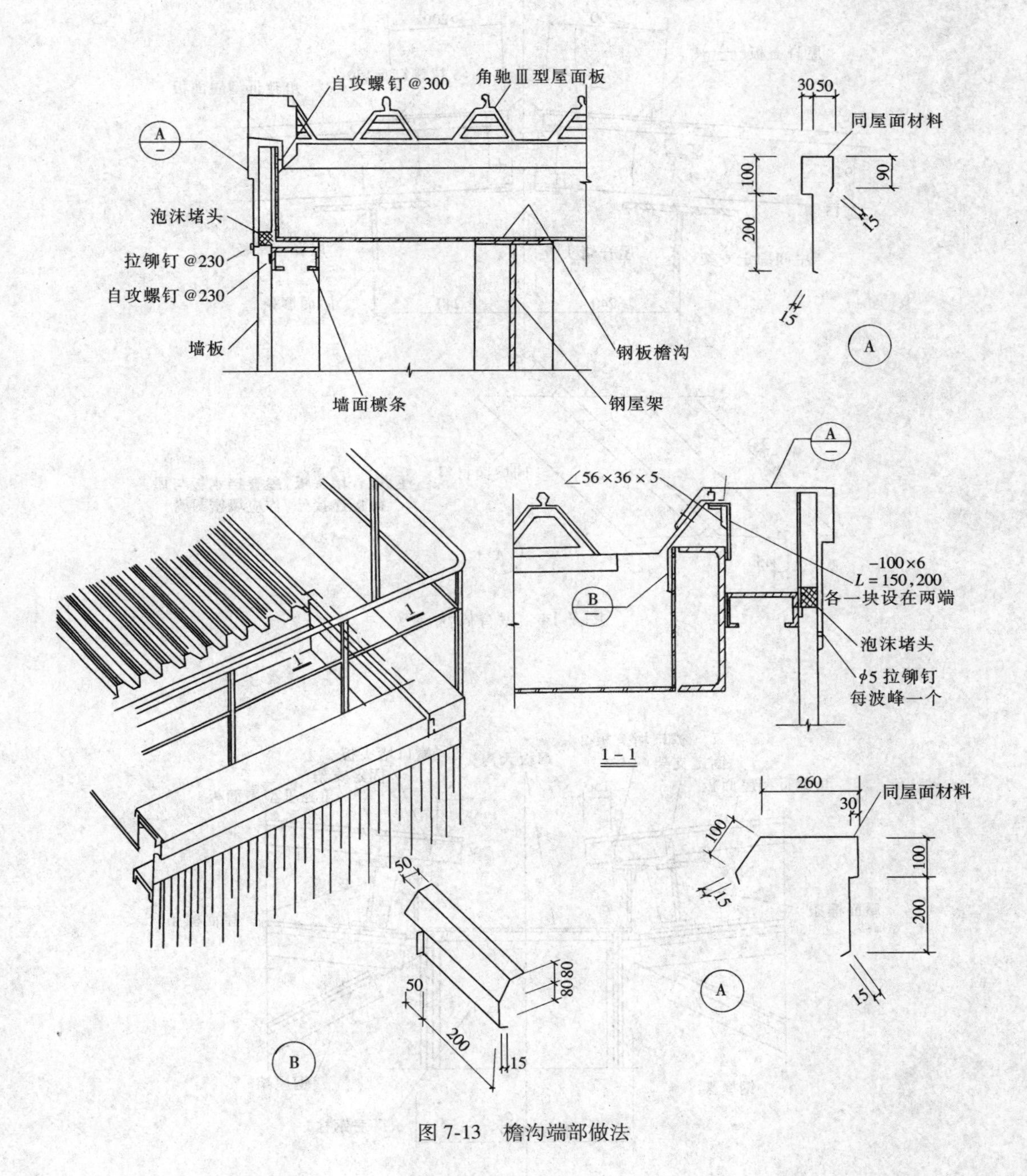

图 7-13　檐沟端部做法

（12）屋脊做法如图 7-14 所示，天沟做法如图 7-15 所示。

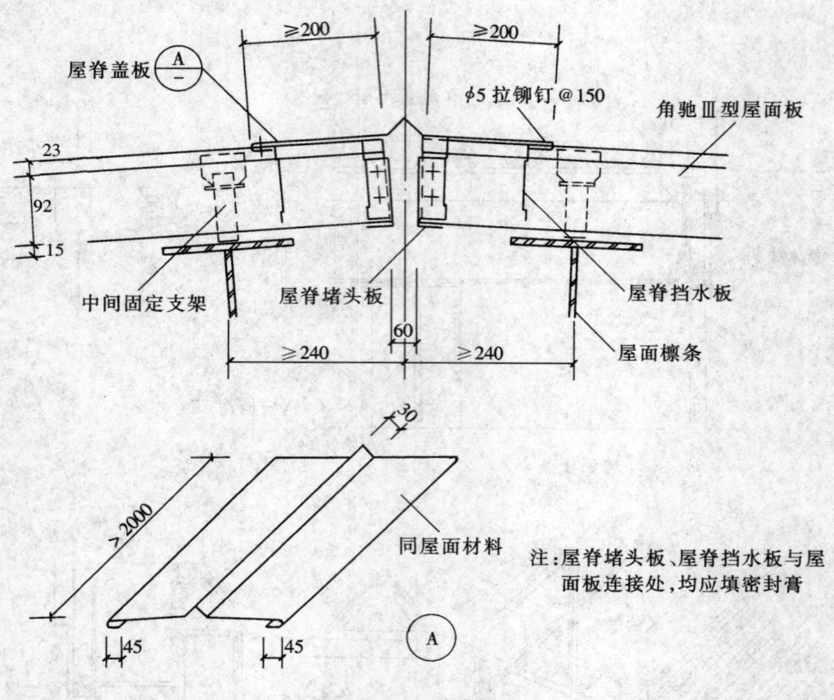

图 7-14　屋脊做法

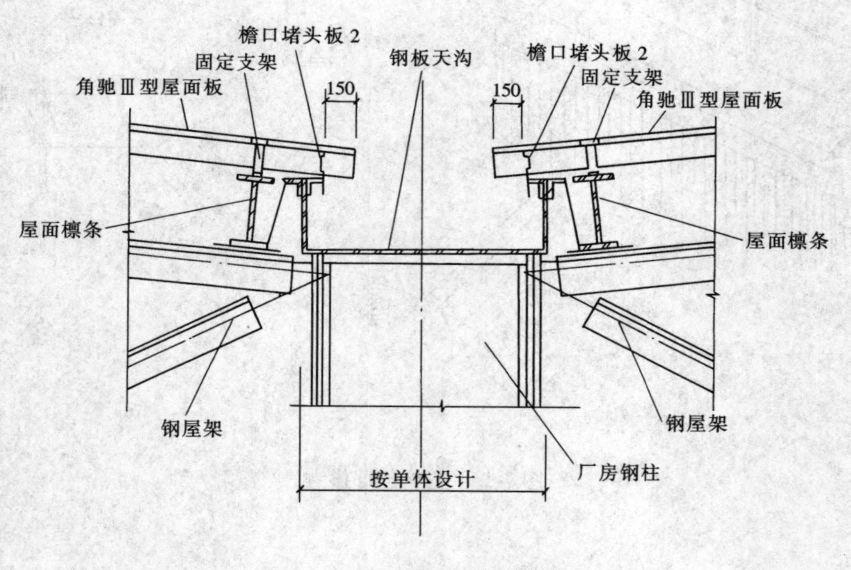

图 7-15　中间天沟做法

（13）厂房弧形檐口做法如图 7-16 所示。

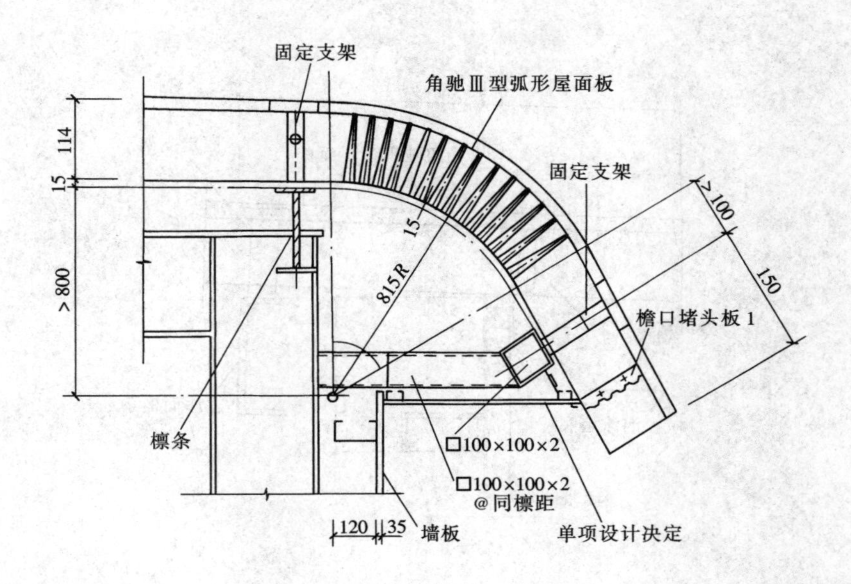

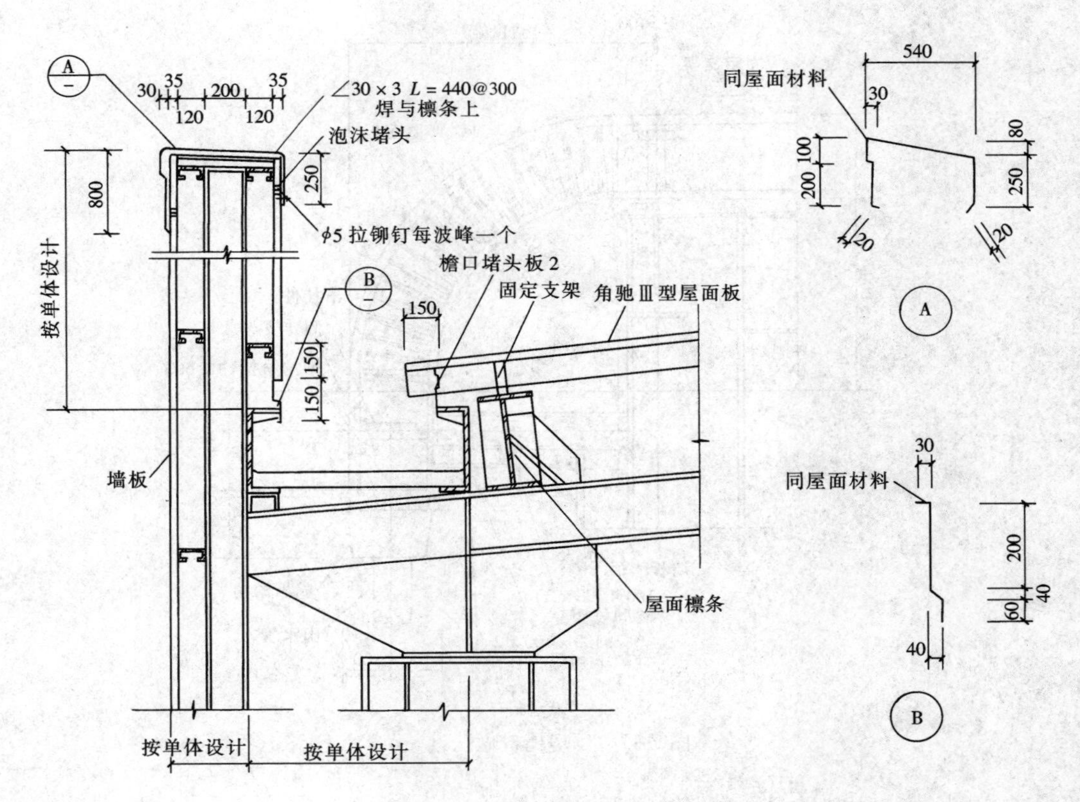

图 7-16　厂房弧形檐口做法

（14）厂房檐口做法如图 7-17～图 7-19 所示。

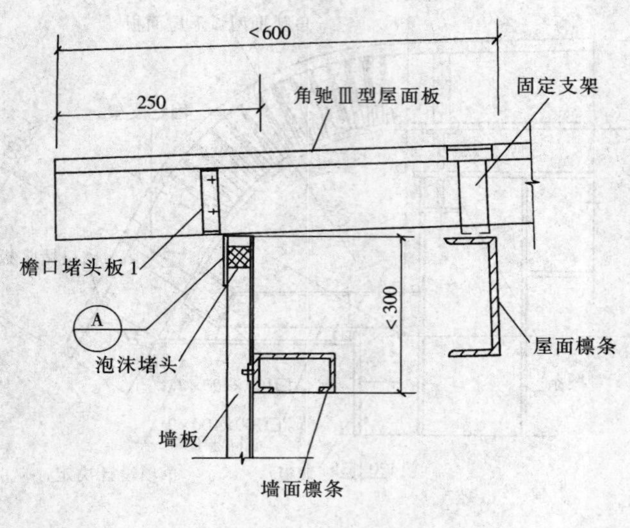

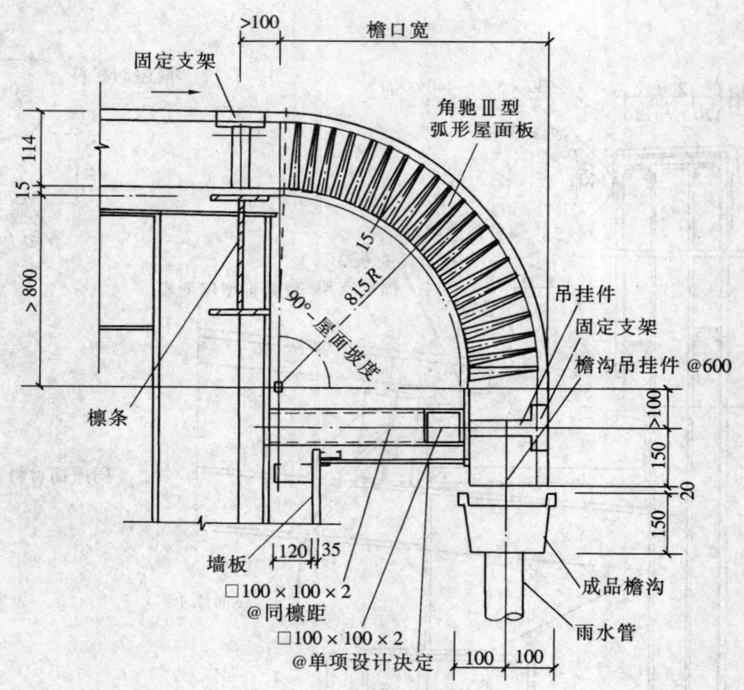

图 7-17 厂房檐口做法（一）

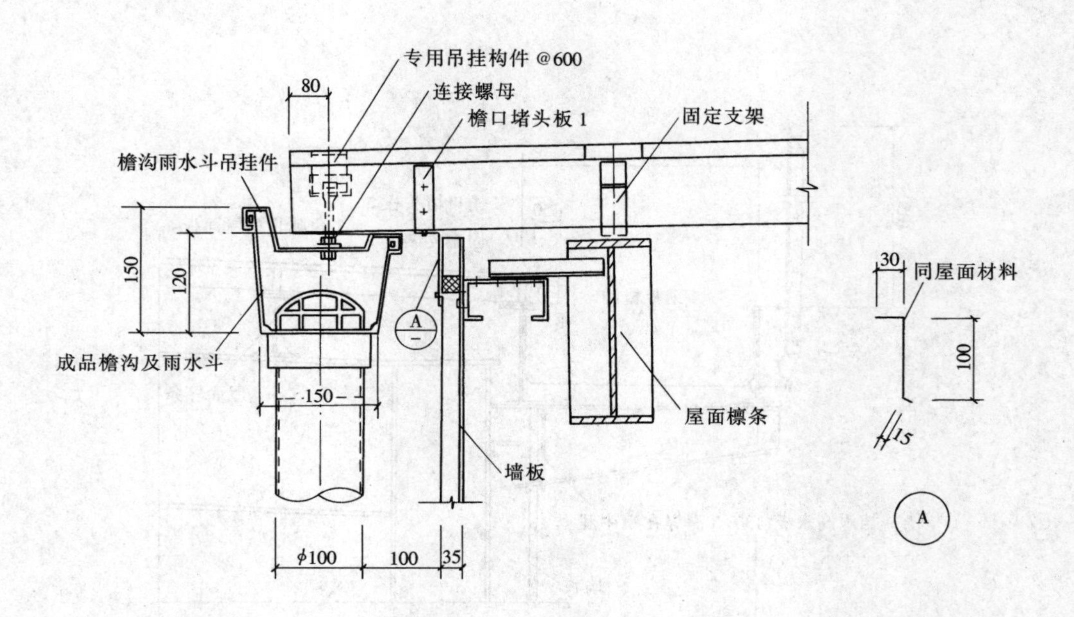

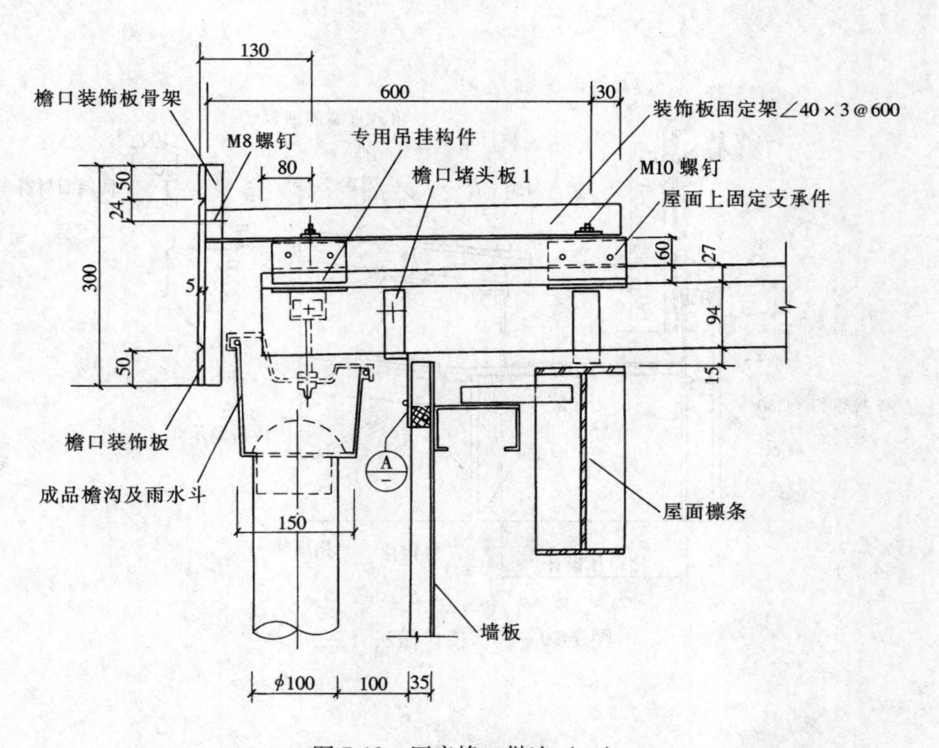

图 7-18　厂房檐口做法（二）

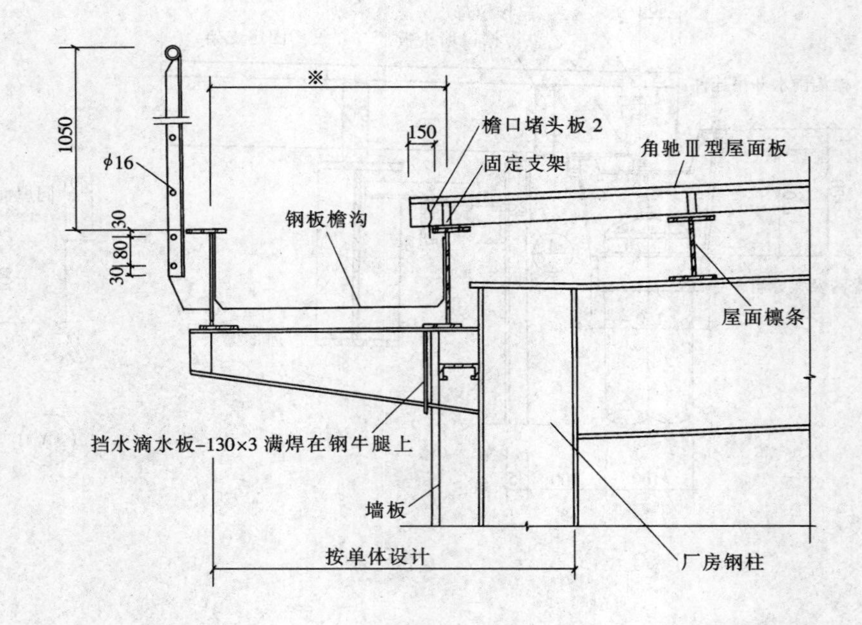

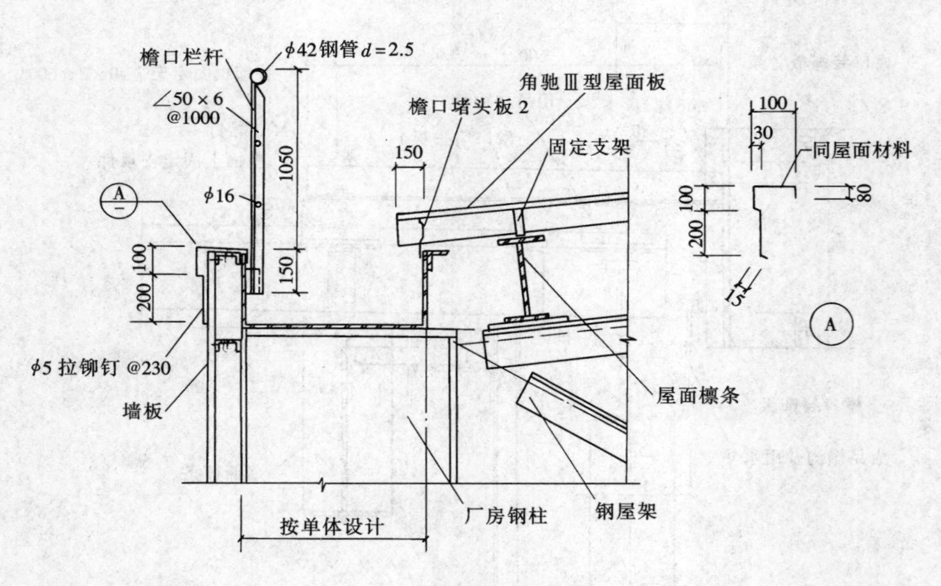

图 7-19　厂房檐口做法（三）

（15）压型钢板墙板布置和安装如图 7-20 所示。

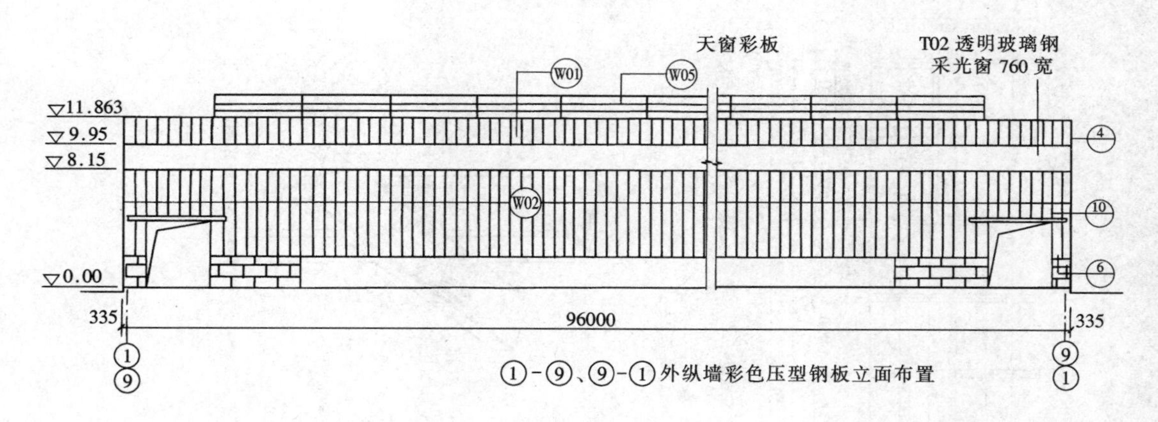

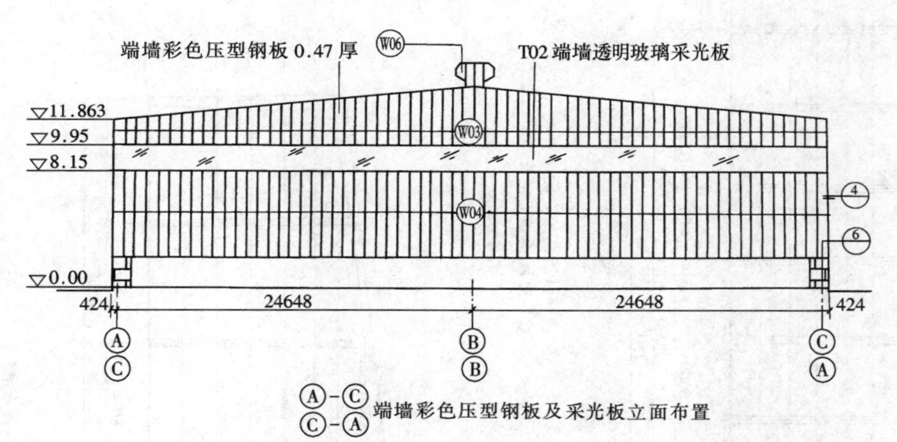

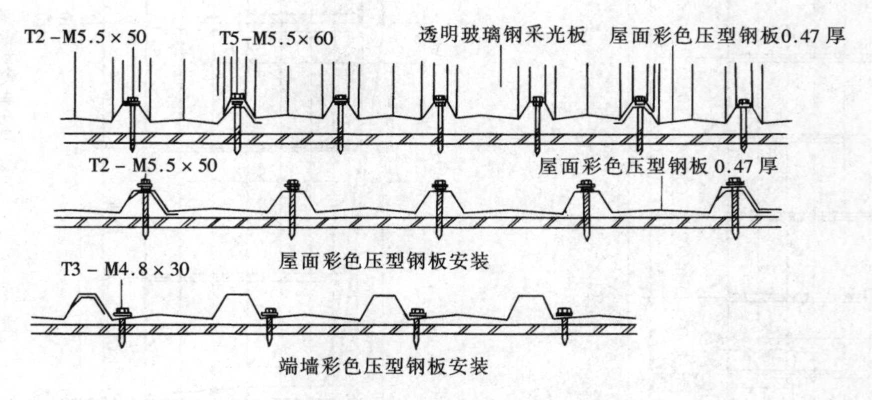

图 7-20　压型钢板墙板立面布置和安装

（16）墙面檩条的布置如图 7-21 所示。

（17）屋面布置示意如图 7-22 所示。

（18）屋面檩条布置示意如图 7-23 所示。

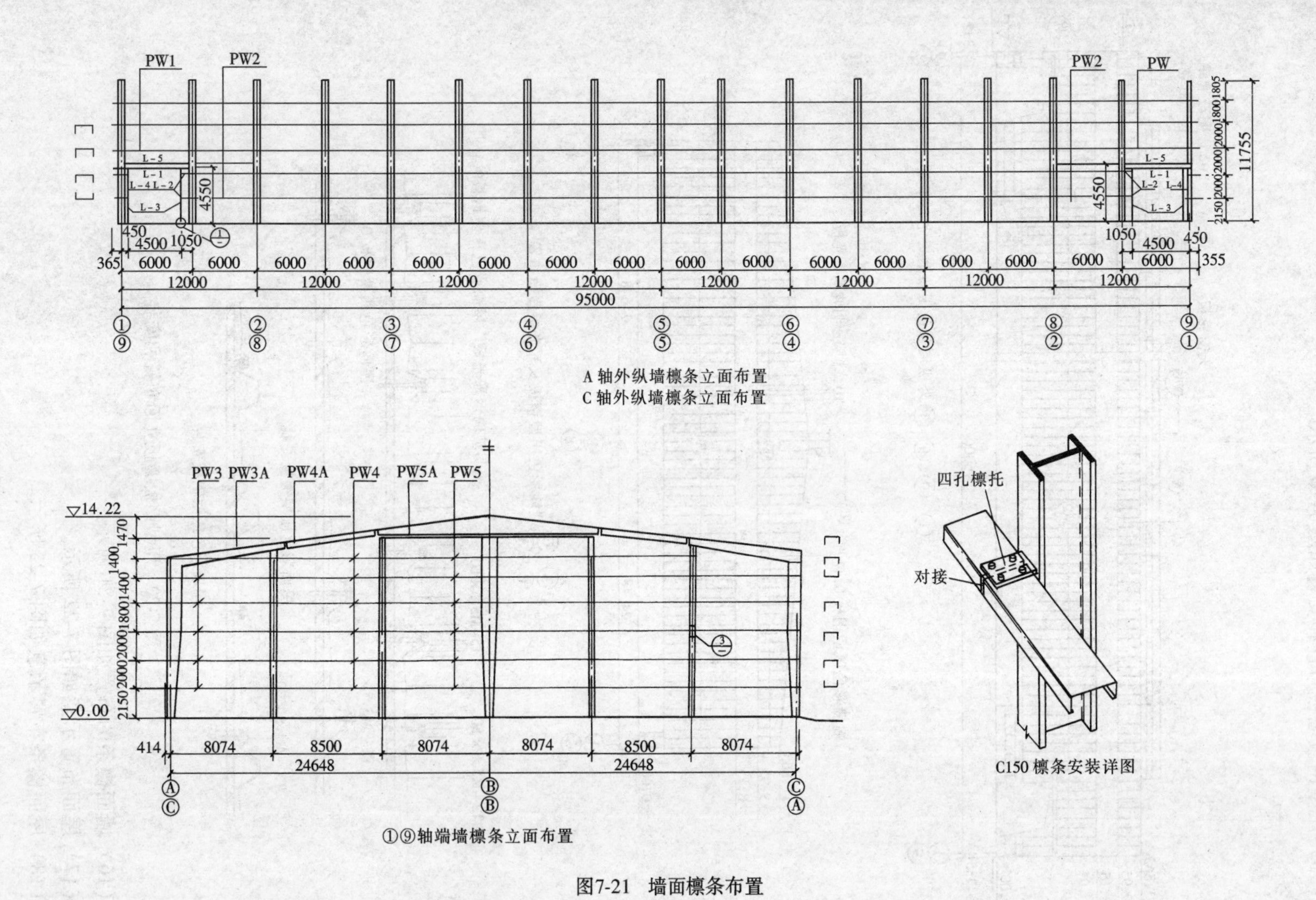
PW1
PW2
PW2
PW
L-5
L-1
L-2
L-3
L-4
A轴外纵墙檩条立面布置
C轴外纵墙檩条立面布置
PW3
PW3A
PW4A
PW4
PW5A
PW5
▽14.22
▽0.00
①⑨轴端墙檩条立面布置
四孔檩托
对接
C150檩条安装详图

图7-21　墙面檩条布置

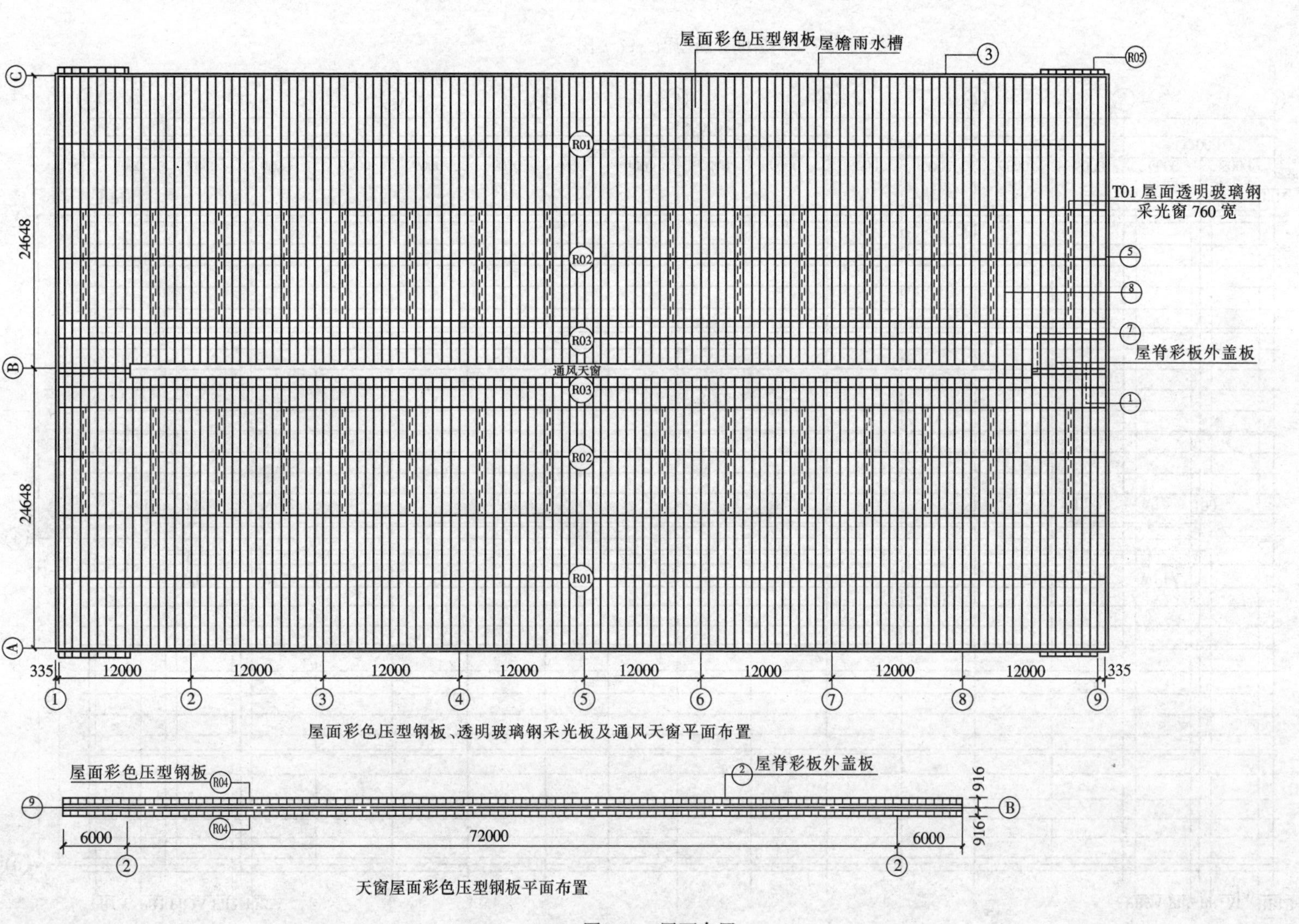
屋面彩色压型钢板
屋檐雨水槽
3
R05
T01 屋面透明玻璃钢
采光窗 760 宽
5
8
7
屋脊彩板外盖板
1
R01
R02
R03
通风天窗
R03
R02
R01
C
B
A
24648
24648
335
12000
12000
12000
12000
12000
12000
12000
12000
335
1
2
3
4
5
6
7
8
9
屋面彩色压型钢板、透明玻璃钢采光板及通风天窗平面布置
屋面彩色压型钢板
R04
R04
2
屋脊彩板外盖板
9
B
916
916
6000
72000
6000
2
2
天窗屋面彩色压型钢板平面布置

图7-22　屋面布置

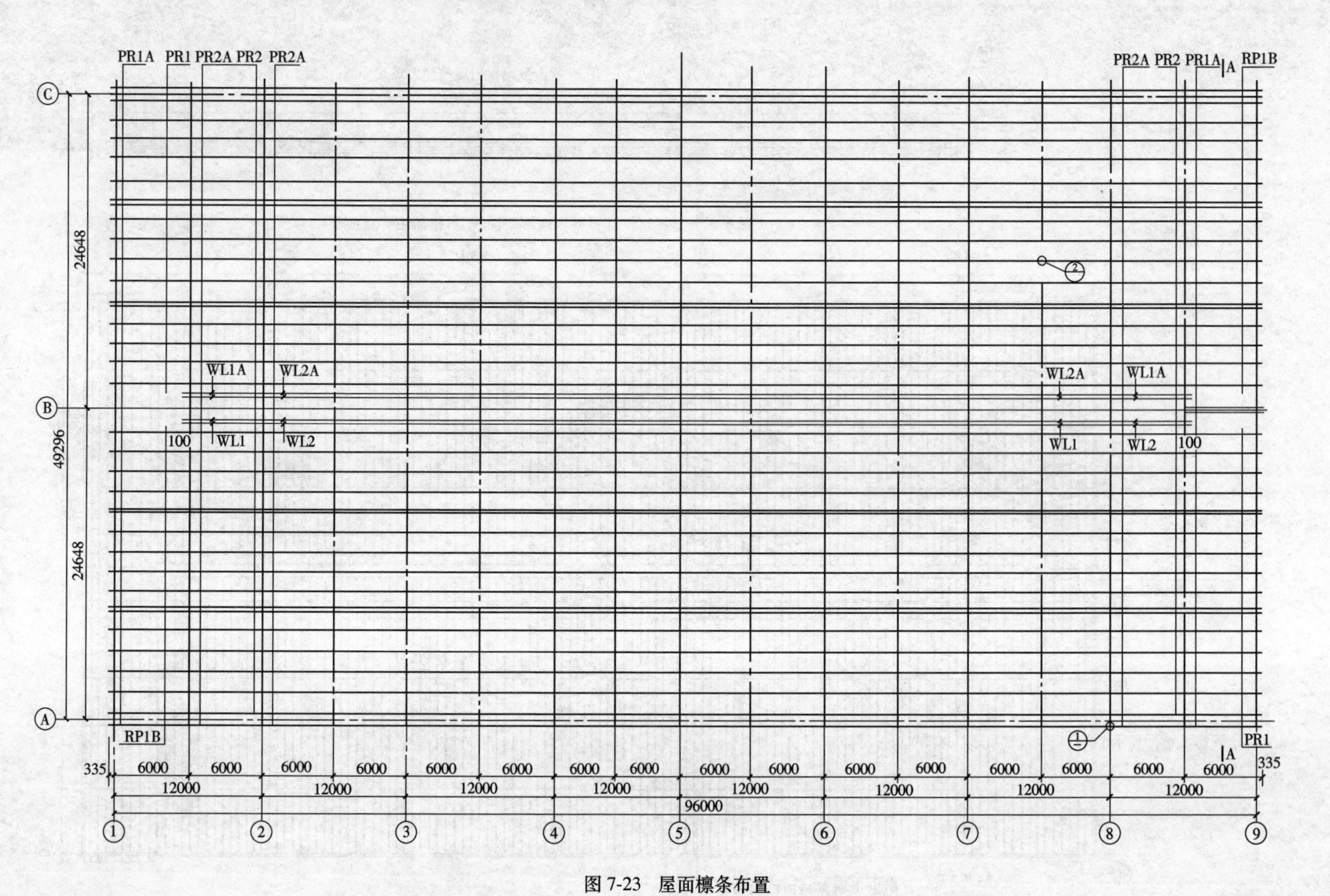
PR1A PR1 PR2A PR2 PR2A
PR2A PR2 PR1A A RP1B
C
B
A
24648
49296
24648
WL1A
WL2A
WL1
WL2
100
WL2A
WL1A
WL1
WL2
100
2
1
RP1B
PR1
A
335
6000
12000
96000
335
1
2
3
4
5
6
7
8
9
图 7-23　屋面檩条布置

（19）屋面板、墙板连接做法如图 7-24 所示。

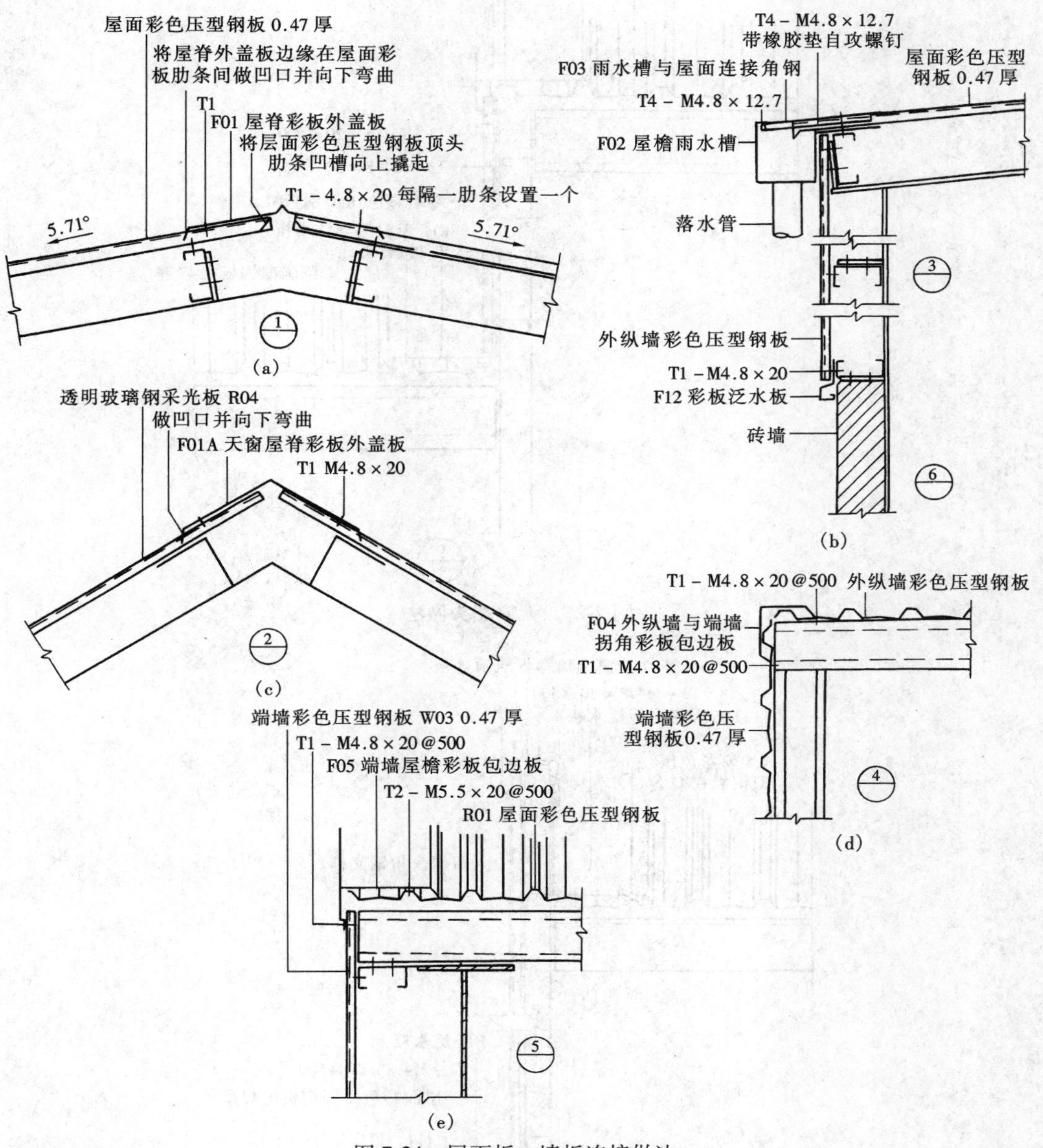

图 7-24　屋面板、墙板连接做法

（a）屋脊做法（一）；（b）檐口做法；（c）屋脊做法（二）；（d）转角做法；（e）山墙做法

（20）天窗详图如图 7-25 和图 7-26 所示。

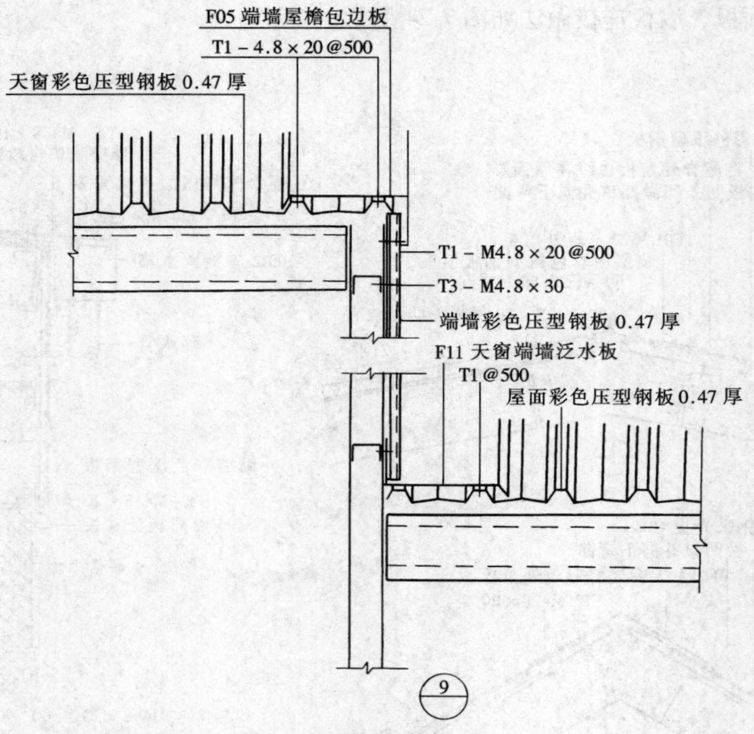

图 7-25　天窗端头做法

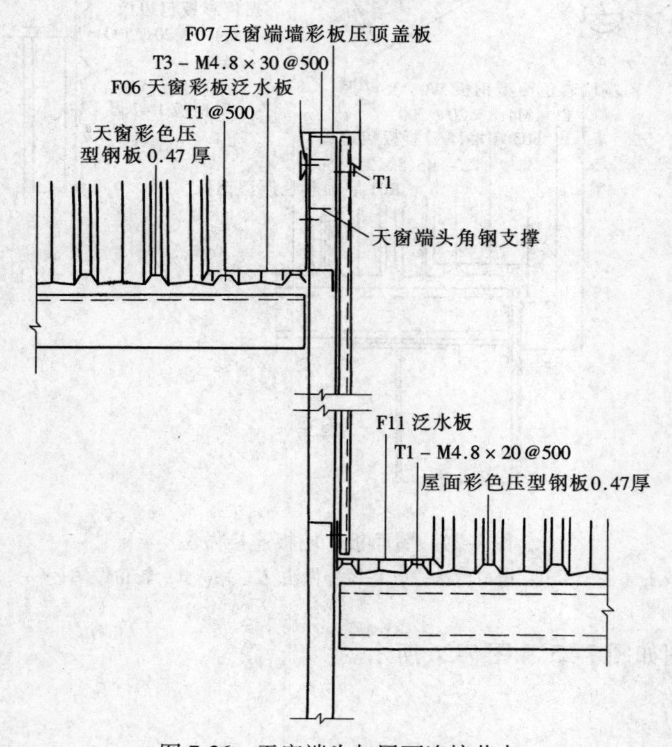

图 7-26　天窗端头与屋面连接节点

钢结构厂房结构识读实例

图 8-1 为钢结构厂房局部平面图。

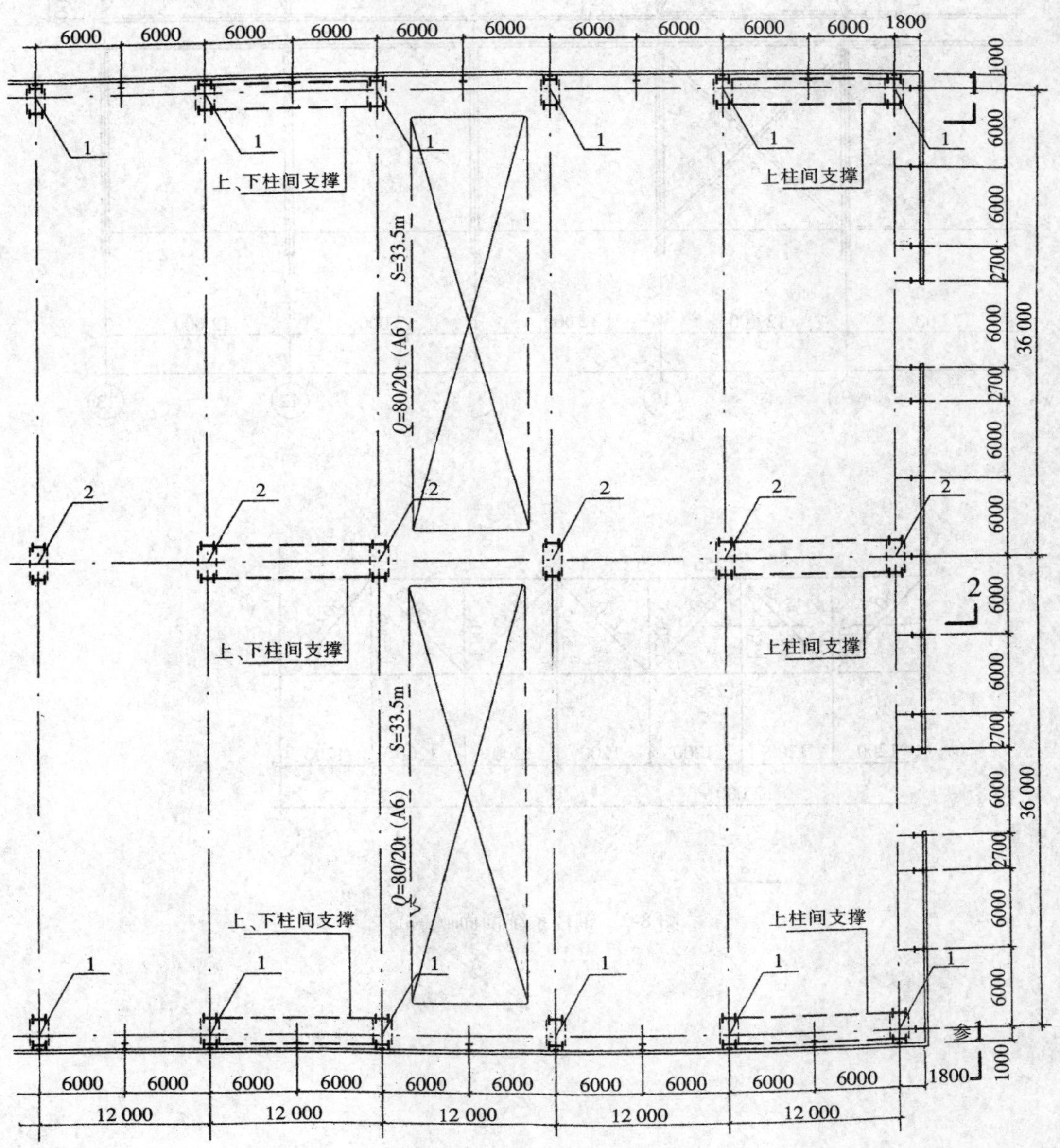

图 8-1　钢结构厂房局部平面图

钢柱系统剖面如图 8-2 和图 8-3 所示。

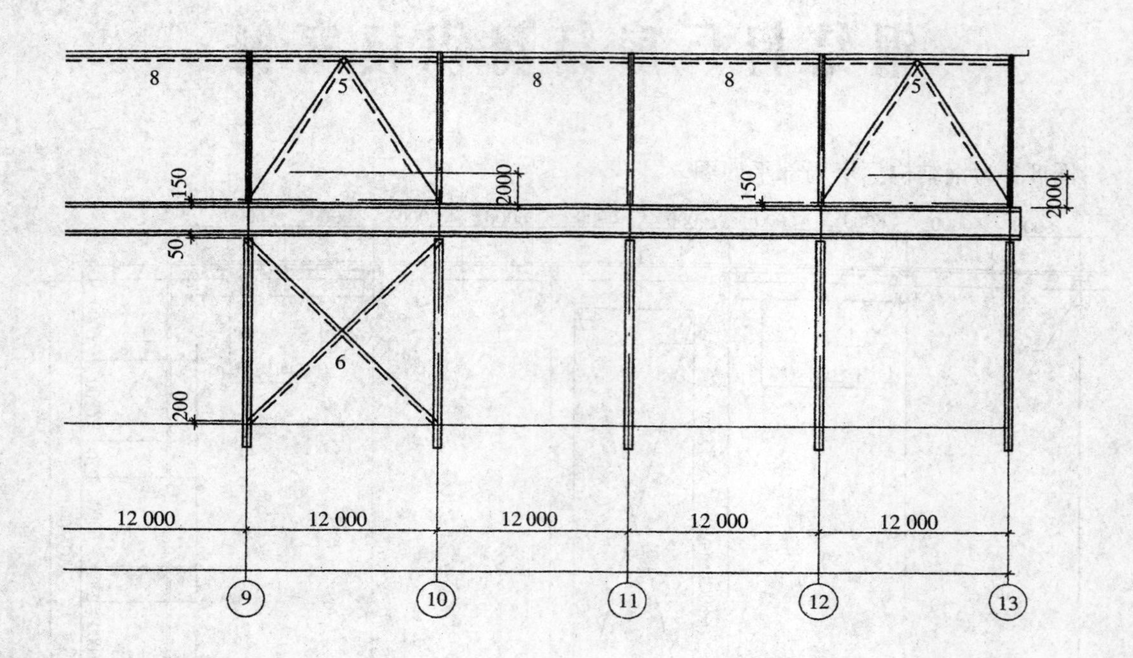

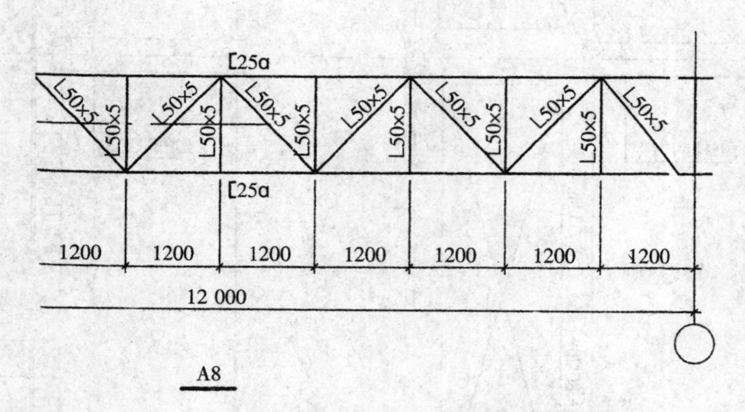

图 8-2　钢柱系统剖面（一）

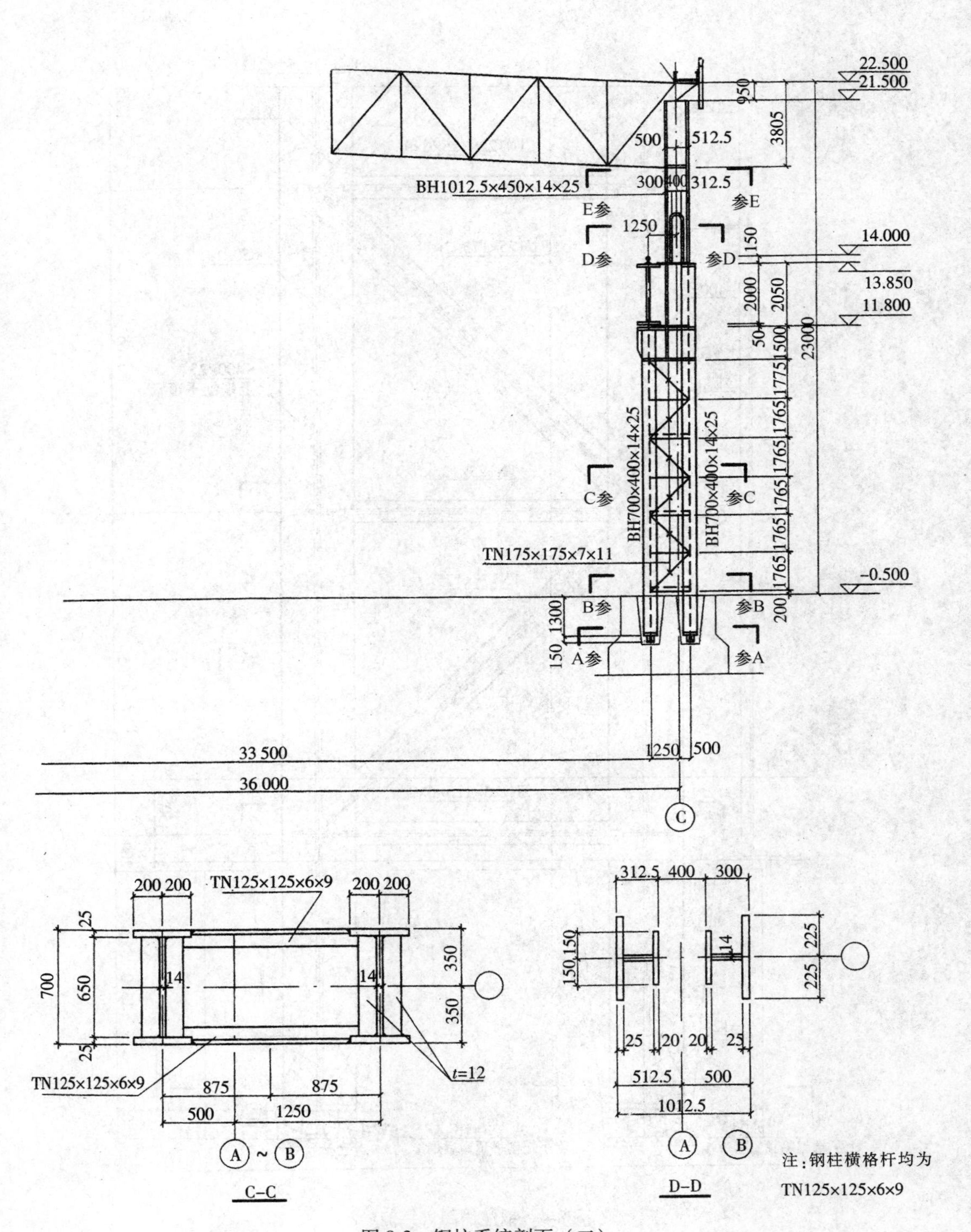
22.500
21.500
950
3805
500
512.5
BH1012.5×450×14×25
300
400
312.5
E参
参E
1250
D参
参D
150
14.000
13.850
2000
2050
11.800
50
1500
23000
1775
1765
BH700×400×14×25
BH700×400×14×25
C参
参C
TN175×175×7×11
–0.500
B参
参B
200
1300
150
A参
参A
1250
500
33 500
36 000
C
200 200
TN125×125×6×9
200 200
25
700
650
14
14
350
350
25
TN125×125×6×9
t=12
875
875
500
1250
A ~ B
C–C
312.5
400
300
150
150
14
225
225
25
20
20
25
512.5
500
1012.5
A
B
D–D
注：钢柱横格杆均为
TN125×125×6×9

图 8-3　钢柱系统剖面（二）

钢柱详图如图 8-4~图 8-6 所示。

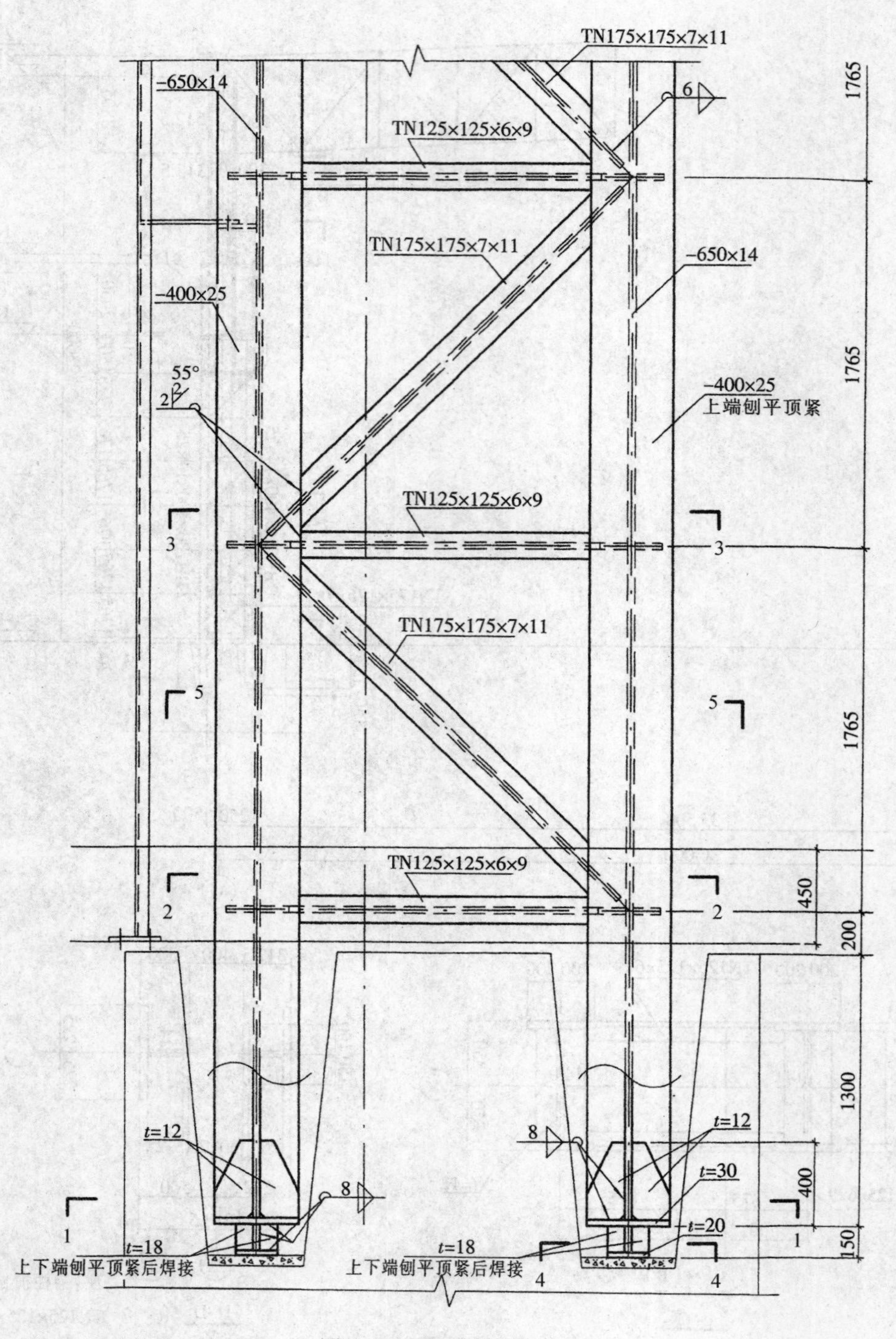

图 8-4　钢柱详图（一）

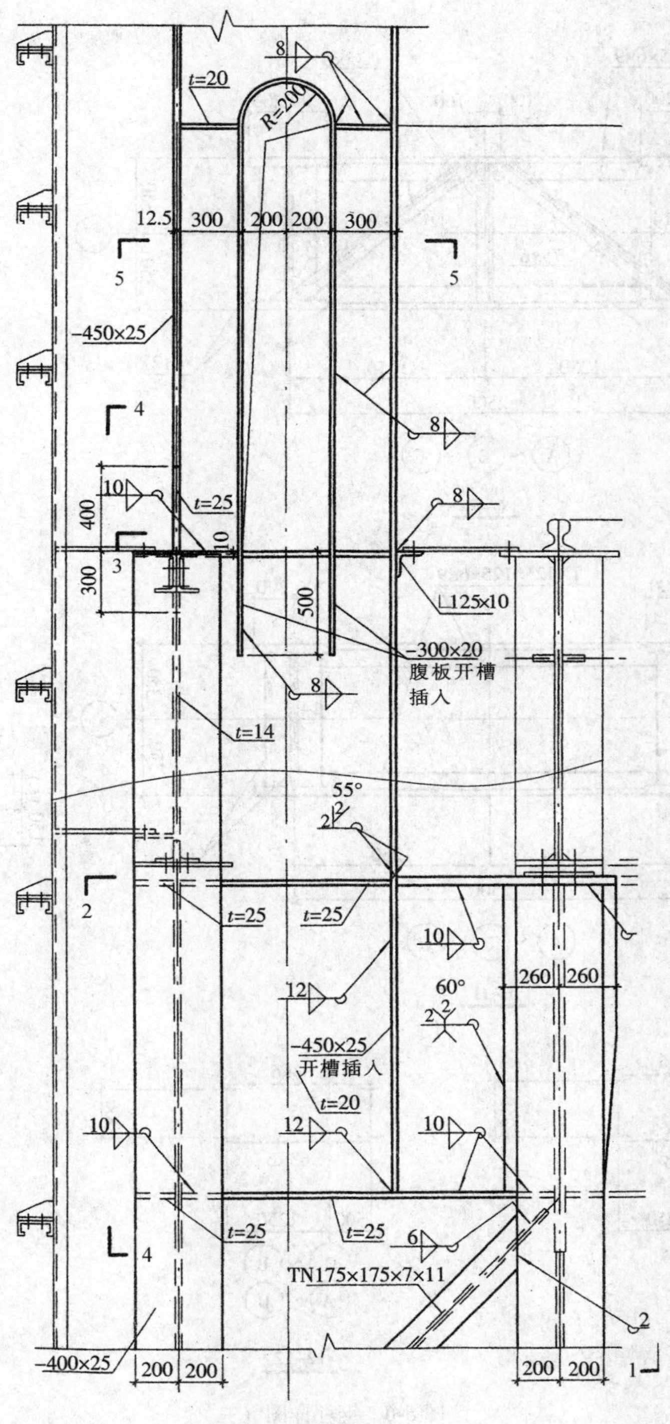
8
t=20
R=200
12.5
300
200
200
300
5
5
-450×25
4
8
10
t=25
400
10
8
300
3
500
L125×10
-300×20
腹板开槽
插入
8
t=14
55°
2
2
t=25
t=25
10
260
260
12
60°
2
2
-450×25
开槽插入
t=20
10
12
10
t=25
t=25
6
4
TN175×175×7×11
2
-400×25
200
200
200
200
1

图 8-5　钢柱详图（二）

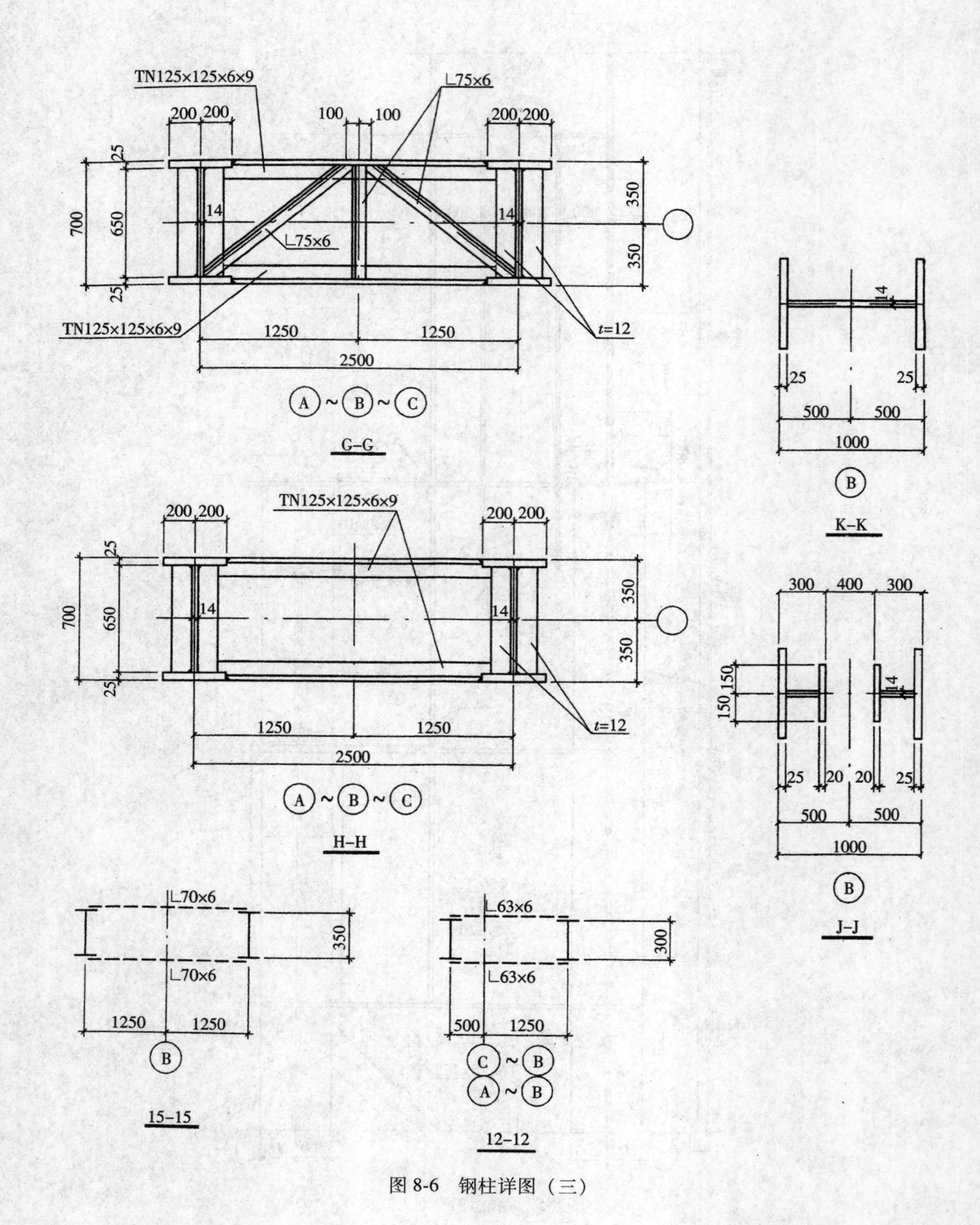

TN125×125×6×9
∟75×6
200 200
100 100
200 200
25
700
650
14
∟75×6
14
350
350
25
TN125×125×6×9
1250
1250
t=12
2500
A ~ B ~ C
G–G
14
25
25
500
500
1000
B
K–K
TN125×125×6×9
200 200
200 200
25
700
650
14
14
350
350
25
1250
1250
t=12
2500
A ~ B ~ C
H–H
300 400 300
150 150
150
14
25 20 20 25
500 500
1000
B
J–J
∟70×6
350
∟70×6
1250 1250
B
15–15
∟63×6
300
∟63×6
500 1250
C ~ B
A ~ B
12–12

图 8-6　钢柱详图（三）

钢柱节点如图 8-7～图 8-9 所示。

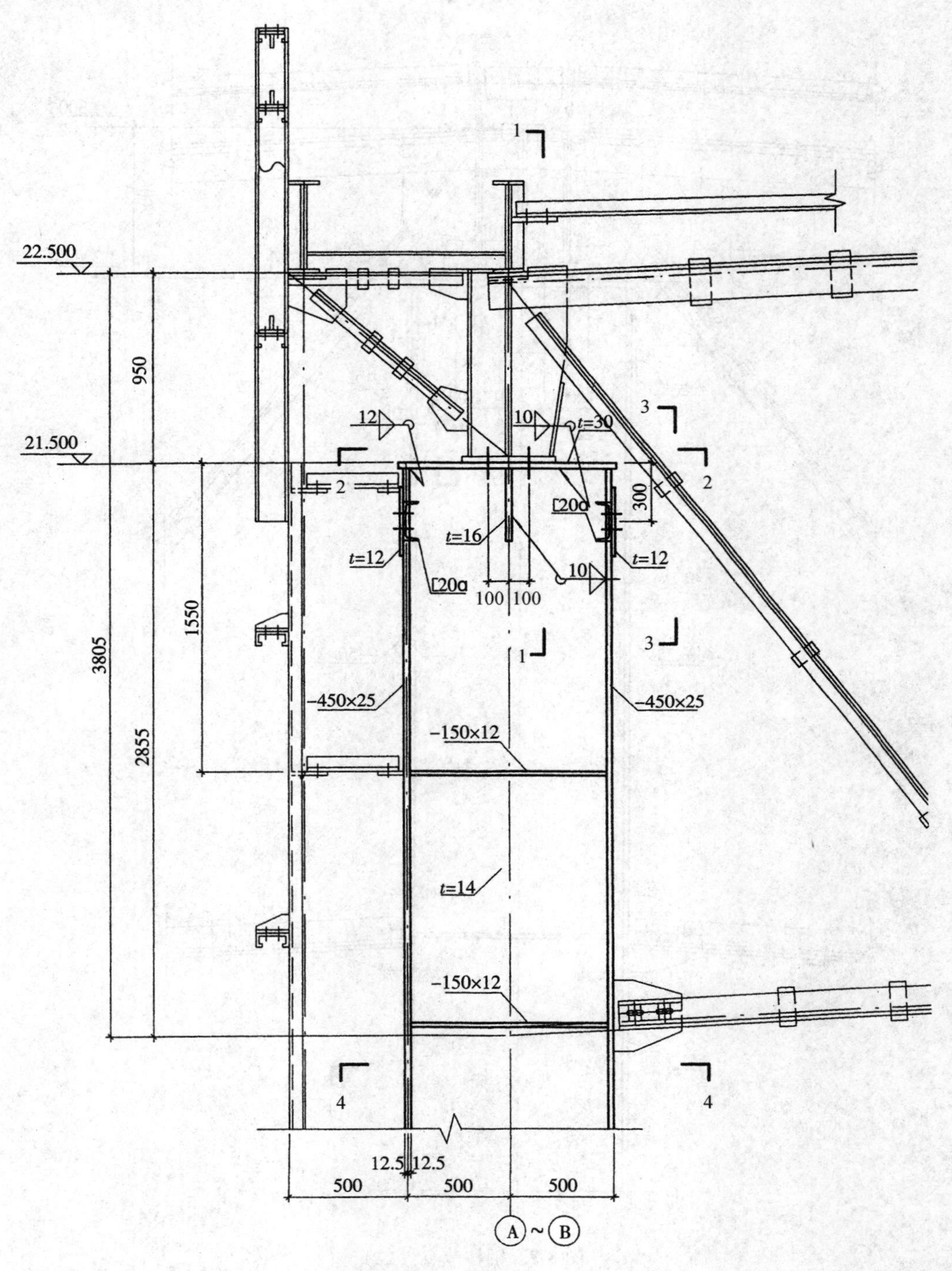

图 8-7　钢柱节点（一）

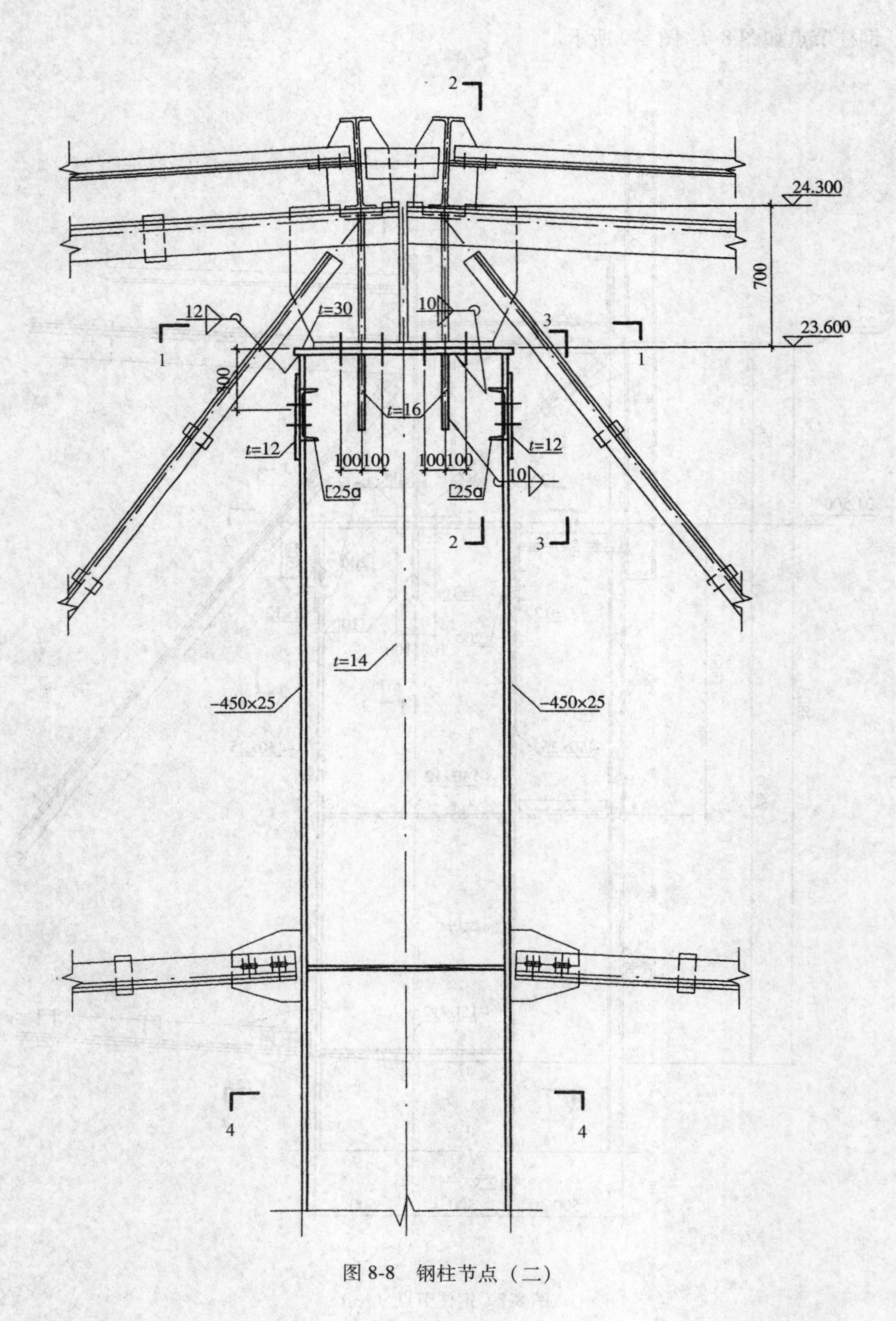
2
24.300
700
23.600
12
t=30
10
3
1
1
300
t=16
t=12
t=12
100 100
100 100
10
[25a
[25a
2
3
t=14
-450×25
-450×25
4
4

图 8-8　钢柱节点（二）

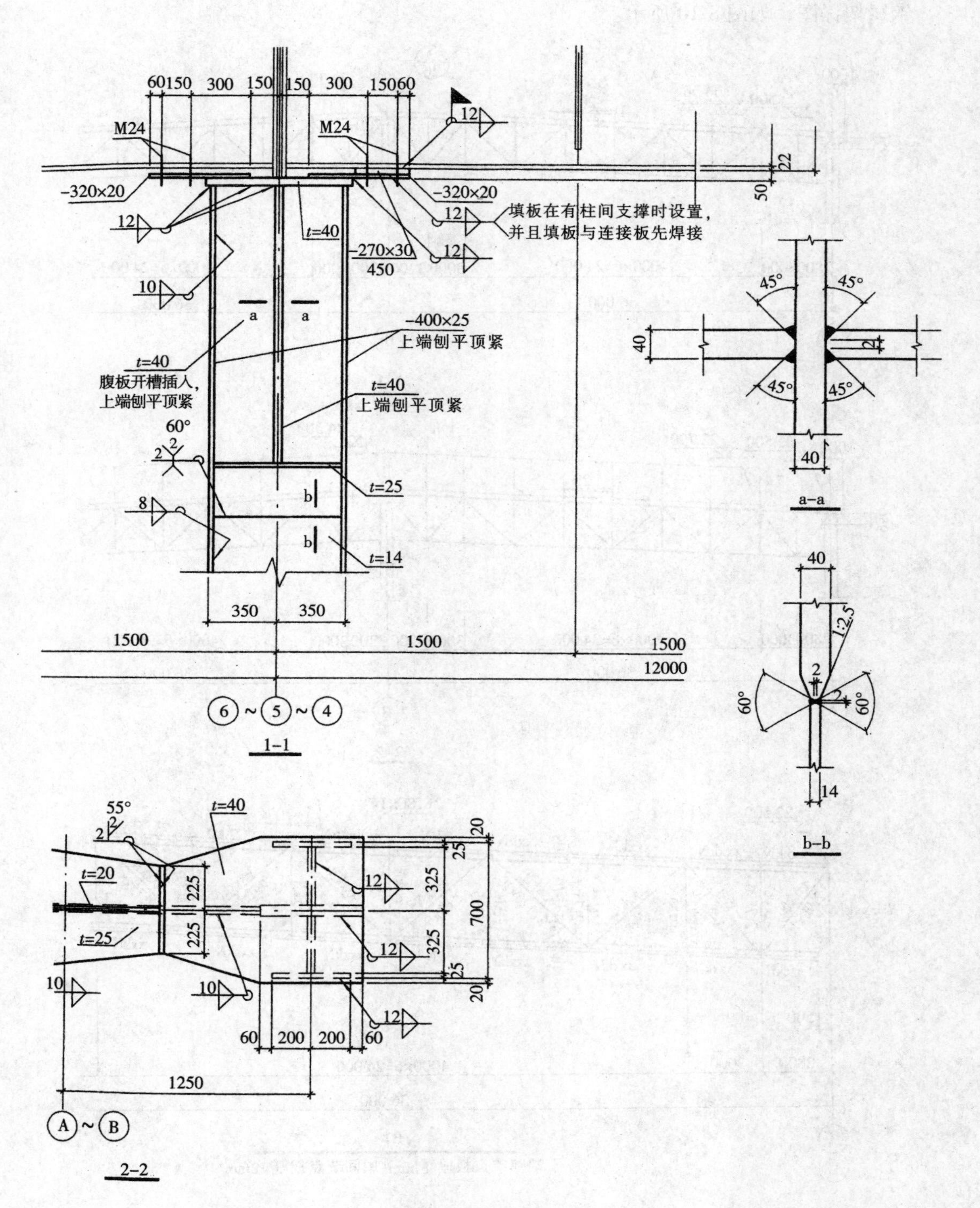

填板在有柱间支撑时设置，
并且填板与连接板先焊接
腹板开槽插入，
上端刨平顶紧
上端刨平顶紧
上端刨平顶紧
M24
M24
-320×20
-320×20
-270×30
-400×25
1-1
a-a
b-b
2-2

图 8-9 钢柱节点（三）

钢屋架详图，如图 8-10 所示。

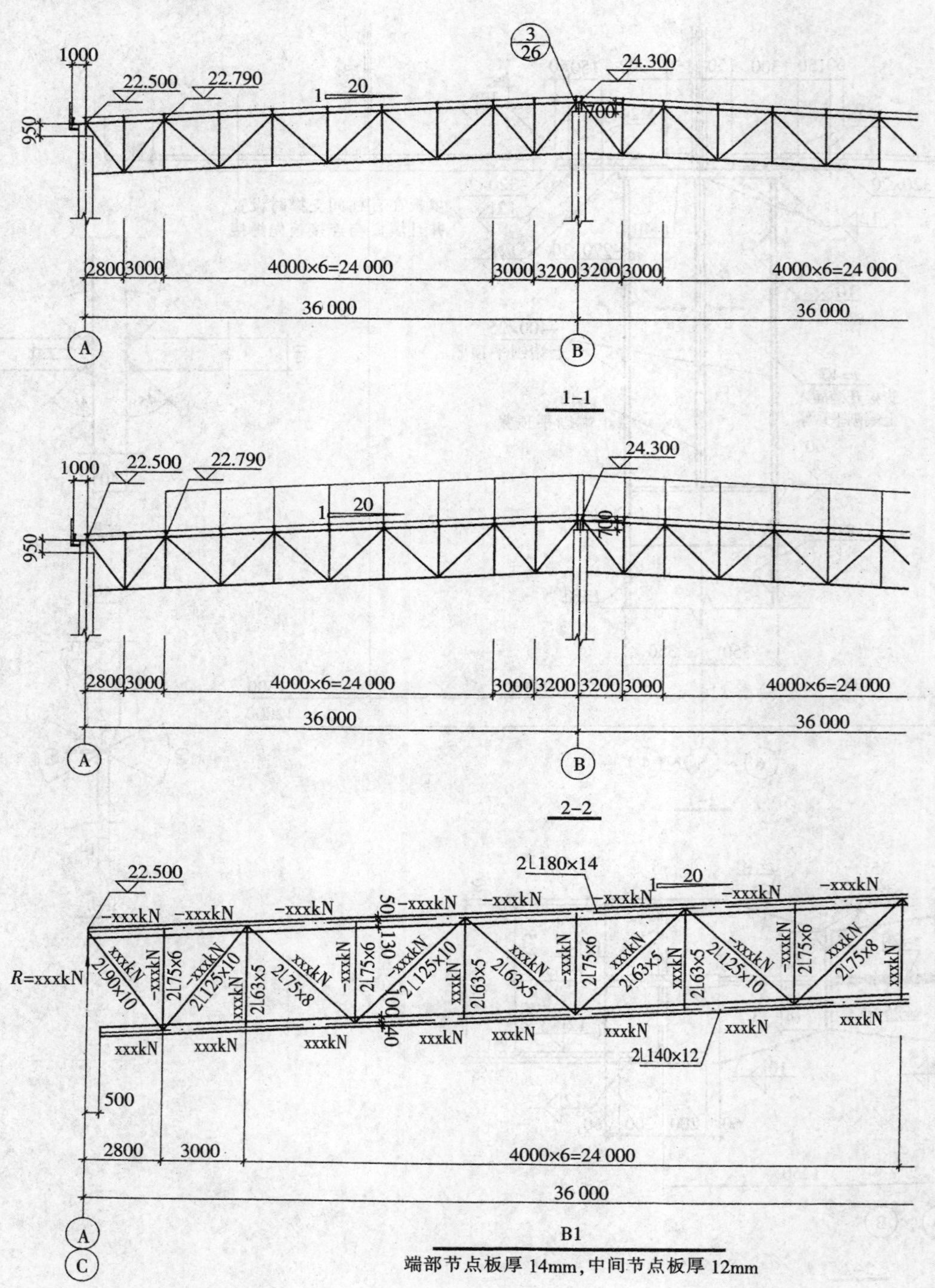

图 8-10 钢屋架详图

钢屋架节点如图 8-11 和图 8-12 所示。

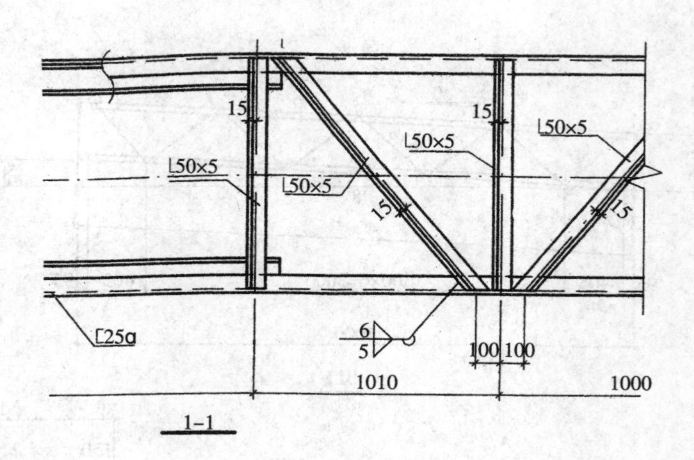

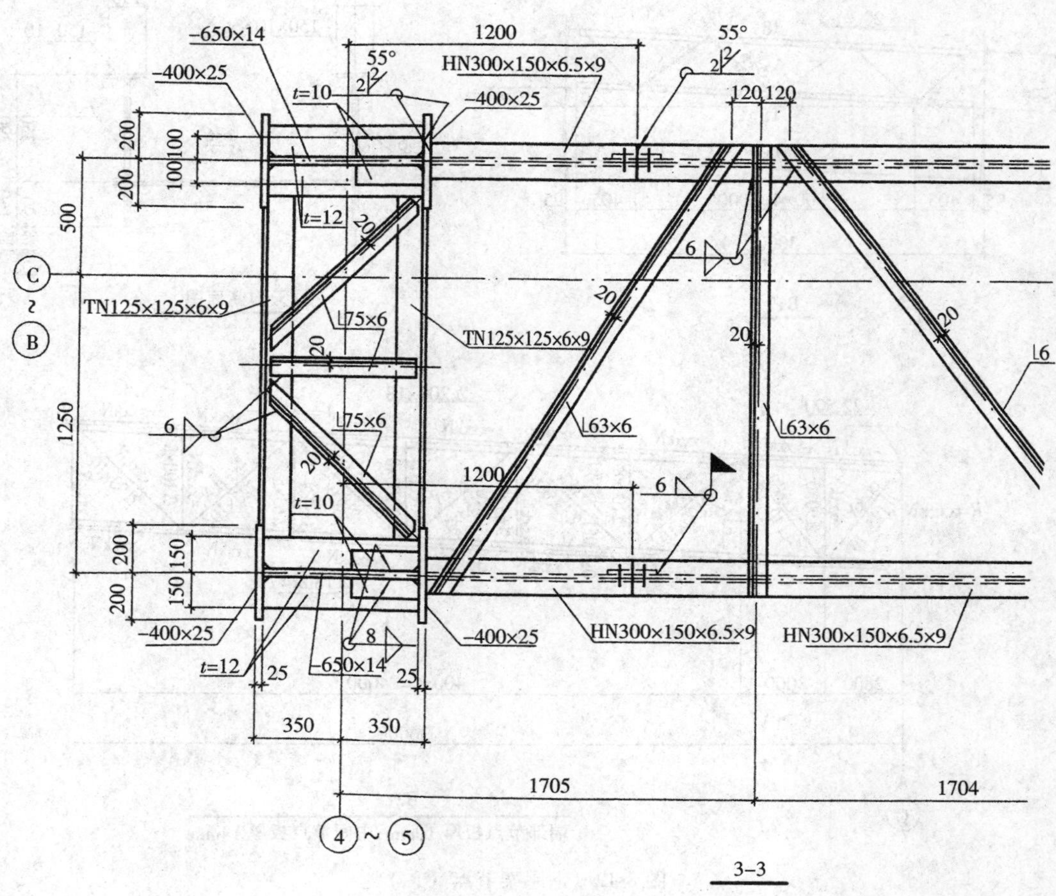

图 8-11　钢屋架节点（一）

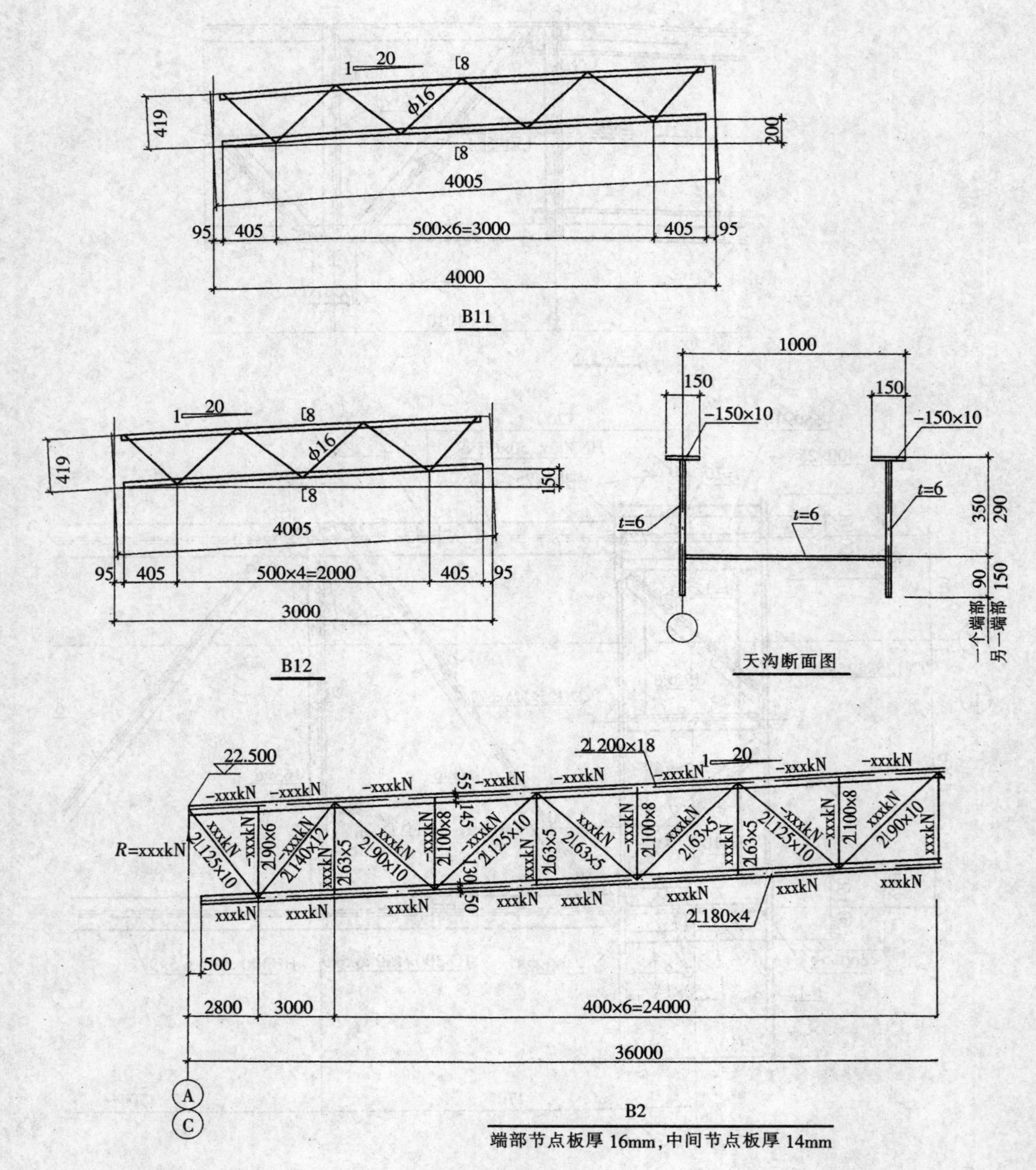

1 20
[8
ϕ16
419
200
4005
95
405
500×6=3000
4000
B11
1000
150
−150×10
t=6
350
290
90
150
一个端部
另一端部
天沟断面图
500×4=2000
3000
B12
22.500
2L200×18
−xxxkN
R=xxxkN
xxxkN
2L125×10
2L90×6
2L140×12
2L63×5
2L90×10
2L100×8
2L125×10
2L180×4
55
145
130
50
500
2800
400×6=24000
36000
A
C
B2
端部节点板厚 16mm，中间节点板厚 14mm

图 8-12　钢屋架节点（二）

钢檩条详图如图 8-13 所示。

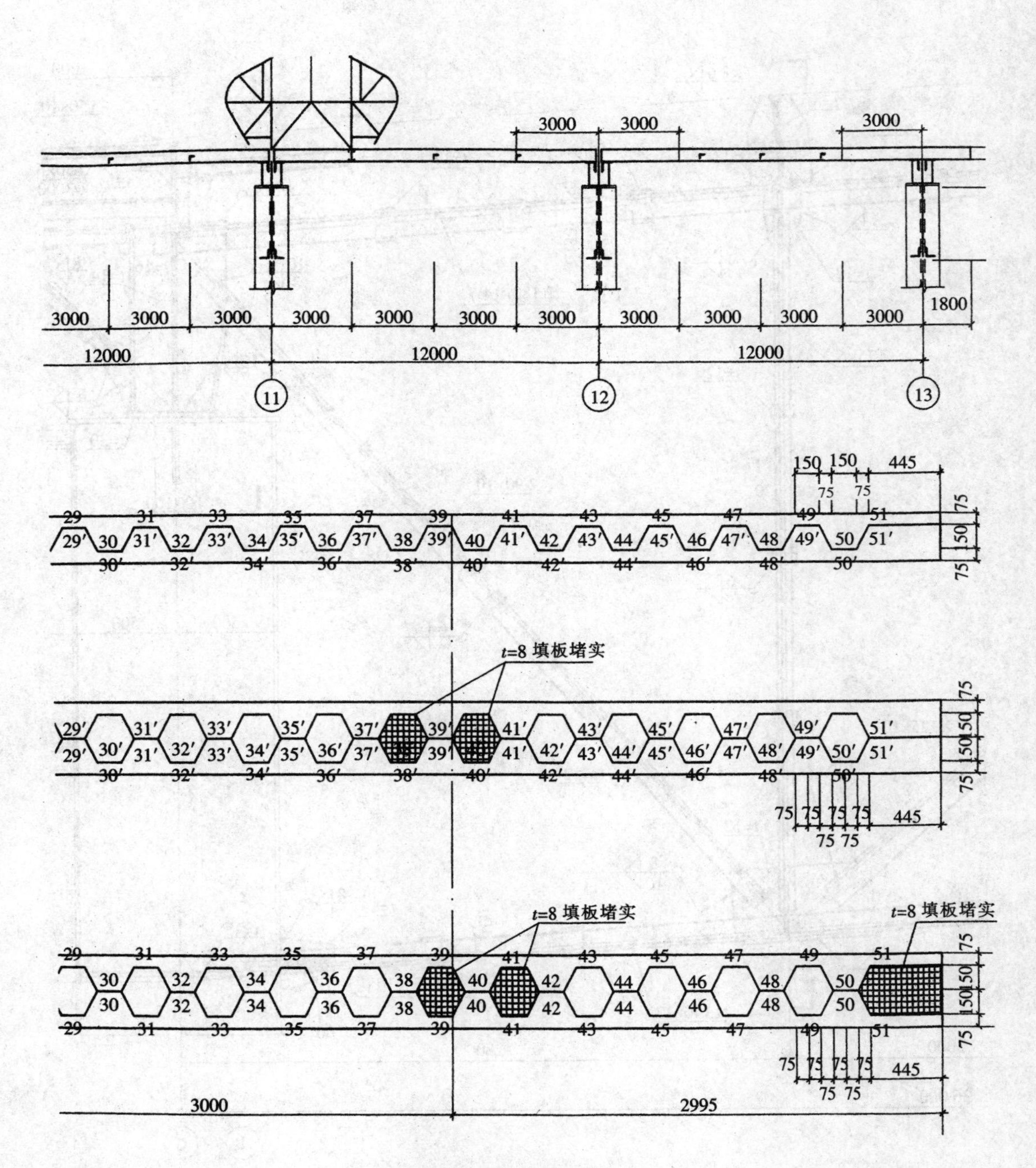

图 8-13　钢檩条详图

屋架与柱的连接如图 8-14 所示。

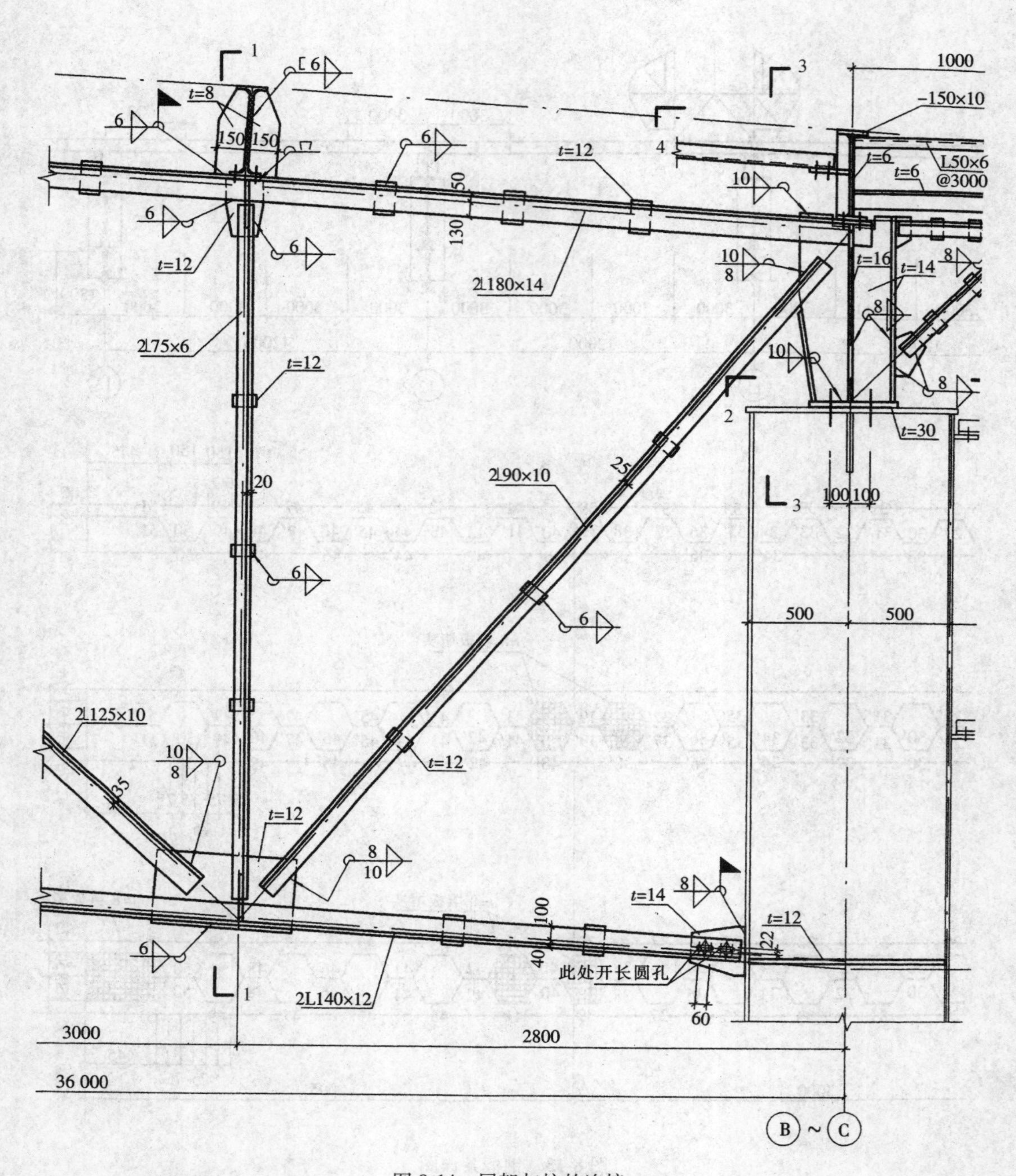

图 8-14　屋架与柱的连接

墙皮柱与檩条如图 8-15 所示。

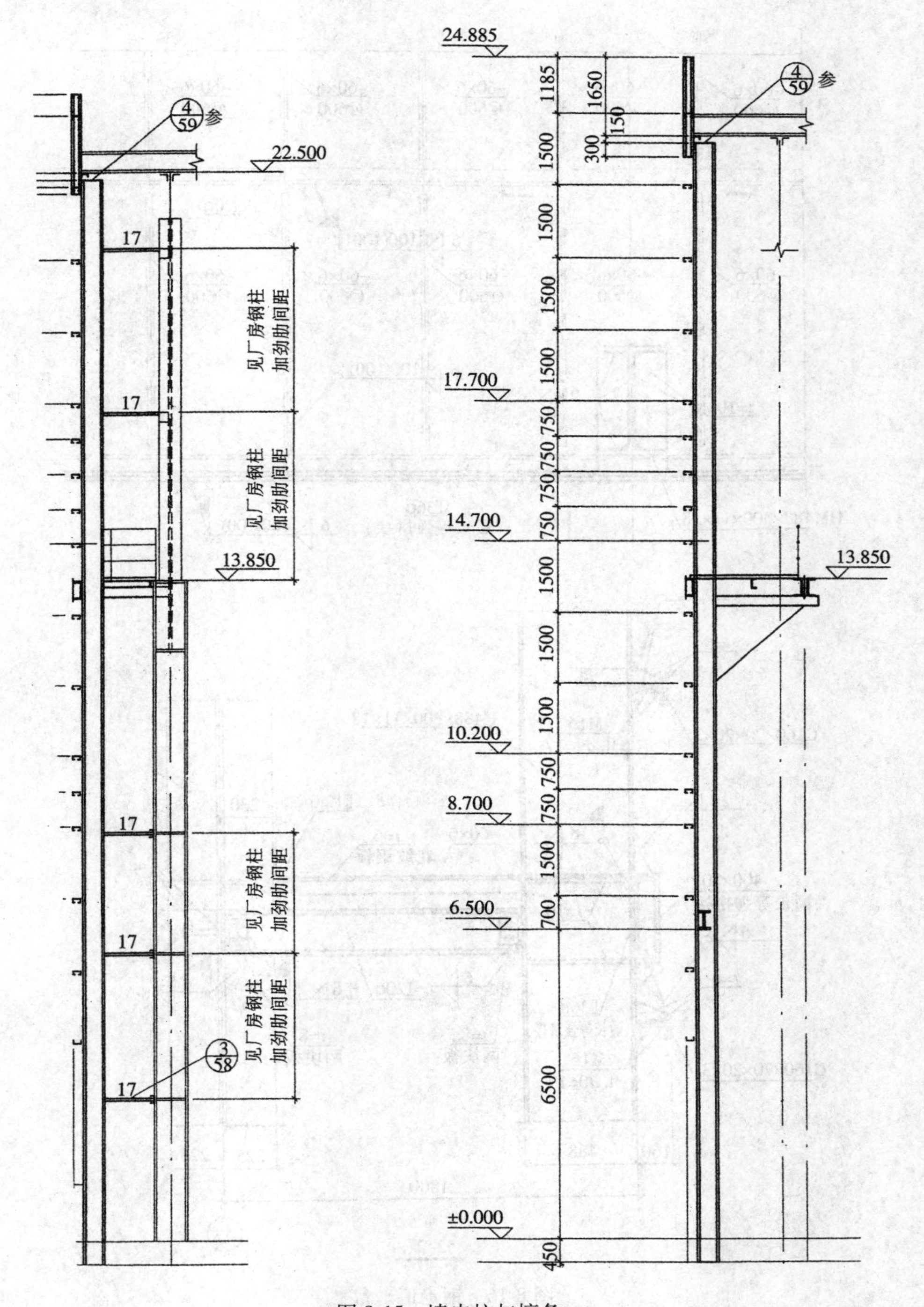

图 8-15　墙皮柱与檩条

钢走道平台如图 8-16 所示。

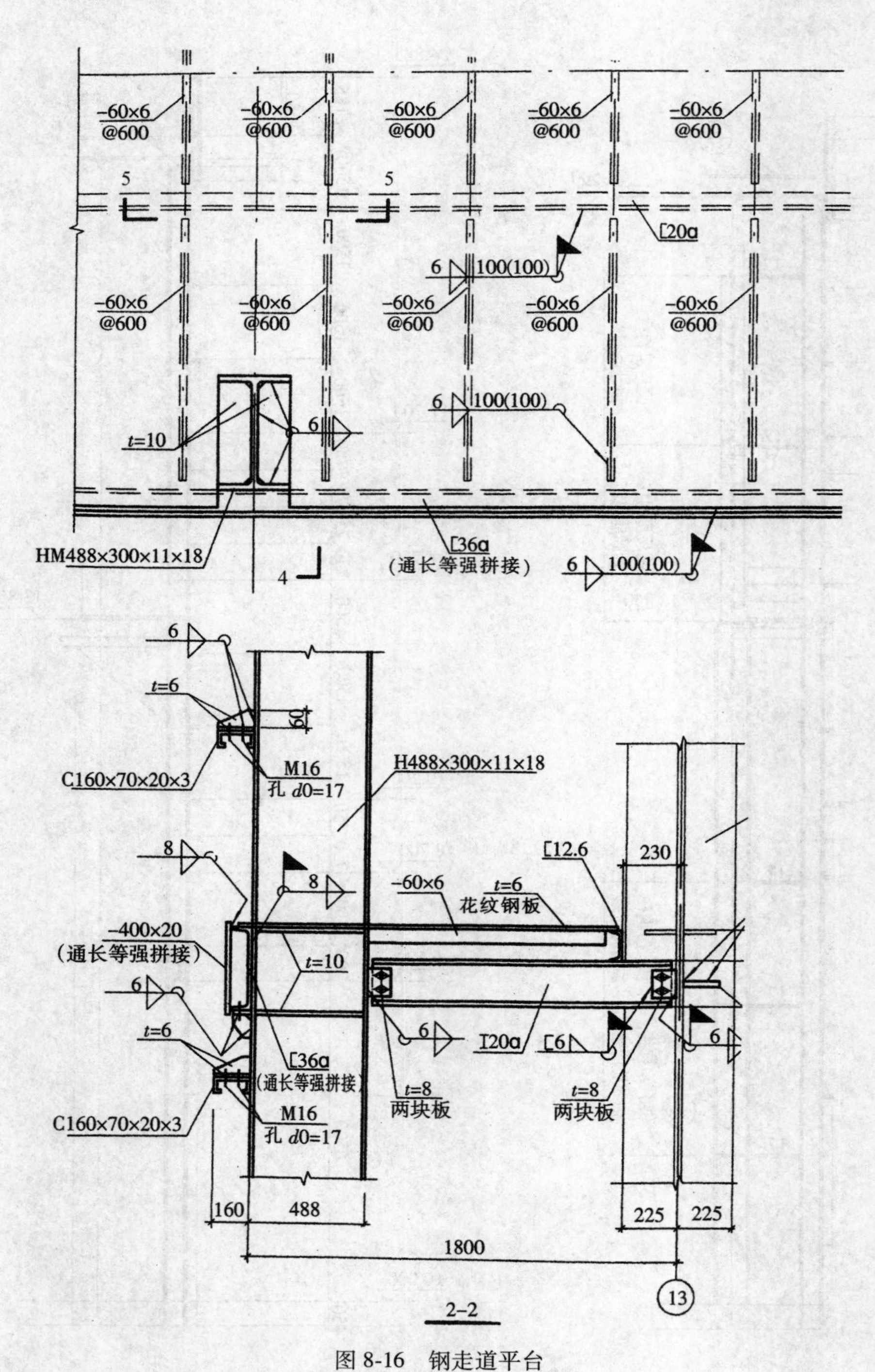

图 8-16 钢走道平台

《建筑结构制图标准》（GB/T 50105—2010）节录

1 混凝土结构

1.1 钢筋的一般表示方法

1.1.1 普通钢筋的一般表示方法应符合表1.1.1-1的规定。预应力钢筋的表示方法应符合表1.1.1-2的规定。钢筋网片的表示方法应符合表1.1.1-3的规定。钢筋焊接接头的表示方法应符合表1.1.1-4的规定。

表1.1.1-1 普通钢筋

序号	名称	图例	说明
1	钢筋横断面	•	—
2	无弯钩的钢筋端部		长、短钢筋投影重叠时，短钢筋的端部用45°斜划线表示
3	带半圆形弯钩的钢筋端部		—
4	带直钩的钢筋端部		—
5	带丝扣的钢筋端部		—
6	无弯钩的钢筋搭接		—
7	带半圆弯钩的钢筋搭接		—
8	带直钩的钢筋搭接		—
9	花篮螺钉钢筋接头		—
10	机械连接的钢筋接头		用文字说明机械连接的方式（如挤压或锥螺纹等）

表1.1.1-2 预应力钢筋

序号	名称	图例
1	预应力钢筋或钢绞线	
2	后张法预应力钢筋断面 无黏结预应力钢筋断面	⊕
3	单根预应力钢筋断面	+
4	张拉端锚具	
5	固定端锚具	

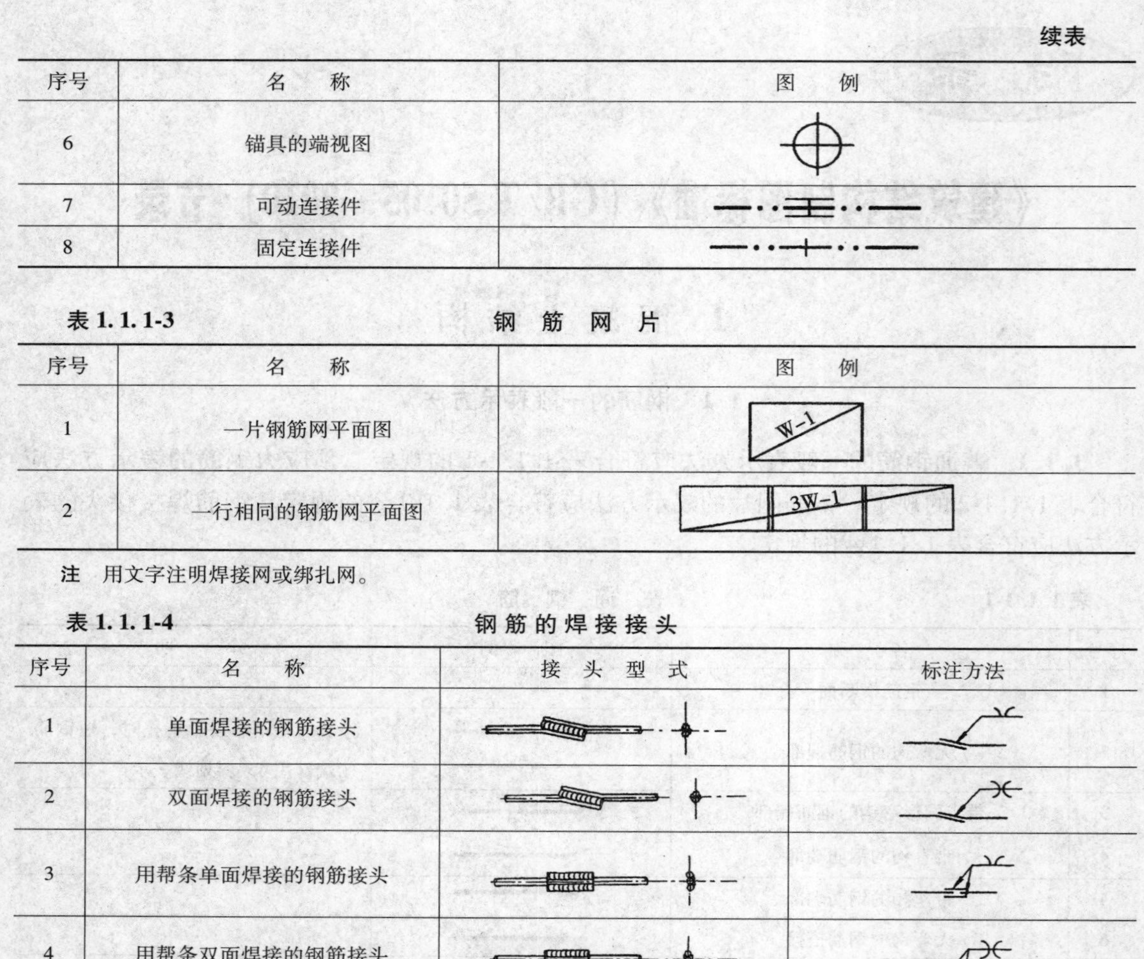

续表

序号	名　称	图　例
6	锚具的端视图	
7	可动连接件	
8	固定连接件	

表 1.1.1-3　　　　　　　　　　钢　筋　网　片

序号	名　称	图　例
1	一片钢筋网平面图	W-1
2	一行相同的钢筋网平面图	3W-1

注　用文字注明焊接网或绑扎网。

表 1.1.1-4　　　　　　　　　　钢筋的焊接接头

序号	名　称	接头型式	标注方法
1	单面焊接的钢筋接头		
2	双面焊接的钢筋接头		
3	用帮条单面焊接的钢筋接头		
4	用帮条双面焊接的钢筋接头		
5	接触对焊的钢筋接头（闪光焊、压力焊）		
6	坡口立焊的钢筋接头	60° b	60° b
7	坡口立焊的钢筋接头	b 45°	45° b
8	用角钢或扁钢做连接板焊接的钢筋接头		
9	钢筋或螺（锚）栓与钢板穿孔塞焊的接头		

1.1.2　钢筋的画法应符合表 1.1.2 的规定。

表 1.1.2　　　　　　　　　　　　　　　　钢筋的画法

序号	说　明	图　例
1	在结构平面图中配置双层钢筋时，底层钢筋的弯钩应向上或向左，顶层钢筋的弯钩则向下或向右	（底层）（顶层）
2	钢筋混凝土墙体配双层钢筋时，在配筋立面图中，远面钢筋的弯钩应向上或向左，而近面钢筋的弯钩应向下或向右（JM 近面，YM 远面）	JM JM YM YM JM JM YM YM
3	若在断面图中不能清楚表达钢筋布置，应在断面图外增加钢筋大样图（如钢筋混凝土墙、楼梯等）	
4	图中所表示的箍筋、环筋等，若布置复杂时，可加画钢筋大样图及说明	
5	每组相同的钢筋、箍筋或环筋，可用一根粗实线表示；同时用一根两端带斜短划线的横穿细线，表示其余钢筋起止范围	

1.1.3　钢筋、钢丝束及钢筋网片应按下列规定标注：

1　钢筋、钢丝束的说明应给出钢筋的代号、直径、数量、间距、编号及所在位置，其说明应沿钢筋的长度标注或标注在相关钢筋的引出线上。

2　钢筋网片的编号应标注在对角线上。网片的数量应与网片的编号标注在一起。

3　钢筋、杆件等宜采用直径 5～6mm 的细实线圆表示，圆内编号应采用阿拉伯数字按顺序编写。

注：简单的构件或钢筋种类较少时可不编号。

1.1.4　钢筋在平面、立面、剖（断）面中的表示方法应符合下列规定：

1　钢筋在平面图中的配置应按图 1.1.4-1 所示的方法表示。当钢筋标注的位置不够时，可采用引出线标注。引出线标注钢筋的斜短划线应为中实线或细实线。

2　当构件布置较简单时，结构平面布置图可与楼板配筋平面图合并绘制。

3　平面图中的钢筋配置较复杂时，可按表 1.1.2 及图 1.1.4-2 的方法绘制。

4　钢筋在立面、断面图中的配置，应按图 1.1.4-3 所示的方法表示。

1.1.5　构件配筋图中箍筋的长度尺寸，应指箍筋的里皮尺寸。弯起钢筋的高度尺寸应指钢筋的外皮尺寸（图 1.1.5）。

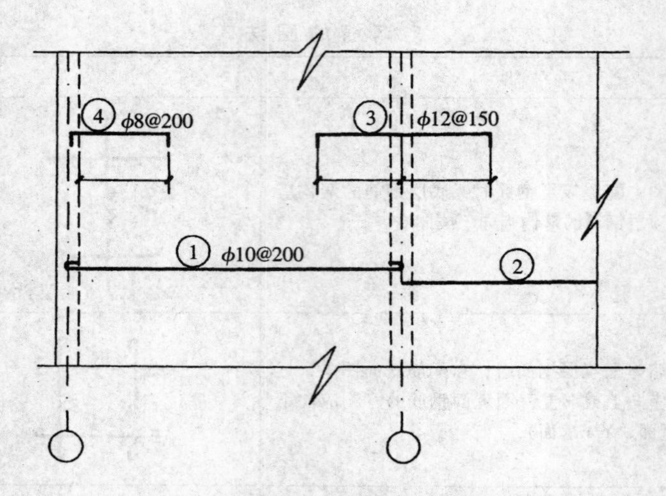

图 1. 1. 4-1　钢筋在平面图中的表示方法

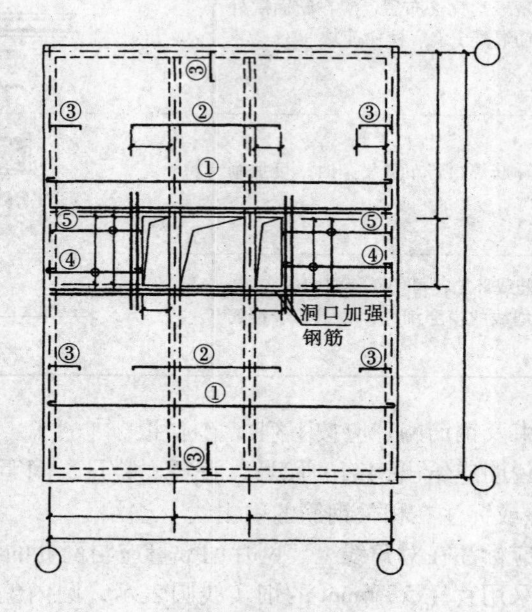

图 1. 1. 4-2　楼板配筋较复杂时的表示方法

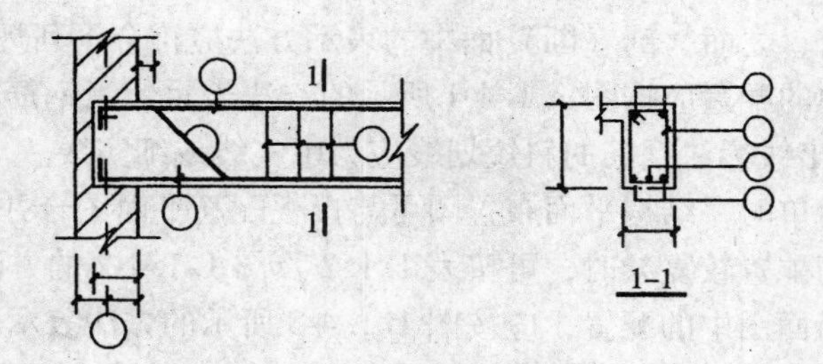

图 1. 1. 4-3　梁纵、横断面图中钢筋的表示方法

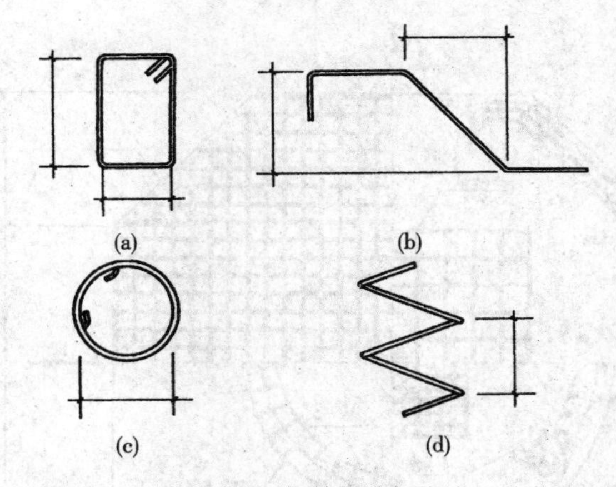

图 1.1.5 钢筋尺寸标注法

（a）箍筋尺寸标注图；（b）弯起钢筋尺寸标注图；

（c）环型钢筋尺寸标注图；（d）螺旋钢筋尺寸标注图

1.2 钢筋的简化表示方法

1.2.1 当构件对称时，采用详图绘制构件中的钢筋网片，可按图 1.2.1 的方法用一半或 1/4 表示。

1.2.2 钢筋混凝土构件配筋较简单时，宜按下列规定绘制配筋平面图：

1 独立基础按图 1.2.2（a）的规定，在平面模板图左下角绘出波浪线，绘出钢筋并标注钢筋的直径、间距等。

2 其他构件宜按图 1.2.2（b）的规定，在某一部位绘出波浪线，绘出钢筋并标注钢筋的直径、间距等。

1.2.3 对称的钢筋混凝土构件，宜按图 1.2.3 的规定，在同一图样中用一半表示模板，另一半表示配筋。

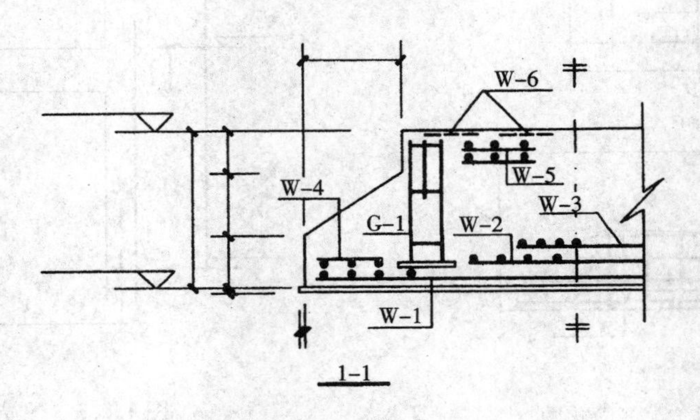

图 1.2.1 配筋简化图（一）

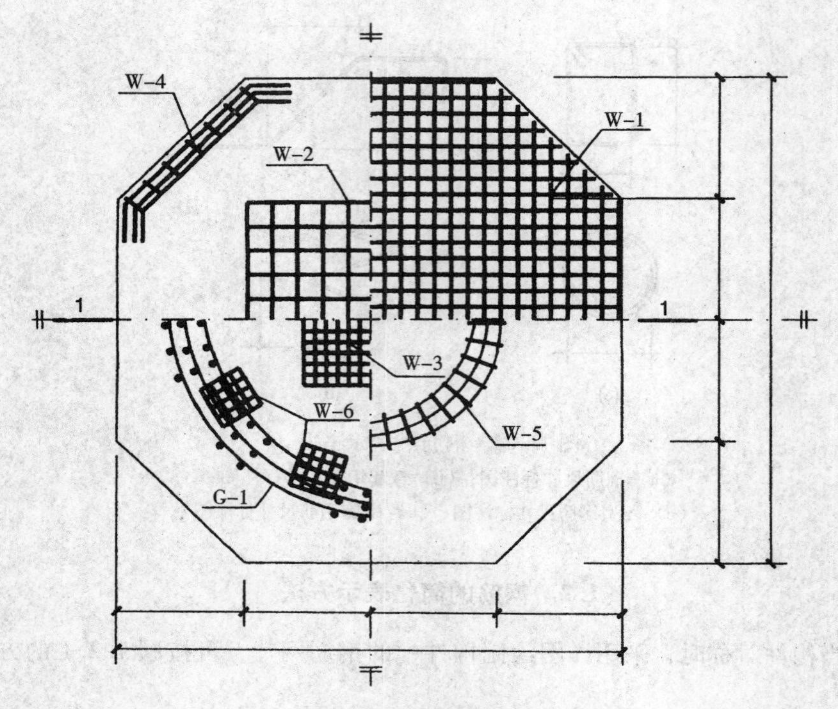

图 1.2.1　配筋简化图（二）

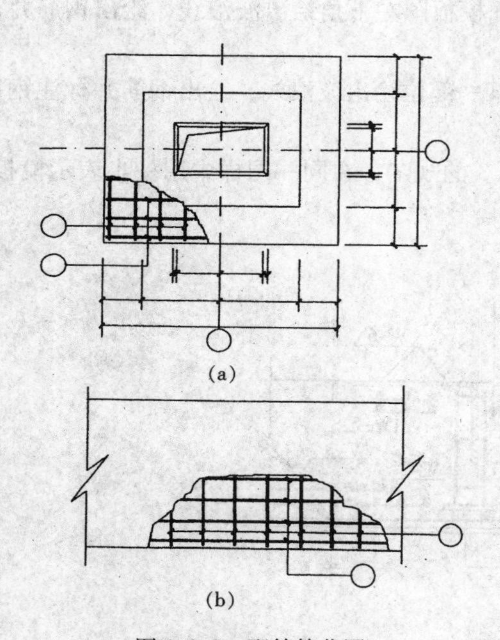

(a)

(b)

图 1.2.2　配筋简化图

(a) 独立基础；(b) 其他构件

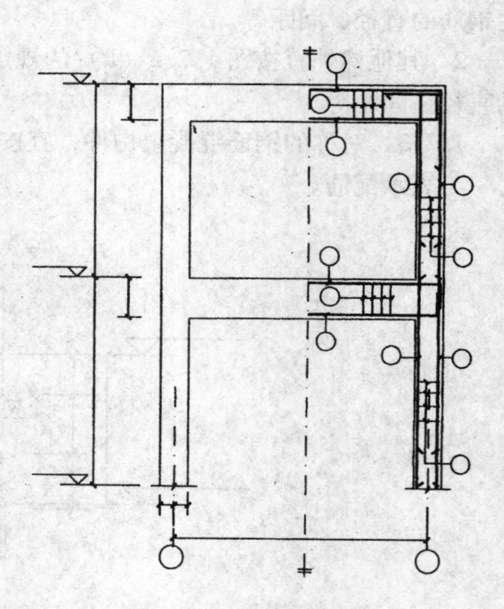

图 1.2.3　配筋简化图

1.3　文字注写构件的表示方法

1.3.1　在现浇混凝土结构中，构件的截面和配筋等数值可采用文字注写方式表达。

1.3.2　按结构层绘制的平面布置图中，直接用文字表达各类构件的编号（编号中含有构件的类型代号和顺序号）、断面尺寸、配筋及有关数值。

1.3.3　混凝土柱可采用列表注写和在平面布置图中截面注写方式，并应符合下列规定：

1　列表注写应包括柱的编号、各段的起止标高、断面尺寸、配筋、断面形状和箍筋的类型等有关内容。

2　截面注写可在平面布置图中，选择同一编号的柱截面，直接在截面中引出断面尺寸、配筋的具体数值等，并应绘制柱的起止高度表。

1.3.4　混凝土剪力墙可采用列表和截面注写方式，并应符合下列规定：

1　列表注写即分别在剪力墙柱表、剪力墙身表及剪力墙梁表中，按编号绘制截面配筋图，并注写断面尺寸和配筋等。

2　截面注写可在平面布置图中，按编号直接在墙柱、墙身和墙梁上注写断面尺寸、配筋等具体数值的内容。

1.3.5　混凝土梁可采用在平面布置图中的平面注写和截面注写方式，并应符合下列规定：

1　平面注写可在梁平面布置图中，分别从不同编号的梁中选择一个，直接注写编号、断面尺寸、跨数、配筋的具体数值和相对高差（无高差可不注写）等内容。

2　截面注写可在平面布置图中，分别从不同编号的梁中选择一个，用剖面号引出截面图形，并在其上注写断面尺寸、配筋的具体数值等。

1.3.6　重要构件或较复杂的构件，不宜采用文字注写方式表示构件的截面尺寸和配筋等有关数值，宜采用绘制构件详图的表示方法。

1.3.7　基础、楼梯、地下室结构等其他构件，当采用文字注写方式绘制图纸时，可在平面布置图上直接注写有关具体数值，也可采用列表注写的方式。

1.3.8　采用文字注写构件的尺寸、配筋等数值的图样，应绘制相应的节点做法及标准构造详图。

1.4　预埋件、预留孔洞的表示方法

1.4.1　在现浇混凝土构件上设置预埋件时，可按图 1.4.1 的规定，在平面图或立面图上表示。引出线指向预埋件，并标注预埋件的代号。

1.4.2　在混凝土构件的正、反面同一位置均设置相同的预埋件时，可按图 1.4.2 的规定引一条实线和一条虚线，引出线指向预埋件，同时在引出横线上标注预埋件的数量及代号。

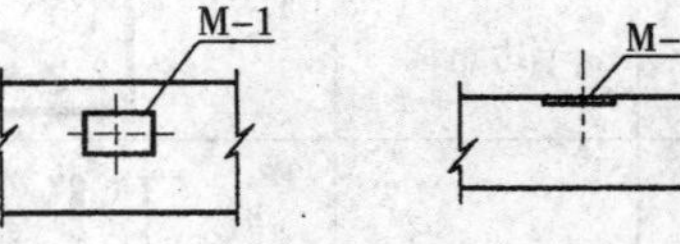

图 1.4.1　预埋件的表示方法

1.4.3　在混凝土构件的正、反面同一位置设置编号不同的预埋件时，可按图 1.4.3 的规定引出一条实线和一条虚线，引出线指向预埋件。引出横线上标注正面预埋件代号，引出横线下标注反面预埋件代号。

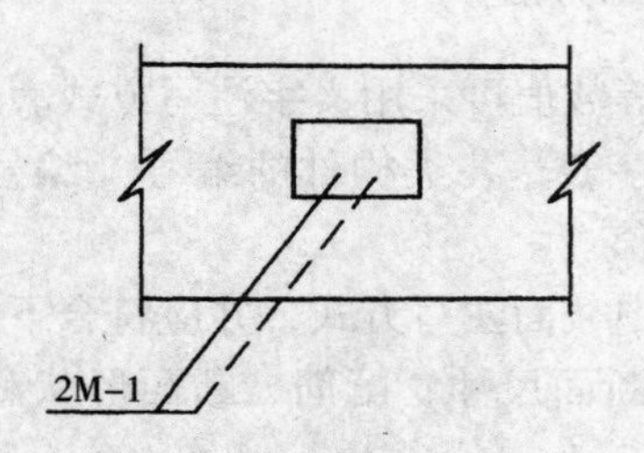

图 1.4.2　同一位置正、反面预埋件均相同的表示方法

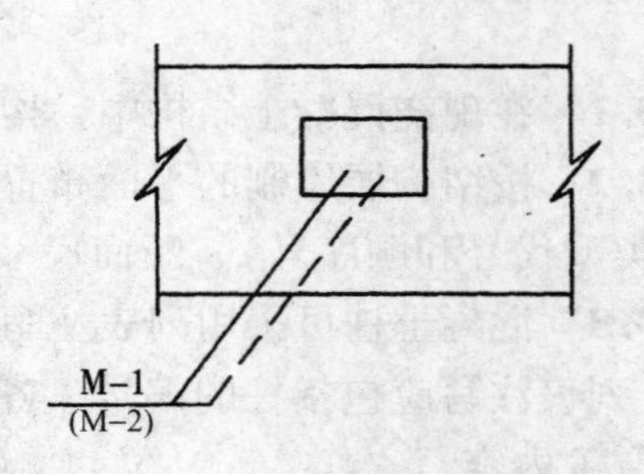

图 1.4.3　同一位置正、反面预埋件不相同的表示方法

1.4.4　在构件上设置预留孔、洞或预埋套管时，可按图 1.4.4 的规定在平面或断面图中表示。引出线指向预留（埋）位置。引出横线上方标注预留孔、洞的尺寸及预埋套管的外径，横线下方标注孔、洞（套管）的中心标高或底标高。

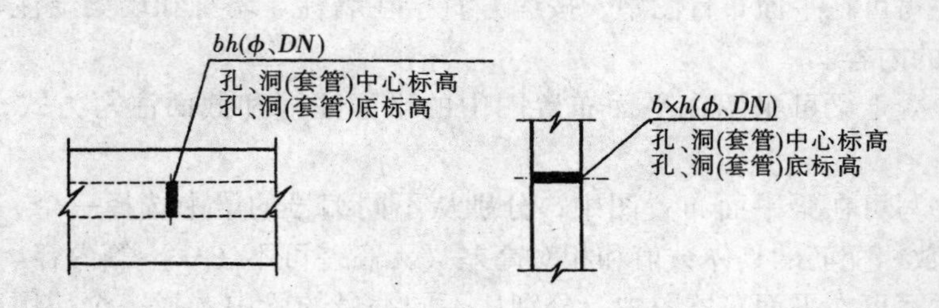

图 1.4.4　预留孔、洞及预埋套管的表示方法

2　钢　结　构

2.1　常用型钢的标注方法

2.1.1　常用型钢的标注方法应符合表 2.1.1 中的规定。

表 2.1.1　　常用型钢的标注方法

序号	名　称	截　面	标　注	说　明
1	等边角钢	∟	∟ $b\times t$	b 为肢宽 t 为肢厚
2	不等边角钢	∟ B	∟ $B\times b\times t$	B 为长肢宽 b 为短肢宽 t 为肢厚
3	工字钢	I	I N　Q I N	轻型工字钢加注 Q 字

续表

序号	名称	截面	标注	说明
4	槽钢		N Q N	轻型槽钢加注 Q 字
5	方钢	b	b	—
6	扁钢	b	$b \times t$	—
7	钢板		$\frac{-b \times t}{l}$	$\frac{宽 \times 厚}{板长}$
8	圆钢		ϕd	—
9	钢管		$\phi d \times t$	d 为外径 t 为壁厚
10	薄壁方钢管		B $b \times t$	薄壁型钢加注 B 字 t 为壁厚
11	薄壁等肢角钢		B $b \times t$	
12	薄壁等肢卷边角钢	a	B $b \times a \times t$	
13	薄壁槽钢	h	B $b \times a \times t$	
14	薄壁卷边槽钢	a	B $h \times b \times a \times t$	
15	薄壁卷边Z型钢	h a	B $h \times b \times a \times t$	
16	T型钢		TW×× TM×× TN××	TW 为宽翼缘 T 型钢 TM 为中翼缘 T 型钢 TN 为窄翼缘 T 型钢

续表

序号	名　称	截　面	标　注	说　明
17	H 型钢		HW×× HM×× HN××	HW 为宽翼缘 H 型钢 HM 为中翼缘 H 型钢 HN 为窄翼缘 H 型钢
18	起重机钢轨		QU××	
19	轻轨及钢轨		××kg/m钢轨	详细说明产品规格型号

2.2　螺栓、孔、电焊铆钉的表示方法

2.2.1　螺栓、孔、电焊铆钉的表示方法应符合表 2.2.1 中的规定。

表 2.2.1　　**螺栓、孔、电焊铆钉的表示方法**

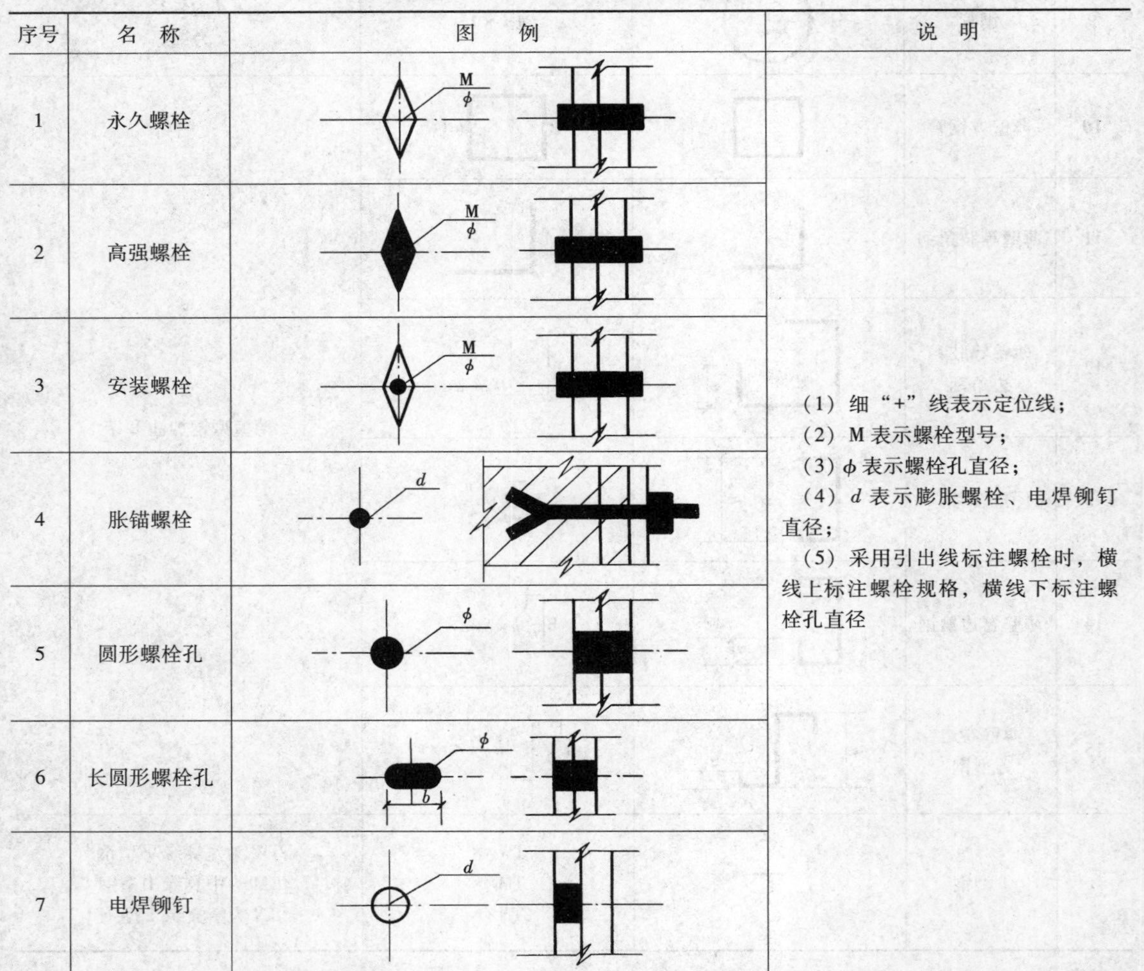

序号	名　称	图　例	说　明
1	永久螺栓	M ϕ	
2	高强螺栓	M ϕ	(1) 细“+”线表示定位线； (2) M 表示螺栓型号； (3) ϕ 表示螺栓孔直径； (4) d 表示膨胀螺栓、电焊铆钉直径； (5) 采用引出线标注螺栓时，横线上标注螺栓规格，横线下标注螺栓孔直径
3	安装螺栓	M ϕ	
4	胀锚螺栓	d	
5	圆形螺栓孔	ϕ	
6	长圆形螺栓孔	ϕ b	
7	电焊铆钉	d	

2.3 常用焊缝的表示方法

2.3.1 焊接钢构件的焊缝除应按现行国家标准《焊缝符号表示法》GB/T 324 有关规定执行外，还应符合本节的各项规定。

2.3.2 单面焊缝的标注方法应符合下列规定：

1 当箭头指向焊缝所在的一面时，应将图形符号和尺寸标注在横线的上方，如图 2.3.2（a）所示；当箭头指向焊缝所在另一面（相对应的那面）时，应按图 2.3.2（b）的规定执行，将图形符号和尺寸标注在横线的下方。

2 表示环绕工作件周围的焊缝时，应按图 2.3.2（c）的规定执行，其围焊焊缝符号为圆圈，绘在引出线的转折处，并标注焊角尺寸 K。

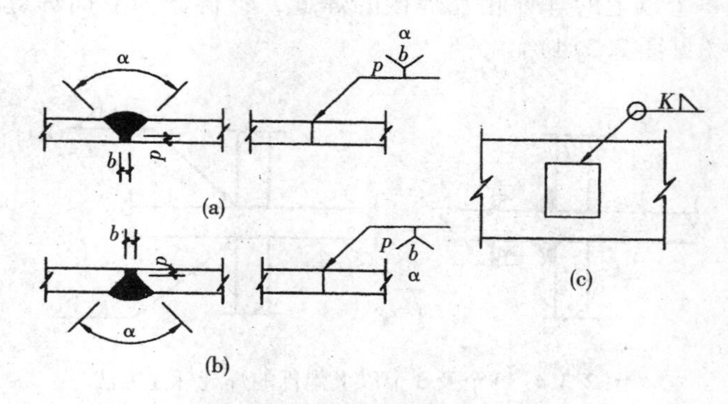

图 2.3.2 单面焊缝的标注方法

2.3.3 双面焊缝的标注，应在横线的上、下方都标注符号和尺寸。上方表示箭头一面的符号和尺寸，下方表示另一面的符号和尺寸，如图 2.3.3（a）所示；当两面的焊缝尺寸相同时，只需在横线上方标注焊缝的符号和尺寸，如图 2.3.3（b）、（c）、（d）所示。

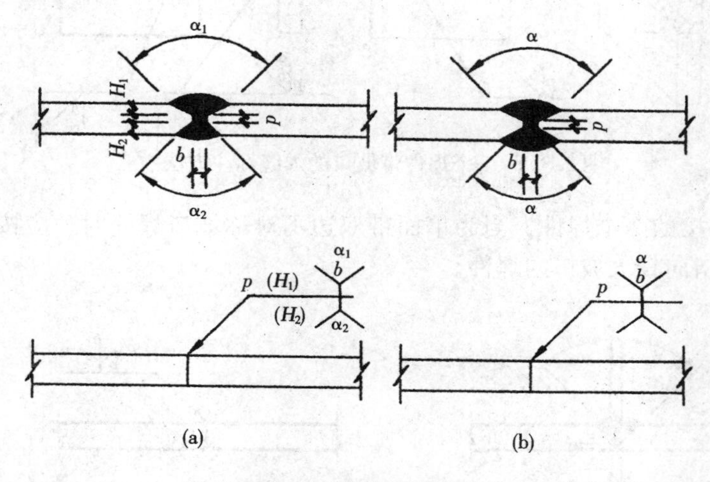

图 2.3.3 双面焊缝的标注方法（一）

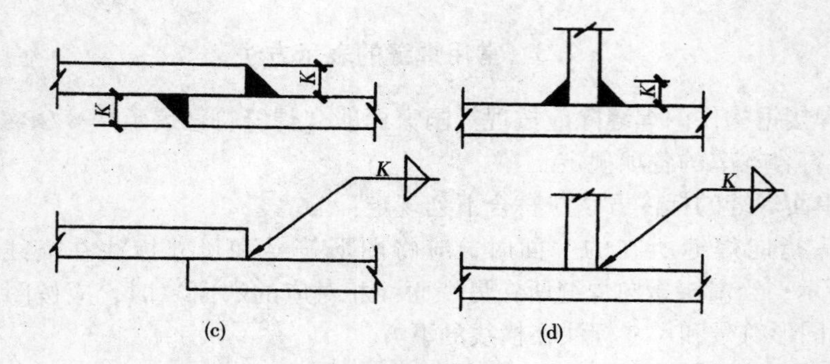

图 2.3.3　双面焊缝的标注方法（二）

2.3.4　3 个及 3 个以上的焊件相互焊接的焊缝，不得作为双面焊缝标注。其焊缝符号和尺寸应分别标注（见图 2.3.4）。

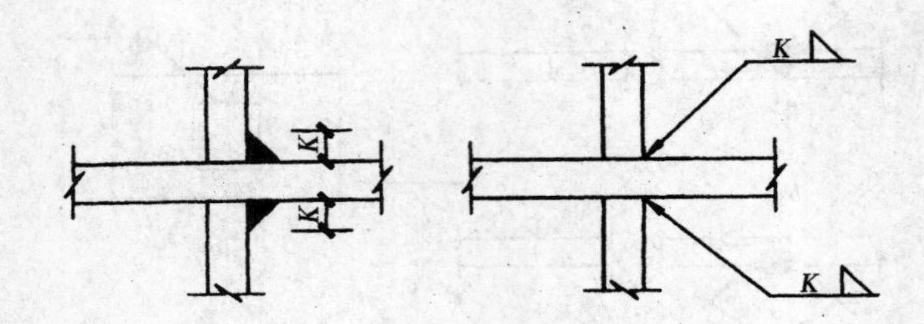

图 2.3.4　3 个及 3 个以上焊件的焊缝标注方法

2.3.5　相互焊接的两个焊件中，当只有一个焊件带坡口时（如单面 V 形），引出线箭头必须指向带坡口的焊件（见图 2.3.5）。

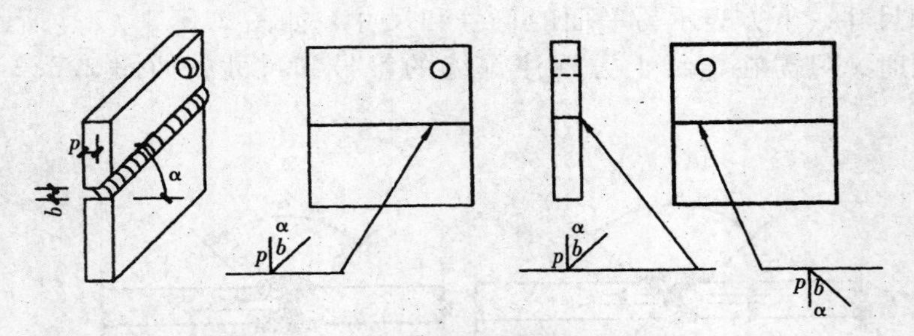

图 2.3.5　1 个焊件带坡口的焊缝标注方法

2.3.6　相互焊接的两个焊件，当为单面带双边不对称坡口焊缝时，应按图 2.3.6 的规定，引出线箭头应指向较大坡口的焊件。

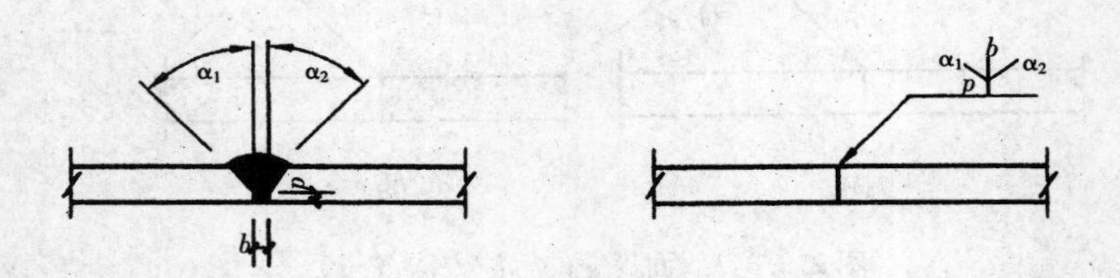

图 2.3.6　不对称坡口焊缝的标注方法

2.3.7 当焊缝分布不规则时，在标注焊缝符号的同时，可按图 2.3.7 的规定，在焊缝处加中实线（表示可见焊缝）或加细栅线（表示不可见焊缝）。

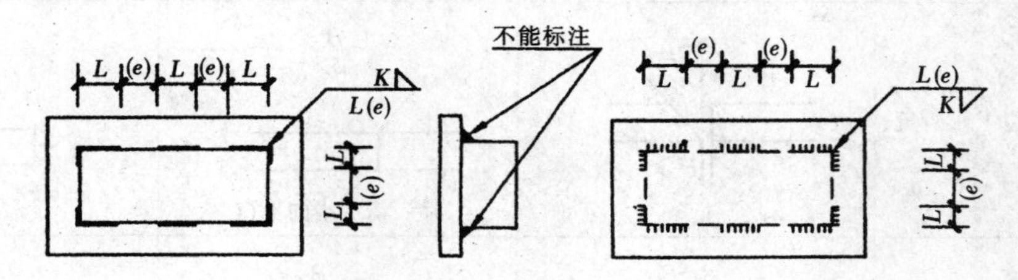

图 2.3.7　不规则焊缝的标注方法

2.3.8 相同焊缝符号应按下列方法表示：

1　在同一图形上，当焊缝形式、断面尺寸和辅助要求均相同时，应按图 2.3.8（a）的规定，可只选择一处标注焊缝的符号和尺寸；并加注“相同焊缝符号”（相同焊缝符号为 3/4 圆弧），绘在引出线的转折处。

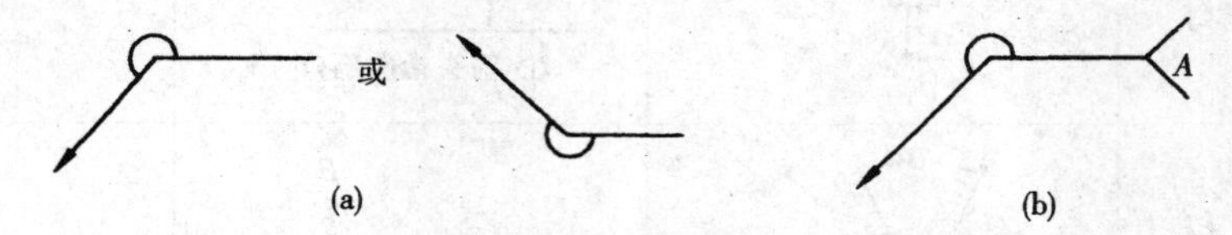

图 2.3.8　相同焊缝的表示方法

2　在同一图形上，当有数种相同的焊缝时，宜按图 2.3.8（b）的规定，可将焊缝分类编号标注。在同一类焊缝中，可选择一处标注焊缝符号和尺寸。分类编号采用大写的拉丁字母 A、B、C。

2.3.9 需要在施工现场进行焊接的焊件焊缝，应按图 2.3.9 的规定标注“现场焊缝”符号（现场焊缝符号为涂黑的三角形旗号），绘在引出线的转折处。

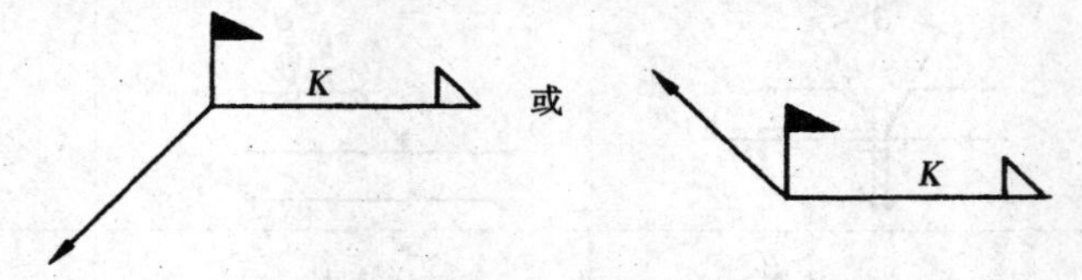

图 2.3.9　现场焊缝的表示方法

2.3.10 当需要标注的焊缝能够用文字表述清楚时，也可采用文字表述的方式。

2.3.11 建筑钢结构常用焊缝符号及符号尺寸应符合表 2.3.11 的规定。

表 2.3.11　**建筑钢结构常用焊缝符号及符号尺寸**

序号	焊缝名称	形　式	标注法	符号尺寸（mm）
1	V 形焊缝	b flb1	b	1~2 4

续表

序号	焊缝名称	形　式	标注法	符号尺寸（mm）
2	单边 V 形焊缝	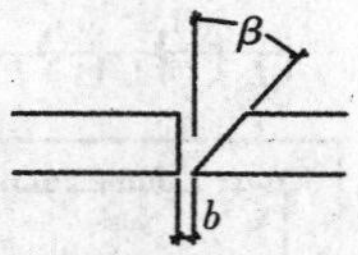 β b	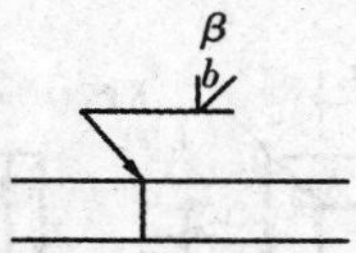 β b 注：箭头指向剖口	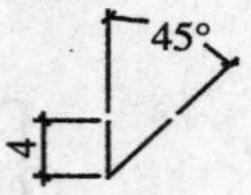 45° 4
3	带钝边单边V形焊缝	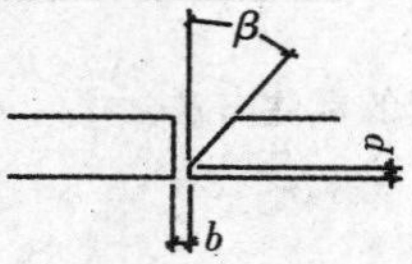 β p b	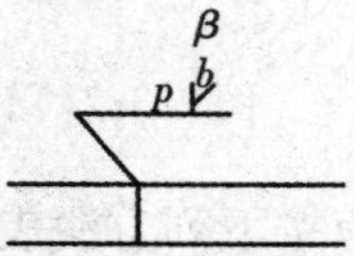 β p b	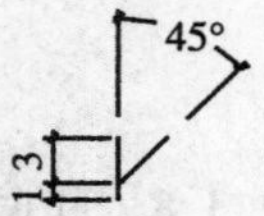 45° 1 3
4	带垫板带钝边单边V形焊缝	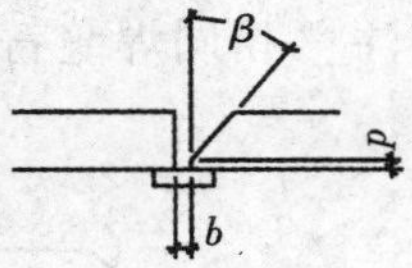 β p b	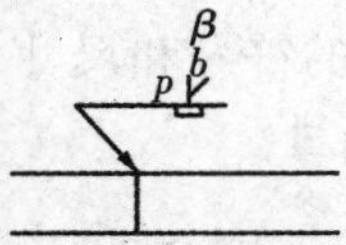 β p b 注:箭头指向剖口	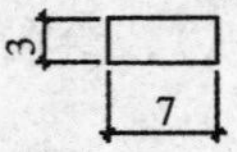 3 7
5	带垫板V形焊缝	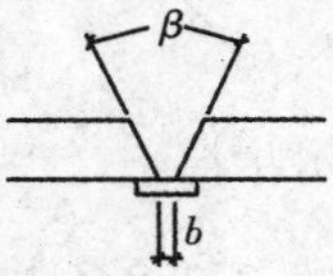 β b	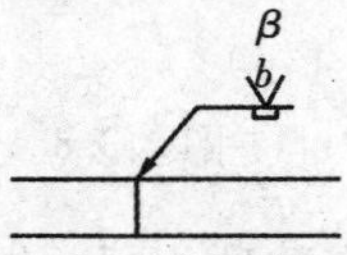 β b	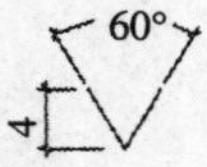 60° 4
6	Y 形焊缝	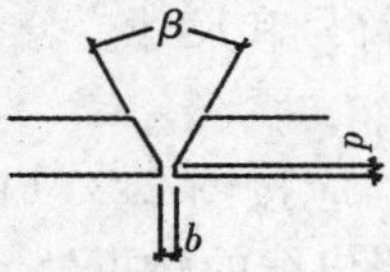 β p b	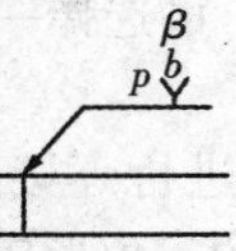 β p b	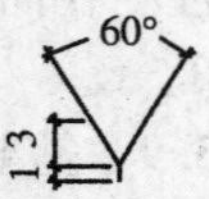 60° 1 3
7	带垫板Y形焊缝	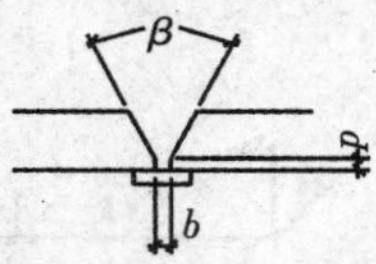 β p b	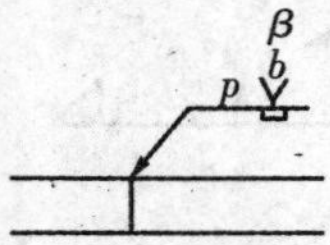 β p b	—
8	双单边V形焊缝	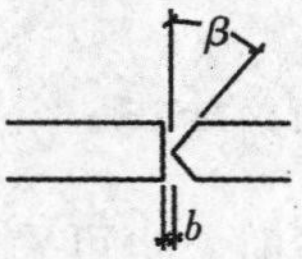 β b	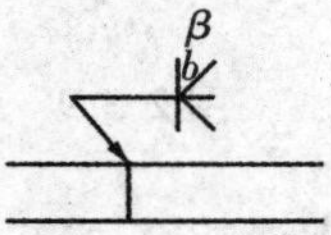 β b	—
9	双 V 形焊缝	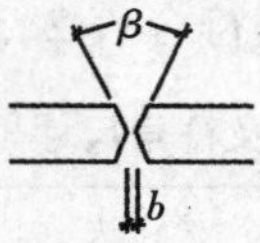 β b	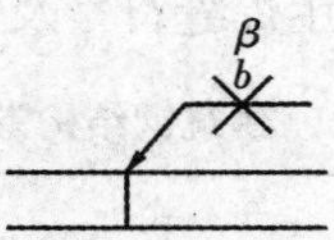 β b	—
10	带钝边U形焊缝	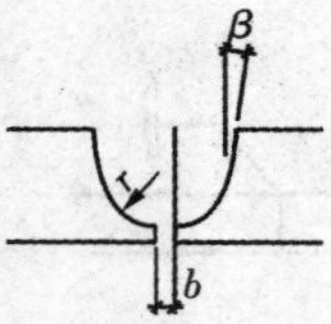 β r b	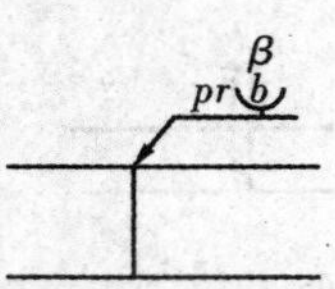 β pr b	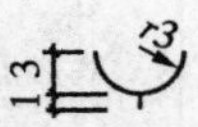 1 3 r3

续表

序号	焊缝名称	形式	标注法	符号尺寸（mm）
11	带钝边双U形焊缝	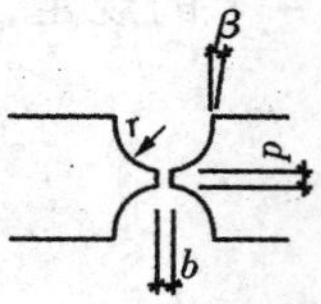	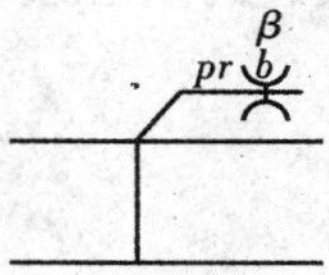	—
12	带钝边J形焊缝		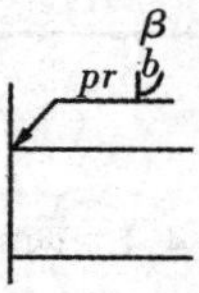	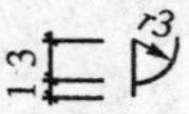
13	带钝边双J形焊缝		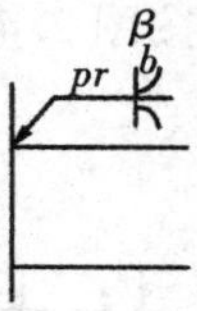	—
14	角焊缝	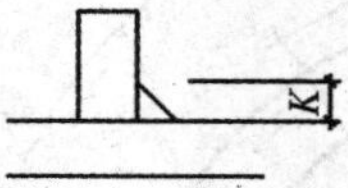	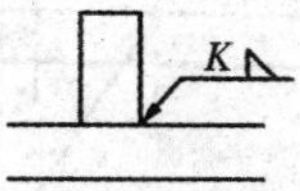	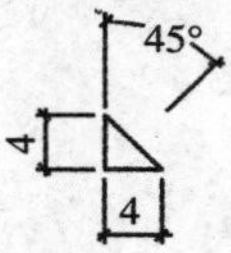
15	双面角焊缝	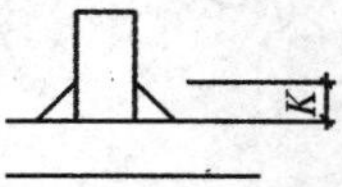	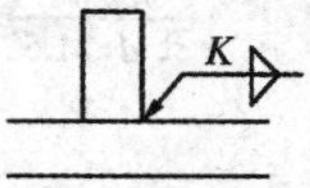	—
16	剖口角焊缝	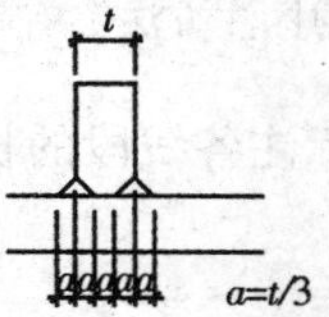	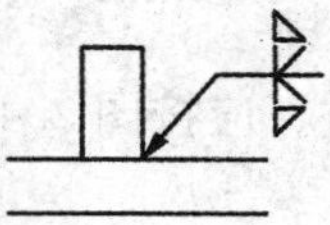	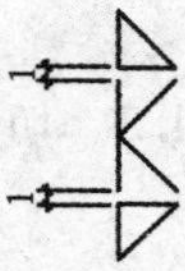
17	喇叭形焊缝	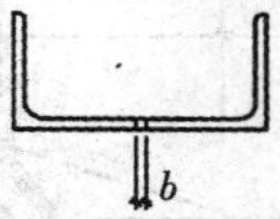	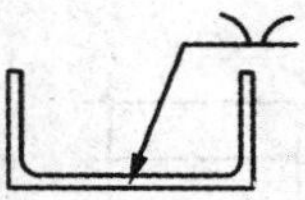	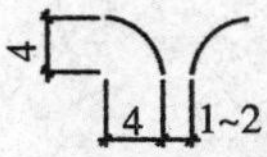
18	双面半喇叭形焊缝		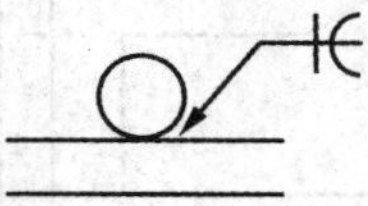	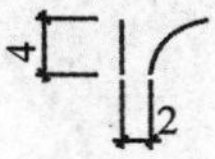
19	塞焊	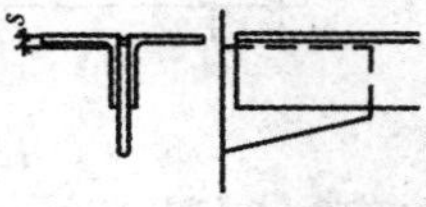 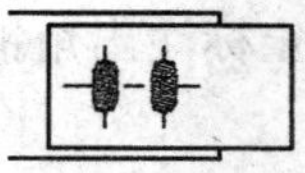	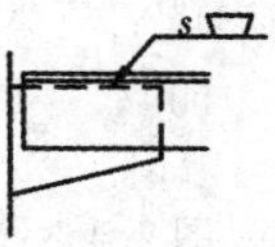 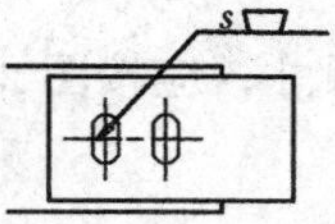	

2.4 尺 寸 标 注

2.4.1 两构件的两条很近的重心线，应按图 2.4.1 的规定，在交汇处将其各自向外错开。

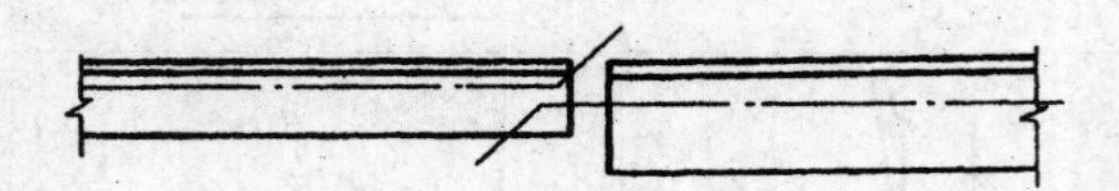

图 2.4.1 两构件重心线不重合的表示方法

2.4.2 弯曲构件的尺寸应按图 2.4.2 的规定，沿其弧度的曲线标注弧的轴线长度。

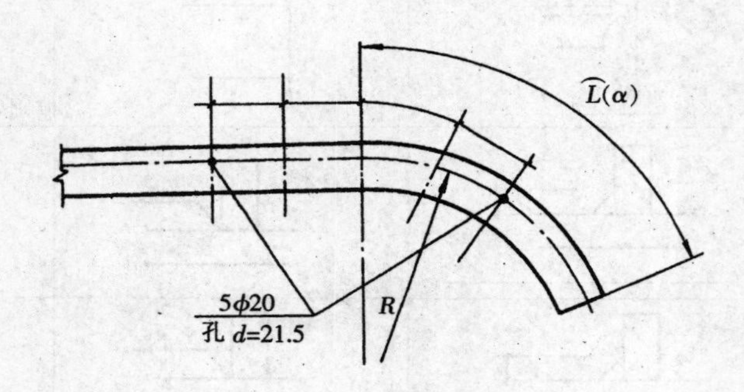

图 2.4.2 弯曲构件尺寸的标注方法

2.4.3 切割板材的尺寸，应按图 2.4.3 的规定标注各线段的长度及位置。

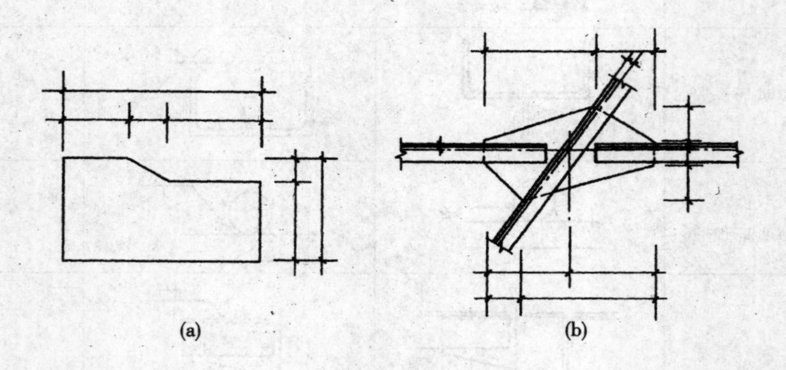

图 2.4.3 切割板材尺寸的标注方法

2.4.4 不等边角钢的尺寸，应按图 2.4.4 的规定标注出角钢一肢的尺寸。

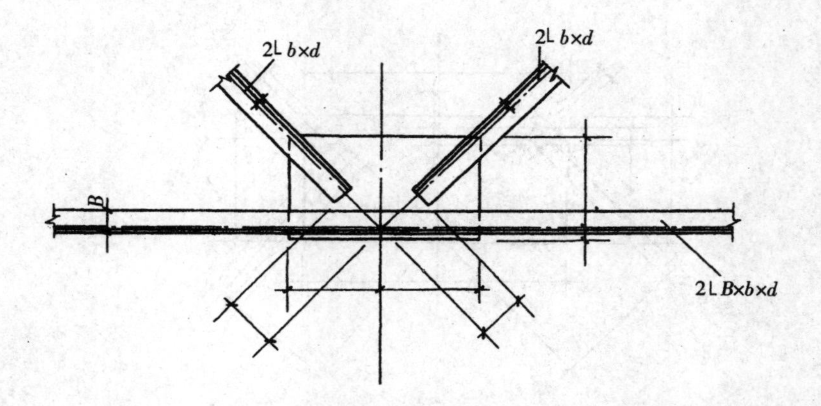

图 2. 4. 4　节点尺寸及不等边角钢的标注方法

2. 4. 5　节点尺寸应按图 2. 4. 4、图 2. 4. 5 的规定，注明节点板的尺寸和各杆件螺栓孔中心或中心距，以及杆件端部至几何中心线交点的距离。

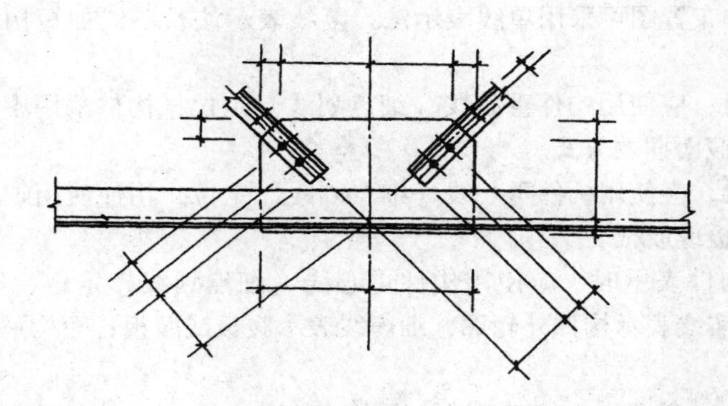

图 2. 4. 5　节点尺寸的标注方法

2. 4. 6　缀板的尺寸应按图 2. 4. 6 的规定，注明缀板的数量及尺寸。引出横线上方标注缀板的数量及缀板的宽度、厚度，引出横线下方标注缀板的长度尺寸。

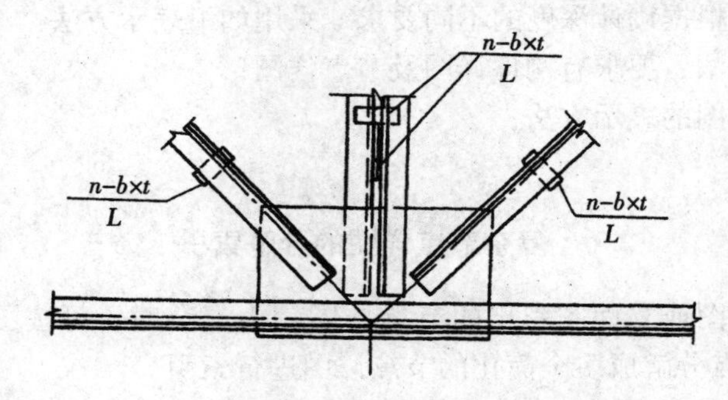

图 2. 4. 6　缀板尺寸的标注方法

2. 4. 7　非焊接节点板的尺寸应按图 2. 4. 7 的规定，注明节点板的尺寸和螺栓孔中心与几何中心线交点的距离。

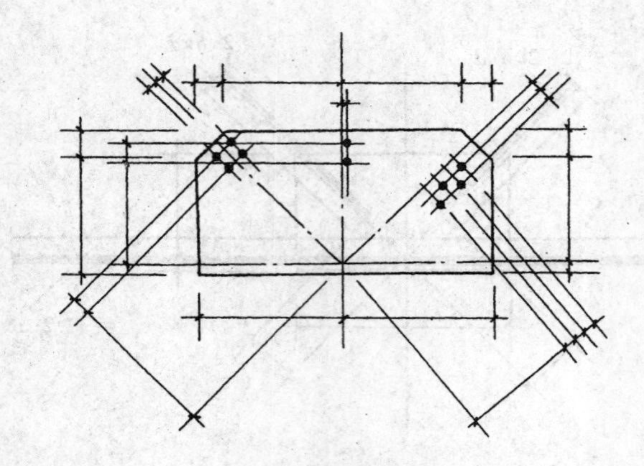

图 2.4.7　非焊接节点板尺寸的标注方法

2.5　钢结构制图一般要求

2.5.1　钢结构布置图可采用单线表示法、复线表示法及单线加短构件表示法，并应符合下列规定：

1　单线表示时，应使用构件重心线（细点划线）定位，构件采用中实线表示；非对称截面应在图中注明截面摆放方式。

2　复线表示时，应使用构件重心线（细点划线）定位，构件使用细实线表示构件外轮廓，细虚线表示腹板或肢板。

3　单线加短构件表示时，应使用构件重心线（细点划线）定位，构件采用中实线表示；短构件使用细实线表示构件外轮廓，细虚线表示腹板或肢板；短构件长度一般为构件实际长度的1/3～1/2。

4　为方便表示，非对称截面可采用外轮廓线定位。

2.5.2　构件断面可采用原位标注或编号后集中标注，并符合下列规定：

1　平面图中主要标注内容为梁、水平支撑、栏杆、铺板等平面构件。

2　剖、立面图中主要标注内容为柱、支撑等竖向构件。

2.5.3　构件连接应根据设计深度的不同要求，采用如下表示方法：

1　制造图的表示方法，要求有构件详图及节点详图；

2　索引图加节点详图的表示方法；

3　标准图集的方法。

2.6　复杂节点详图的分解索引

2.6.1　从结构平面图或立面图引出的节点详图较为复杂时，可按图 2.6.1-2 的规定，将图 2.6.1-1 的复杂节点分解成多个简化的节点详图进行索引。

2.6.2　由复杂节点详图分解的多个简化节点详图有部分或全部相同时，可按图 2.6.2 的规定，简化标注索引。

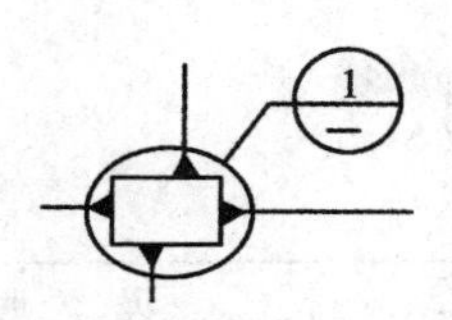

图 2.6.1-1　复杂节点详图的索引

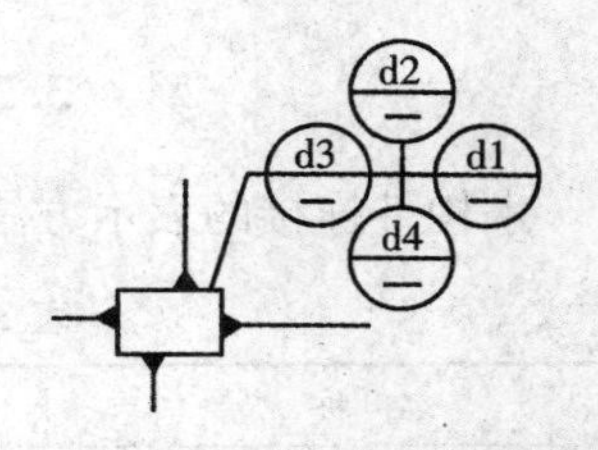

图 2.6.1-2　分解为简化节点详图的索引

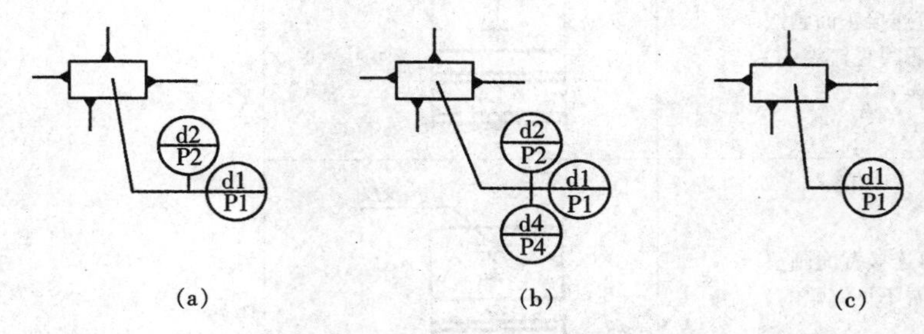

图 2.6.2　节点详图分解索引的简化标注

(a) 同方向节点相同；(b) d1 与 d3 相同，d2 与 d4 不同；(c) 所有节点均相同

3　木　结　构

3.1　常用木构件断面的表示方法

3.1.1　常用木构件断面的表示方法应符合表 3.1.1 中的规定。

表 3.1.1　　**常用木构件断面的表示方法**

序号	名　称	图　　例	说　　明
1	圆木	ϕ或d	(1) 木材的断面图均应画出横纹线或顺纹线； (2) 立面图一般不画木纹线，但关键的立面图均须画出木纹线
2	半圆木	$1/2\phi$ 或d	
3	方木	$b\times h$	
4	木板	$b\times h$或h	

3.2　木构件连接的表示方法

3.2.1　木构件连接的表示方法应符合表3.2.1中的规定。

表3.2.1　木构件连接的表示方法

序号	名　称	图　例	说　明
1	钉连接正面画法 （看得见钉帽的）	$n\phi\, d\times L$	—
2	钉连接背面画法 （看不见钉帽的）	$n\phi\, d\times L$	
3	木螺钉连接正面画法 （看得见钉帽的）	$n\phi\, d\times L$	
4	木螺钉连接背面画法 （看不见钉帽的）	$n\phi\, d\times L$	
5	杆件连接		仅用于单线圈中
6	螺栓连接	$n\phi\, d\times L$	（1）当采用双螺母时应加以注明； （2）当采用钢夹板时，可不画垫板线
7	齿连接		—

参考文献

[1] 王全凤．快速识读钢结构施工图．福州：福建科学技术出版社，2004.

[2]《钢结构设计手册》编辑委员会．钢结构设计手册（第三版）．北京：中国建筑工业出版社，2004.

[3] 丁成章．低层轻钢骨架住宅设计制造与装配．北京：机械工业出版社，2003.

[4] 汪一骏．轻型钢结构设计手册．北京：中国建筑工业出版社，1996.

[5] 徐伟，宋康．钢结构工程．北京：中国建筑工业出版社，2000.

[6] 靳百川．轻型房屋钢结构构造图集．北京：中国建筑工业出版社，2002.